Adobe Premiere Pro CC
影视编辑设计与制作案例教程

王　嫣　编著

清华大学出版社

北　京

内 容 简 介

Premiere Pro CC 是专门用于视频后期处理的非线性编辑软件,它的强大功能在于可以快速地对视频进行剪辑处理,比如,随意地分割或拼接视频片段,添加特效和过渡效果,融合数码照片、音乐和视频等。

全书共分 6 章,具体包括常用影视类动画——Premiere Pro CC 的基本操作、常用影视特效——影视剪辑、日常生活类动画——视频过渡的应用、影视短片类动画——视频效果的应用、常用的影视字幕——字幕的创建与实现、影视片头类动画——音频编辑与文件输出等内容。

本书案例精彩、实战性强,在深入剖析各类动画实例制作技法的同时,还将作者多年积累的大量宝贵的设计经验和制作技巧毫无保留地奉献给读者,力求使读者在学习技术的同时也能够扩展设计视野与思维,并且活学活用、学以致用,轻松完成各类动画的设计工作。

本书内容丰富,语言通俗易懂,结构清晰,适合初、中级读者学习使用,可供从事多媒体设计、影像处理、婚庆礼仪设计的人员参考,同时还可以作为大中专院校相关专业、相关计算机培训班的上机指导教材。

图书在版编目(CIP)数据`

Adobe Premiere Pro CC影视编辑设计与制作案例教程 / 王嫣编著. —北京:清华大学出版社,2020.7

ISBN 978-7-302-55568-1

Ⅰ.①A… Ⅱ.①王… Ⅲ.①视频编辑软件—教材　Ⅳ.①TP317.53

中国版本图书馆CIP数据核字(2020)第092219号

责任编辑:韩宜波
封面设计:杨玉兰
责任校对:吴春华
责任印制:丛怀宇
出版发行:清华大学出版社
　　　　　网　　　址:http://www.tup.com.cn, http://www.wqbook.com
　　　　　地　　　址:北京清华大学学研大厦A座　　　　邮　　编:100084
　　　　　社 总 机:010-62770175　　　　　　　　　　邮　　购:010-62786544
　　　　　投稿与读者服务:010-62776969, c-service@tup.tsinghua.edu.cn
　　　　　质量反馈:010-62772015, zhiliang@tup.tsinghua.edu.cn
印 装 者:小森印刷(北京)有限公司
经　　销:全国新华书店
开　　本:185mm×260mm　　　　**印　　张:**17.5　　　　**字　　数:**470千字
版　　次:2020年8月第1版　　　　**印　　次:**2020年8月第1次印刷
定　　价:79.80元

产品编号:084434-01

Adobe Premiere Pro 是由 Adobe 公司推出的一款视频、音频编辑软件，其提供了采集、剪辑、调色、美化音频、字幕设计、输出、DVD 刻录等一整套流程，深受广大视音频制作爱好者的喜爱。Premiere 作为功能强大的多媒体视频、音频编辑软件，广泛地应用于电视节目制作、广告制作及电影剪辑等领域，制作效果令人非常满意，足以协助用户更加高效地工作。

1. 本书内容

本书用于帮助读者全面学习 Premiere Pro CC，通过数个实例深入浅出地介绍 Premiere Pro CC 的具体操作要领。

全书共分为 6 章，按照影视设计工作的实际需求组织内容，基础知识以实用、够用为原则。其中包括常用影视类动画——Premiere Pro CC 的基本操作、常用影视特效——影视剪辑、日常生活类动画——视频过渡的应用、影视短片类动画——视频效果的应用、常用的影视字幕——字幕的创建与实现、影视片头类动画——音频编辑与文件输出等内容。

2. 本书特色

本书面向 Premiere Pro 的初、中级用户，采用由浅入深、循序渐进的讲解方法，内容丰富。

◎ 本书案例丰富，每章都有不同类型的案例，适合上机操作教学。

◎ 每个案例都是经过编写者精心挑选，可以引导读者发挥想象力，调动学习的积极性。

◎ 案例实用，技术含量高，与实践紧密结合。

◎ 配套资源丰富，方便教学。

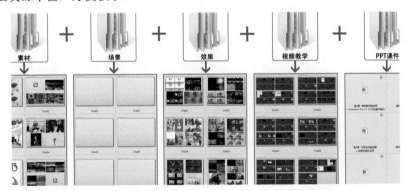

本书附带所有的素材文件、场景文件、效果文件、多媒体有声视频，读者在读完本书内容以后，可以调用这些资源进行深入学习。

本书视频教学贴近实际,几乎手把手教学。

3. 本书约定

为便于阅读理解,本书的写作风格遵从以下约定。

● 本书中出现的中文菜单和命令将用鱼尾号(【】)括起来,以示区分。此外,为了使语句更简洁易懂,本书中所有的菜单和命令之间以竖线(|)分隔,例如,单击【编辑】菜单,再选择【移动】命令,就用【编辑】|【移动】来表示。

● 使用加号(+)连接的两个或 3 个键表示快捷键,在操作时表示同时按下这两个或三个键。例如,Ctrl+V 是指在按下 Ctrl 键的同时,按下 V 字母键;Ctrl+Alt+F10 是指在按下 Ctrl 和 Alt 键的同时,按下功能键 F10。

● 在没有特殊指定时,单击、双击和拖动是指用鼠标左键单击、双击和拖动,右击是指用鼠标右键单击。

4. 读者对象

(1) Premiere 初学者。

(2) 大中专院校和社会培训班平面设计及其相关专业的教材。

(3) 平面设计从业人员。

5. 致谢

本书的出版凝结了许多优秀教师的心血,在这里衷心感谢在本书出版过程中给予帮助的编辑老师、视频测试老师,感谢你们!

本书由潍坊工商职业学院的王嫣老师编写,其他参与编写的人员还有朱晓文、刘蒙蒙、李少勇、陈月娟、魏兆禄、张英超等。

本书提供了案例的素材、场景、效果、PPT 课件以及教学视频,扫一扫下面的二维码,推送到自己的邮箱后下载获取。

素材、场景、效果

PPT 课件、视频

由于作者水平有限,疏漏在所难免,希望广大读者批评指正。

编 者

目 录 CONTENTS

第4章　影视短片类动画——
视频效果的应用 ……123

视频讲解：6个

第5章　常用的影视字幕——
字幕的创建与实现 …206

视频讲解：5个

第6章　影视片头类动画——音频编辑与文件输出 ……235

视频讲解：3个

第 1 章　常用影视类动画——Premiere Pro CC 的基本操作

　　在工作流程中，学会软件的基本操作是进行编辑制作的前提。本章主要介绍 Premiere Pro CC 软件中的一些基础知识，包括工作界面和功能面板、界面的布局、保存项目文件的两种方法和导入与导出文件的方法，以及编辑素材文件和添加视音频的操作等。

基础知识
- ➤ 认识工作界面
- ➤ 部分工具的使用

重点知识
- ➤ 创建字幕
- ➤ 工作面板认识

提高知识
- ➤ 导入各类文件
- ➤ 导出项目文件

1.1 制作卡片飞舞效果——工作界面和功能面板

本案例通过讲解如何制作卡片飞舞动画，主要介绍了设置卡片的位置关键帧和为卡片添加【斜角边】和【基本3D】视频特效的操作，效果如图1-1所示。

图1-1　卡片飞舞效果

素材	素材\Cha01\卡片飞舞1.jpg、卡片飞舞2.jpg、卡片飞舞3.jpg
场景	场景\Cha01\制作卡片飞舞效果——工作界面和功能面板.prpro
视频	视频教学\Cha01\1.1　制作卡片飞舞效果——工作界面和功能面板.mp4

01 启动软件后，在弹出的欢迎界面中单击【新建项目】按钮，在弹出的对话框中设置存储路径和文件名，单击【确定】按钮。按Ctrl+N组合键，弹出【新建序列】对话框，切换到【序列预设】选项卡，然后选择DV-PAL文件夹下的【标准48kHz】选项，如图1-2所示。

图1-2　设置序列

02 按Ctrl+I组合键，在打开的对话框中选择"素材\Cha01\卡片飞舞1.jpg、卡片飞舞2.jpg、卡片飞舞3.jpg"素材文件，如图1-3所

示，单击【打开】按钮。

图1-3　选择素材文件

知识链接：采样频率

采样频率，也称为采样速度或者采样率，表示每秒从连续信号中提取并组成离散信号的采样个数，单位为赫兹（Hz）。采样频率的倒数是采样周期，或者叫作采样时间，表示采样之间的时间间隔。

在数字音频领域，常用的采样率如下。

8000 Hz：电话所用采样率；

22050 Hz：无线电广播所用采样率；

32000 Hz：miniDV数码视频camcorder、DAT（LP mode）所用采样率；

44100 Hz：音频CD，也是MPEG-1音频（VCD，SVCD，MP3）所用采样率；

47250 Hz：Nippon Columbia（Denon）开发的世界上第一个商用PCM录音机所用采样率；

48000 Hz：miniDV、数字电视、DVD、DAT、电影和专业音频所用的数字声音采样率；

50000 Hz：20世纪70年代后期出现的3M和Soundstream开发的第一款商用数字所用录音机采样率；

50400 Hz：三菱X-80数字录音机所用采样率；

96000Hz 或者 192000 Hz：DVD-Audio、一些 LPCM DVD 音轨、BD-ROM（蓝光盘）音轨和 HD-DVD（高清晰度 DVD）音轨所用采样率；

2.8224 MHz：SACD、索尼 和 飞利浦 联合开发的称为 Direct Stream Digital 的 1 位 sigma-delta modulation 过程所用采样。

总之，当前声卡常用的采样频率一般为 44.1kHz（每秒采集声音样本 44.1 千次）、11kHz、22kHz 和 48kHz。11kHz 的采样率获得的声音称为电话音质，基本上能分辨出通话人的声音；22kHz 称为广播音质；44.1kHz 称为 CD 音质。采样频率越高，获得的声音文件质量越好，占用磁（光）盘的空间也就越大。一首 CD 音质的歌曲会占用 45MB 左右的空间。

🏷 **提　示**

> 除按 Ctrl+I 组合键外，还可以用以下方法打开【导入】对话框：选择【文件】|【导入】命令；在【项目】面板【名称】区域下的空白处双击鼠标左键；在【项目】面板【名称】区域下右击鼠标，在弹出的快捷菜单中选择【导入】命令。

03 选择"卡片飞舞 1.jpg"素材文件，将其拖曳至 V1 轨道中。在该素材文件上单击鼠标右键，在弹出的快捷菜单中选择【速度 / 持

续时间】命令，在弹出的对话框中将"持续时间"设置为 00:00:06:00，如图 1-4 所示。

图 1-4　设置持续时间

04 将当前时间设置为 00:00:00:00，在【效果控件】面板中将【运动】下的【位置】设置为 1135、391，单击其左侧的【切换动画】按钮。将【缩放】设置为 45，如图 1-5 所示。

05 将当前时间设置为 00:00:01:00，将【位置】设置为 340、391。将当前时间设置为 00:00:04:20，单击【位置】右侧的【添加 / 移除关键帧】按钮 ◎。将当前时间设置为

00:00:05:06，将【位置】设置为 354、−234，如图 1-6 所示。

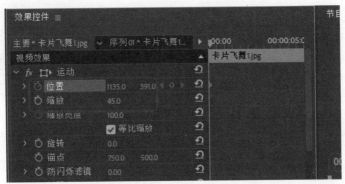

图 1-5　设置参数

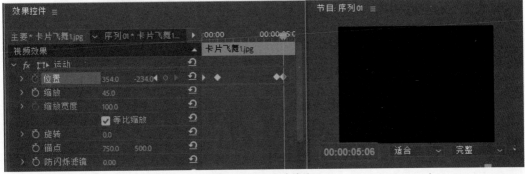

图 1-6　设置关键帧

06 在【效果控件】面板中将【斜角边】视频特效添加至 V1 轨道中的素材文件上。在【效果控件】面板中将【边缘厚度】、【光照角度】分别设置为 0.05、-60，将【光照颜色】设置为白色，将【光照强度】设置为 0.4，如图 1-7 所示。

💬 提示

【斜角边】特效能给图像边缘产生一个凿刻的高亮的三维效果。边缘的位置由源图像的 Alpha 通道来确定。

07 在【效果控件】面板中将【基本 3D】视频特效拖曳至 V1 轨道中的素材文件上。在【效果控件】面板中将【倾斜】设置为 -30，如图 1-8 所示。

08 将当前时间设置为 00:00:01:00，在【项目】面板中将"卡片飞舞 2.jpg"素材文件拖曳至 V2 轨道中，使其开始位置与时间线对齐，将结尾处与 V1 轨道中的素材文件对齐。在【效果控件】面板中将【位置】设置为 1137、398，单击其左侧的【切换动画】按钮🔘，将【缩放】设置为 46，如图 1-9 所示。

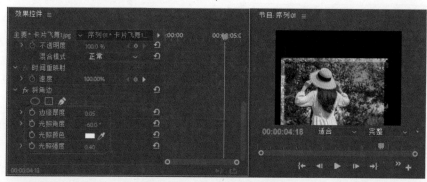

图 1-7　设置【斜角边】参数

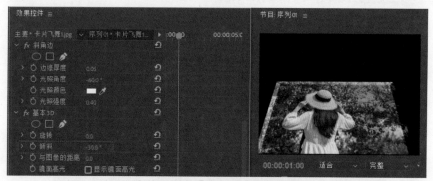

图 1-8　设置【基本 3D】特效参数

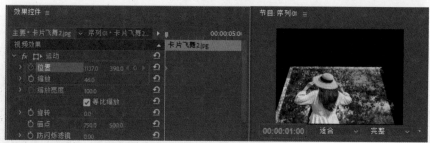

图 1-9　设置【运动】参数

09 将当前时间设置为 00:00:02:00，将【位置】设置为 341、398。将当前时间设置为 00:00:04:10，单击【位置】右侧的【添加/移除关键帧】🔘按钮。将当前时间设置为 00:00:04:20，将【位置】设置为341、–208，如图1-10所示。

10 选择V1轨道中的素材文件，在【效果控件】面板中对【斜角边】和【基本3D】特效进行复制，选择V2轨道中的素材，在【效果控件】面板上进行粘贴，然后展开【基本3D】选项组，将【倾斜】设置为–30，如图1-11所示。

11 将当前时间设置为00:00:02:00，在【项目】面板中将"卡片飞舞3.jpg"素材文件拖曳至V3轨道中，使其开始位置与时间线对齐，将结尾处与V2轨道中的素材文件对齐。将【位置】设置为1157、399，单击其左侧的【切换动画】按钮，将【缩放】设置为48，将【锚点】设置为750、500，如图1-12所示。

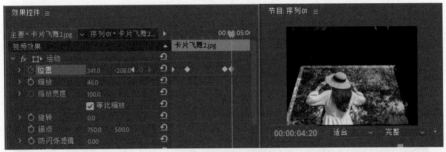
图 1-10 设置关键帧

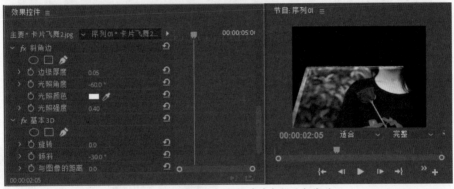
图 1-11 对特效进行复制并对参数进行修改

图 1-12 设置【运动】参数

12 将当前时间设置为00:00:03:00，将【位置】设置为358、399。将当前时间设置为00:00:04:00，单击【位置】右侧的【添加/移除关键帧】按钮。将当前时间设置为00:00:04:10，将【位置】设置为363、–250，如图1-13所示。

13 将V2轨道中素材的【斜角边】和【基本3D】特效复制到V3轨道中的素材文件上，将【基本3D】中的【倾斜】设置为–30，如图1-14所示。

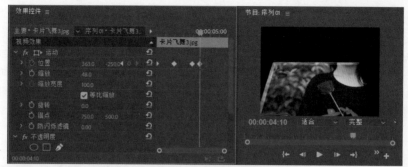

图 1-13 设置关键帧

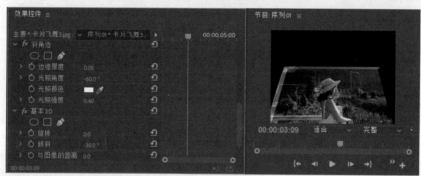

图 1-14 更改参数

[14] 按 Ctrl+S 组合键打开【保存项目】对话框，在该对话框中设置存储路径和文件名，将文件名设置为"制作卡片飞舞效果——工作界面和功能面板"，单击【确定】按钮，如图 1-15 所示。

图 1-15 【保存项目】对话框

[15] 激活【序列】面板，在菜单栏中选择【文件】|【导出】|【媒体】命令，在弹出的对话框中将【格式】设置为 AVI，单击【输出名称】右侧的文字按钮，在弹出的对话框中设置存储路径和文件名，将【文件名】设置为"制

作卡片飞舞效果——工作界面和功能面板"，单击【确定】按钮。返回到【导出设置】对话框中，单击【导出】按钮即可，如图 1-16 所示。

图 1-16 【导出设置】对话框

>> 知识链接：输出格式

　　输出的格式对应着相应的编码格式。编码格式有很多种，随着技术的不断进步，针对不同的用途，产生了各种编码格式。不同编码格式的压缩率不一样，且有各自的特点，有些在低码率情况下能保持较高的画面质量，但在高码率情况下反而画面质量提高不大；有些适合在高码率情况下保持高清晰度画面，但可能在低码率情况下效果不佳。

　　现在网络传播的视频文件很多都是 AVI、MKV、

MP4、3GP 等格式。其中，MKV 等多用于高清视频文件，MP4、3GP 等多用于手机和便携式设备等领域，AVI 则使用范围更加广泛，不但在高清晰度视频文件中有 AVI 文件，在便携式设备领域也有 AVI 使用。

1.1.1 【项目】窗口

【项目】窗口用来管理当前项目中用到的各种素材。

在【项目】窗口的左上方有一个很小的预览窗口。选中每个素材后，都会在预览窗口中显示当前素材的画面，在预览窗口右侧会显示当前选中素材的详细资料，包括文件名、文件类型、持续时间等，如图 1-17 所示。通过预览窗口，还可以播放视频或者音频素材。

图 1-17 【项目】窗口

当选中多个素材片段并将其拖动到【序列】面板时，选择的素材会以选中素材片段的先后顺序在【序列】面板中排列，如图 1-18 所示。

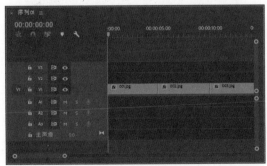
图 1-18 素材排列

在【项目】窗口中，素材片段有【列表视图】和【图标视图】两种不同的显示方式。

- 【列表视图】：单击窗口下方的【列表视图】按钮，【项目】窗口便会切换至【列表视图】显示模式。这种模式虽然不会显示视频或者图像的第一个画面，但是可以显示素材的类型、名称、帧速率、持续时间、文件名称、视频信息、音频信息和持续时间等，是提供素材信息最多的显示模式，同时也是默认的显示模式，如图 1-19 所示。

- 【图标视图】：单击窗口下部的【图标视图】按钮，【项目】窗口便会切换至【图标视图】显示模式。这种模式会在每个文件下面显示文件名、持续时间，如图 1-20 所示。

图 1-19 列表视图

图 1-20 图标视图

提 示

除了可以使用按钮切换素材显示方式外，还可在【项目】窗口单击右侧的按钮，在打开的菜单中选择【列表】或【图标】选项，如图 1-21 所示。

除了上面介绍的按钮外，【项目】窗口还有以下按钮。

- 【自动匹配序列】：单击该按钮，在弹出的【序列自动化】对话框中进行设置，然后单击【确定】按钮，将素材自动添加到【时间轴】窗口。

- 【查找…】：单击该按钮，打开【查找】窗口，可输入相关信息查找素材。

- 【新建素材箱】：单击该按钮，可增加一个容器文件夹，便于对素材存放管理，可以对它进行重命名。在【项目】窗口中，可以直接将文件拖至容器中。

图 1-21　下拉菜单

- 【新建项】◨：单击该按钮，弹出下拉菜单，可以选择【序列】、【脱机文件】、【调整图层】、【彩条】、【黑场视频】、【字幕】、【颜色遮罩】、【HD彩条】、【通用倒计时片头】和【透明视频】等命令，如图 1-22 所示。

图 1-22　新建项

- 【清除】◪：单击该按钮，删除所选择的素材或者文件夹。

◆ 提　示

> 除了可以使用按钮新建文件外，还可在【项目】窗口中名称下的空白处右击，在打开的快捷菜单中选择新建文件命令。

1.1.2　【节目】监视器

　　【节目】监视器中显示的是视音频编辑合成后的效果，可以通过预览最终效果来估计编辑的质量，以便进行必要的调整和修改。【节目】监视器还可以用多种波形图的方式来显示画面的参数变化，如图 1-23 所示。

图 1-23　【节目】监视器

1.1.3　【素材源】监视器

　　【素材源】监视器主要用来播放、预览源素材，并可以对源素材进行初步的编辑操作，例如设置素材的入点、出点，如图 1-24 所示。如果是音频素材，就会以波状方式显示，如图 1-25 所示。

图 1-24　【素材源】监视器

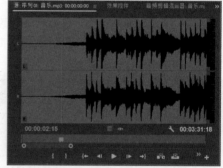

图 1-25　【素材源】监视器中音频的显示方式

1.1.4　【时间轴】窗口

　　【时间轴】窗口是 Premiere Pro CC 软件中主要的编辑窗口，如图 1-26 所示，可以按照时间顺序来排列和连接各种素材，也可以对视频进行剪辑、叠加、设置动画关键帧和合成效果。在【时间轴】窗口中还可以使用多重嵌套，这对于制作影视长片或者复杂特效是非常有效的。

图 1-26 【时间轴】窗口

1.1.5 【工具】面板

【工具】面板含有影片编辑中常用的工具，如图 1-27 所示。

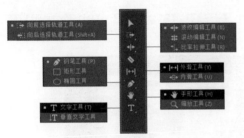

图 1-27 【工具】面板

该面板中各个工具的名称及功能如下。

- 【选择工具】▶：用于选择一段素材或同时选择多段素材，并可在不同的轨道中移动素材，也可以调整素材上的关键帧。
- 【向前选择轨道工具】➡：用于选择轨道上的某个素材及位于此素材后的其他素材。按住 Shift 键，鼠标指针变为双箭头，则可以选择位于当前位置后面的所有轨道中的素材。
- 【波纹编辑工具】➡：使用此工具拖动素材的入点或出点，可以改变素材的持续时间，但相邻素材的持续时间保持不变，被调整素材与相邻素材的相隔时间保持不变。
- 【滚动编辑工具】◀：使用此工具调整素材的持续时间，可使整个影视节目的持续时间保持不变。当一个素材的时间长度变长或变短时，其相邻素材的时间长度会相应地变短或变长。
- 【比率拉伸工具】▥：使用此工具在改变素材的持续时间时，素材的速度也会相应地改变，可用于制作快慢镜头。

📎 **提 示**

改变素材的速度也可以通过右击轨道上的素材，在弹出的菜单中选择【速度 / 持续时间】命令，在打开的对话框中对素材的速度进行设置。

- 【剃刀工具】◆：此工具用于对素材进行分割，使用剃刀工具可将素材分为两段，并产生新的入点、出点。按住 Shift 键可将剃刀工具转换为多重剃刀工具，可一次将多个轨道上的素材在同一时间位置进行分割。
- 【外滑工具】▥：改变一段素材的入点与出点，并保持其长度不变，且不会影响相邻的素材。
- 【内滑工具】▥：使用滑动工具拖动素材时，素材的入点、出点及持续时间都不会改变，其相邻素材的长度却会改变。
- 【钢笔工具】✏：此工具用于框选、调节素材上的关键帧。按住 Shift 键可同时选择多个关键帧；按住 Ctrl 键可添加关键帧。
- 【矩形工具】▣：可在节目监视器中绘制矩形，通过【效果控件】面板设置矩形参数。
- 【椭圆工具】◉：可在节目监视器中绘制椭圆，通过【效果控件】面板设置椭圆参数。
- 【手形工具】✋：在对一些较长的影视素材进行编辑时，可使用手形工具拖动轨道显示出原来看不到的部分。其作用与【序列】面板下方的滚动条相同，但在调整时要比滚动条更加容易调节。
- 【缩放工具】🔍：使用此工具可将轨道上的素材放大显示，按住 Alt 键，滚动鼠标滚轮，则可缩小【序列】面板的范围。
- 【文字工具】▥：可在节目面板中单击鼠标，输入文字，从而创建水平字幕文件。
- 【垂直文字工具】▥：可在节目面板中单击鼠标，输入文字，从而创建垂直字幕文件。

1.1.6　【效果】面板

　　【效果】面板中包含【预设】、【Lumetri 预设】、【音频效果】、【音频过渡】、【视频效果】和【视频过渡】6 个文件夹，如图 1-28 所示。单击面板下方的【新建自定义素材箱】■按钮，可以新建文件夹，用户可将常用的特效放置在新建文件夹中，方便在制作过程中使用。直接在【效果】面板上方的输入框中输入特效名称，按 Enter 键，即可找到所需要的特效。

图 1-28　【效果】面板

1.1.7　【效果控件】面板

　　【效果控件】面板用于对素材进行参数设置，如【运动】、【不透明度】、【时间重映射】等，如图 1-29 所示。

图 1-29　【效果控件】面板

1.1.8　【字幕】窗口

　　字幕经常作为重要的组成元素出现在影视节目中，字幕往往能将用图片、声音无法表达的意思恰到好处地表达出来，并给观众留下深刻的印象。

　　新建【字幕】窗口的步骤如下。

　　01 在菜单栏中选择【文件】|【新建】|【旧版标题】命令，弹出【新建字幕】对话框，在【名称】文本框中对字幕进行重命名，如图 1-30 所示。

　　02 单击【确定】按钮，打开【字幕】窗口，如图 1-31 所示，然后对字幕进行设置。【字幕】窗口在后面会介绍，此处不再赘述。

图 1-30　【新建字幕】对话框

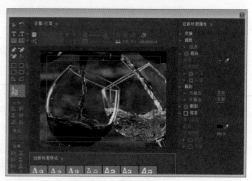

图 1-31　【字幕】窗口

1.1.9　【音频剪辑混合器】窗口

【音频剪辑混合器】窗口如图 1-32 所示，用来实现音频的混音效果。【音频剪辑混合器】窗口的具体用法及作用会在后面章节中做专门的介绍。

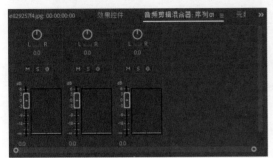

图 1-32　【音频剪辑混合器】窗口

1.1.10　【历史记录】面板

Photoshop 的【历史记录】面板的功能强大。在默认的 Premiere Pro CC 界面的左下方也有【历史记录】面板，如图 1-33 所示。

图 1-33　【历史记录】面板

在【历史记录】面板中记录了每一步操作，单击其中的条目，就可以恢复到该步操作之前的状态，同时下面的操作条目以灰度表示这些操作已经被撤销了；在进行新的操作之前，还有机会回到任何一步操作，方法是直接单击相应条目。

1.1.11　【信息】面板

【信息】面板用来显示当前选取片段或者切换效果的相关信息。在【时间轴】窗口中选取某个视频片段后，在【信息】面板中就会显示该视频片段的详细信息，在【信息】面板中

显示剪辑的开始、结束位置和持续时间，以及当前光标所在位置等信息。

1.2　制作飞舞的花瓣效果——界面的布局

本案例将讲解如何制作飞舞的花瓣特效，其中主要介绍了如何为图片设置位置关键帧和为素材视频添加【颜色键】与【色彩平衡】视频特效，效果如图 1-34 所示。

图 1-34　飞舞的花瓣效果

素材	素材 \Cha02\飞舞的花瓣 .jpg、飞舞的花瓣素材 .avi
场景	场景 \Cha02\制作飞舞的花瓣效果——界面的布局 . prproj
视频	视频教学 \Cha02\1.2　制作飞舞的花瓣效果——界面的布局 .mp4

[01] 启动软件后新建项目和序列，将【序列】设置为【自定义】，【帧大小】设置为500，【水平】设置为726。按 Ctrl+I 组合键，在打开的对话框中选择"素材 \Cha01\飞舞的花瓣 .jpg、飞舞的花瓣素材 .avi"素材文件，如图 1-35 所示。

图 1-35　选择素材文件

02 单击【打开】按钮，将"飞舞的花瓣.jpg"素材文件拖曳至 V1 轨道中，在【效果控件】面板中将【位置】设置为 250、363，将【缩放】设置为 160，将当前时间设置为 00:00:00:00，单击【缩放】左侧的【切换动画】按钮，如图 1-36 所示。

图 1-36　设置参数

提　示

【缩放】参数用于控制素材的长宽比例，勾选【等比缩放】复选框，将等比例缩放素材。

03 在素材文件上单击鼠标右键，在弹出的快捷菜单中选择【速度/持续时间】命令，在弹出的【剪辑速度/持续时间】对话框中将【持续时间】设置为 00:00:26:22，如图 1-37 所示。

图 1-37　设置持续时间

04 将当前时间设置为 00:00:10:00，将【缩放】设置为 105，如图 1-38 所示。

图 1-38　设置关键帧

提　示

【持续时间】参数用于控制素材的播放长度。

05 将时间设置为 00:00:00:00，将"飞舞的花瓣素材.avi"拖曳至 V2 轨道中，在【效果控件】面板中将【缩放】设置为 180，如图 1-39 所示。

图 1-39　设置缩放参数

06 在【效果】面板中，将【颜色键】视频特效添加至 V2 轨道中的素材文件上，在【效果控件】面板中将【主要颜色】设置为黑色，将【颜色容差】设置为 20，将【边缘细化】设置为 3，将羽化边缘设置为 0，如图 1-40 所示。

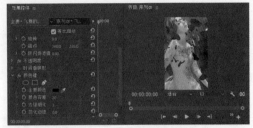

图 1-40　设置【颜色键】特效参数

07 在【效果】面板中将【颜色平衡】特效拖曳至 V2 轨道中，将【阴影红色平衡】、【阴影绿色平衡】、【阴影蓝色平衡】分别设置为 49、-90、50，将【中间调红色平衡】、【高光红色平衡】分别设置为 48、-36，如图 1-41 所示。

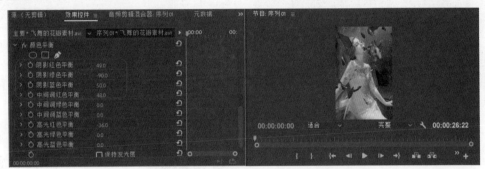

图 1-41　设置【颜色平衡】特效参数

> **提　示**
>
> 　　【颜色键】特效可以去掉图像中指定颜色的像素，这种特效只会影响素材的 Alpha 通道。
> 　　【颜色平衡】特效设置图像在阴影、中间和高光下的红、绿、蓝三色的参数。

1.2.1　【音频】模式工作界面

　　在菜单栏中选择【窗口】|【工作区】|【音频】命令，即可将当前工作界面转换为【音频】模式，如图 1-42 所示。该模式界面的特点是打开了【音轨剪辑混合器】面板，主要用于对影片的音频部分进行编辑。

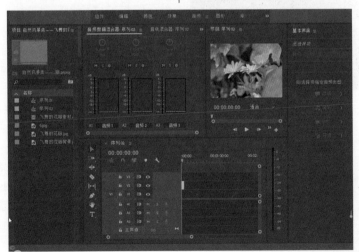

图 1-42　【音频】模式工作界面

1.2.2　【颜色】模式工作界面

在菜单栏中选择【窗口】|【工作区】|【颜色】命令,工作界面将转换为【颜色】模式,如图 1-43 所示,该模式界面的特点是便于对素材进行颜色调节。

图 1-43　【颜色】模式工作界面

1.2.3　【编辑】模式工作界面

在菜单栏中选择【窗口】|【工作区】|【编辑】命令,工作界面将转换为【编辑】模式,如图 1-44 所示,该模式界面主要用于视频片段的剪辑和连接。

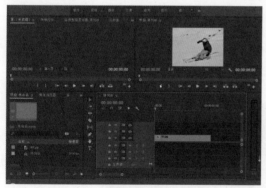

图 1-44　【编辑】模式工作界面

1.2.4　【效果】模式工作界面

在菜单栏中选择【窗口】|【工作区】|【效果】命令,工作界面将转换为【效果】模式,如图 1-45 所示,该模式界面主要用于对影片添加特效和设置。

图 1-45　【效果】模式工作界面

1.3　制作彩色蝴蝶效果——导入素材文件

本案例将介绍如何制作飞舞的蝴蝶动画,制作方法比较简单,主要是为导入的视频文件添加【颜色键】视频特效,去除视频文件的背景色,效果如图 1-46 所示。

图 1-46　彩色蝴蝶效果

素材	素材 \Cha01\ 飞舞的蝴蝶 .avi、FW 背景 .jpg
场景	场景 \Cha01\ 制作彩色蝴蝶效果——导入素材文件 .prproj
视频	视频教学 \Cha01\1.3　制作彩色蝴蝶效果——导入素材文件 .mp4

01 启动软件后,新建项目和序列,将【序列】设置为 DV-24P |【标准 48kHz】。按 Ctrl+I 组合键打开【导入】对话框,在该对话框中选择"素材 \Cha01\ 飞舞的蝴蝶 .avi、FW 背景 .jpg"素材文件,如图 1-47 所示。

02 将"FW 背景 .jpg"素材文件拖曳至 V1 轨道中,在素材文件上单击鼠标右键,在弹出的快捷菜单中选择【速度 / 持续时间】命令,在弹出的对话框中将【持续时间】设置为 00:00:03:03,如图 1-48 所示。

03 确定素材处于选择状态,将当前时间设置为 00:00:00:00,在【效果控件】面板中将【缩放】设置为 23,将【位置】设置为 231、240,并单击其右侧的【切换动画】按钮。在 00:00:03:02 处设置【位置】参数为 465、240,如图 1-49 所示。

图 1-47 选择素材文件

图 1-48 设置持续时间

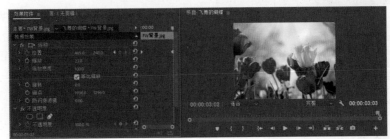

图 1-49 设置【缩放】参数和关键帧

04 将"飞舞的蝴蝶 .avi"素材文件拖曳至 V2 轨道中,在【效果】面板中将【颜色键】特效拖曳至 V2 轨道中的素材文件上,将【主要颜色】设置为 255、253、255。将【颜色容差】设置为 54,将【边缘细化】设置为 1,将【羽化边缘】设置为 3,如图 1-50 所示。

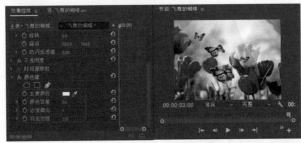

图 1-50 设置【颜色键】特效参数

1.3.1 导入视音频素材

视频、音频素材是最常用的素材文件,导入的方法也很简单,只要计算机安装了相应的视频和音频解码器,不需要进行其他设置就可以直接导入。

将视频、音频素材导入 Premiere Pro CC 的编辑项目中的具体操作步骤如下。

01 启动 Premiere Pro CC 软件,为新建项目文件命名,并选择保存路径,然后单击【确定】按钮创建空白项目文档。

02 在菜单栏中选择【文件】|【新建】|【序列】命令,在弹出的对话框中保持默认设置,如图 1-51 所示。

03 单击【确定】按钮,进入 Premiere Pro CC 的工作界面,在【项目】窗口【名称】选项组的空白处右击,在弹出的快捷菜单中选择

【导入】命令，如图 1-52 所示。

图 1-51　【新建序列】对话框

图 1-52　选择【导入】命令

[04] 打开【导入】对话框，选择需要导入的视频、音频素材，如图 1-53 所示。然后单击【打开】按钮，这样就会将选择的素材文件导入【项目】窗口中，如图 1-54 所示。

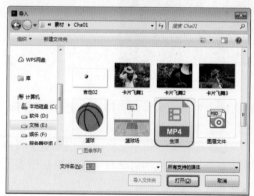

图 1-53　【导入】对话框

图 1-54　导入素材文件

1.3.2　导入图像素材

图像素材是静帧文件，在 Premiere Pro CC 中可以被当作视频文件使用。导入图像素材的具体操作步骤如下。

[01] 新建项目和序列文件，按 Ctrl+I 组合键，在弹出的【导入】对话框中选择需要的素材文件，然后单击【打开】按钮，如图 1-55 所示。

图 1-55　【导入】对话框

[02] 将选择的素材文件导入【项目】窗口中，现在可以看到它们的默认持续时间都是 5 秒，如图 1-56 所示。

图 1-56　导入图像

1.3.3　导入序列文件

序列文件是带有统一编号的图像文件，把序列图片中的一张图片导入 Premiere Pro CC，它就是静态图像文件。如果把它们按照序列全部导入，系统就自动将它们作为一个视频文件。

导入序列文件的具体操作步骤如下。

01 按 Ctrl+I 组合键，在弹出的【导入】对话框中观察序列图像，如图 1-57 所示。

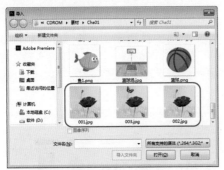

图 1-57　观察序列图像

02 勾选【图像序列】复选框，然后选择素材文件"001.jpg"，单击【打开】按钮，如图 1-58 所示。

图 1-58　勾选【图像序列】复选框

03 序列文件将合成为一段视频文件导入【项目】窗口中，如图 1-59 所示。

图 1-59　【项目】窗口

04 在【项目】窗口中双击导入的序列文件，将其导入【源】监视器中，可以播放预览视频的内容，如图 1-60 所示。

图 1-60　观察效果

1.3.4　导入图层文件

图层文件也是静帧图像文件，与一般的图像文件不同的是，图层文件包含多个相互独立的图像图层。在 Premiere Pro CC 中，可以将图层文件的所有图层作为一个整体导入，也可以单独导入其中的一个图层。把图层文件导入 Premiere Pro CC 的项目中并保持图层信息不变的具体操作步骤如下。

01 按 Ctrl+I 组合键，打开【导入】对话框，选择所需的图层文件，然后单击【打开】按钮，如图 1-61 所示。

图 1-61　导入图层文件

02 弹出【导入分层文件：图层文件】对话框，在默认的情况下，设置【导入为】选项为【序列】，这样就可以将所有的图层全部导入并保持各个图层相互独立，如图 1-62 所示。

03 单击【确定】按钮，即可将图层文件导入【项目】窗口中。展开导入的文件夹，可以看到文件夹下面包括多个独立的图层文件，如图 1-63 所示。

04 在【项目】窗口中，双击【图层文件】文件夹，会弹出【素材箱】窗口，在该窗口中显示了文件夹下的所有独立图层，如图 1-64 所示。

图 1-62　整体导入选项设置

图 1-63　导入的图层　图 1-64　【素材箱】窗口
　　　　　文件效果

1.4　上机练习

本节通过制作跳动的球、游动的鱼、吉他
细节展示来巩固本章所学到的内容。

1.4.1　制作跳动的球

本案例通过对篮球素材文件添加【位置】、

【缩放】、【旋转】关键帧，制作出跳动的球动
画，效果如图 1-65 所示。

图 1-65　跳动的球

素材	素材 \Cha01\ 篮球 .png、篮球场 .jpg
场景	场景 \Cha01\ 制作跳动的球 . prproj
视频	视频教学 \Cha01\1.4.1　制作跳动的球 .mp4

01 新建项目和序列，将【序列】设置为
DV-24P|【标准 48kHz】，按 Ctrl+I 组合键，在打
开的对话框中选择"篮球 .png"、"篮球场 .jpg"
素材文件，如图 1-66 所示。

图 1-66　选择素材文件

02 将"篮球场 .jpg"素材文件拖曳至 V1 轨道中，将【缩放】设置为 39，如图 1-67 所示。

图 1-67　设置缩放参数

03 在素材文件上单击鼠标右键，在弹出的快捷菜单中选择【速度 / 持续时间】命令，在弹
出的【剪辑速度 / 持续时间】对话框中将【持续时间】设置为 00:00:09:00，将"篮球 .png"素材
文件拖曳至 V2 轨道中，将其结尾与 V1 素材的结尾对齐。将当前时间设置为 00:00:00:00，将【位
置】设置为 -39.8、451，将【缩放】设置为 8，将【旋转】设置为 0，单击【位置】、【缩放】、【旋
转】左侧的【切换动画】按钮，如图 1-68 所示。

04 将当前时间设置为 00:00:00:19，将【位置】设置为 87.5、47.1，将当前时间设置为
00:00:02:01，将【位置】设置为 330.2、103.2，将【缩放】设置为 4.5，将【旋转】设置为 2×90，
如图 1-69 所示。

05 使用同样的方法设置其他关键帧，如图 1-70 所示。

图 1-68　设置参数

图 1-69　设置关键帧

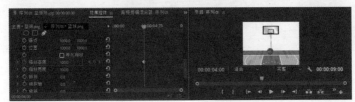

图 1-70　设置其他关键帧

1.4.2　制作游曳的鱼

本例将介绍如何制作游曳的鱼，主要介绍如何为鱼添加【颜色键】和【基本 3D】视频特效，效果如图 1-71 所示。

图 1-71　游曳的鱼效果

素材	素材 \Cha01\ Y 背景 .jpg，鱼 .jpg
场景	场景 \Cha01\ 制作游曳的鱼 .prproj
视频	视频教学 \Cha01\1.4.2　制作游曳的鱼 .mp4

01 新建项目和序列，将【序列】设置为 DV24P |【标准 48kHz】。按 Ctrl+I 组合键，在打开的对话框中选择"Y 背景 .jpg、鱼 .jpg"素材文件，如图 1-72 所示。

>> 知识链接：鱼

　　鱼类属于脊索动物门中的脊椎动物亚门，一般人把脊椎动物分为鱼类（53%）、鸟类（18%）、爬虫类（12%）、哺乳类（9%）、两生类（8%）五大类。根据 Nelson（1994 年）统计，全球现生种鱼类共有 24618 种，占已命名脊椎动物一半以上，且新种鱼类不断被发现，平均每年已约 150 种计，十多年应增加超过 1500 种，所以目前全球已命名的鱼种应在 26000 种以上。

图 1-72　选择素材文件

02 单击【打开】按钮，将"Y 背景 .jpg"素材文件拖曳至 V1 轨道中，在【效果控件】面板中将【缩放】设置为 64，在 00:00:00:00 处设置关键帧的位置为 659、240，如图 1-73 所示，在 00:00:04:18 处设置关键帧的位置为

307、240，如图 1-74 所示。

图 1-73　设置 00:00:00:00 处关键帧

图 1-74　设置 00:00:04:18 处关键帧

03 将当前时间设置为 00:00:00:00，将"鱼.jpg"素材文件拖曳至 V2 轨道中，在【效果控件】面板中将【位置】设置为 -45.5、250，单击其左侧的【切换动画】按钮 ，将【缩放】设置为 5，如图 1-75 所示。

图 1-75　设置 00:00:00:00 时间点关键帧

04 将当前时间设置为 00:00:04:23，将【位置】设置为 729.5、250，将【缩放】设置为 5，如图 1-76 所示。

图 1-76　添加 00:00:04:23 时间点关键帧

05 在【效果控件】面板中将【颜色键】特效拖曳至 V2 轨道中的素材文件上，将【主要颜色】的 RGB 值设置为 255、254、255，将【颜色容差】设置为 50，将【边缘细化】设置为 2，如图 1-77 所示。

06 选择【基本 3D】视频特效，将其拖曳至 V2 轨道中的素材文件上，将当前时间设置为 00:00:00:00，将【基本 3D】选项组中的【旋转】、【倾斜】均设置为 0 并单击其左侧的【切换动画】按钮 ，如图 1-78 所示。

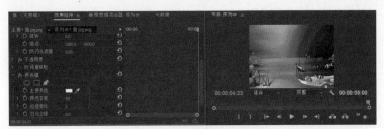

图 1-77 设置【颜色键】参数

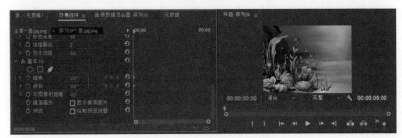

图 1-78 设置【基本 30】参数

07 将当前时间设置为 00:00:00:05，将【旋转】、【倾斜】均设置为 10；将当前时间设置为 00:00:00:10，将【旋转】、【倾斜】均设置为 0；将当前时间设置为 00:00:00:15，将【旋转】、【倾斜】均设置为 -10；将当前时间设置为 00:00:00:20，将【旋转】、【倾斜】均设置为 0，如图 1-79 所示。

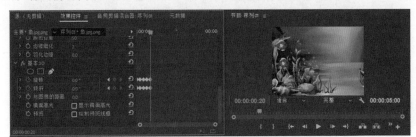

图 1-79 设置关键帧

08 选择所有的关键帧，按 Ctrl+C 组合键进行复制，将当前时间设置为 00:00:01:01，按 Ctrl+V 组合键进行粘贴，完成后的效果如图 1-80 所示。

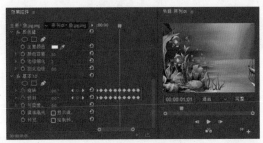

图 1-80 复制关键帧

09 使用同样的方法继续复制、粘贴关键帧，完成后的效果如图 1-81 所示。

10 将当前时间设置为 00:00:00:00，将"鱼 .jpg"素材文件拖曳至 V3 轨道中，在【效果控件】面板中将【位置】设置为 -58.2、137.7，单击其左侧的【切换动画】按钮，将【缩放】设置为 5，如图 1-82 所示。

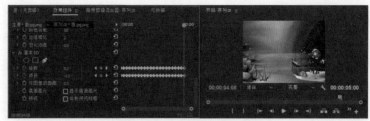

图 1-81　继续复制、粘贴关键帧

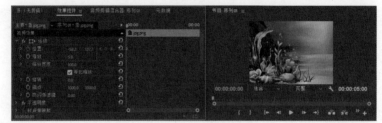

图 1-82　设置参数

11 将当前时间设置为 00:00:02:03，将【位置】设置为 263.1、150.3，如图 1-83 所示。

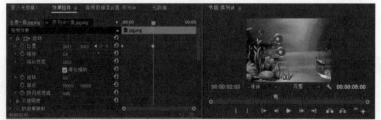

图 1-83　设置 00:00:02:03 时间点参数

12 将当前时间设置为 00:00:04:20，将【位置】设置为 644.2、465.5，如图 1-84 所示。

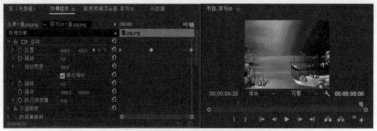

图 1-84　设置 00:00:04:20 时间点参数

13 选择 V2 轨道中的素材文件，在【效果控件】面板中复制【颜色键】和【基本 3D】特效，然后选择 V3 轨道中的素材文件，粘贴【颜色键】和【基本 3D】特效，完成后的效果如图 1-85 所示。

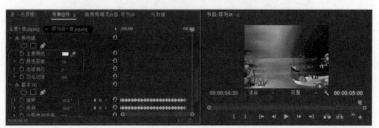

图 1-85　复制特效

1.4.3 制作吉他细节展示

细节展示是指将物体的某一部分放大，然后在相应的位置输入文字，来说明该部分的功能、材料等，使人一目了然，如图 1-86 所示。

图 1-86 吉他细节展示

素材	素材 \Cha01\ 吉他 01.jpg、吉他 02.png
场景	场景 \Cha01\ 制作吉他细节展示 .prproj
视频	视频教学 \Cha01\1.4.3 制作吉他细节展示 .mp4

01 新建项目和序列，将【序列】设置为 DV-PAL|【宽银幕 48kHz】。选择【文件】|【新建】|【旧版标题】命令，在打开的对话框中保持默认设置，单击【确定】按钮，如图 1-87 所示。

图 1-87 【新建字幕】对话框

知识链接：吉他

吉他（英语：Guitar），又译为结他或吉它。是一种乐器，属于弹拨乐器，通常有六条弦，形状与提琴相似。吉他在流行音乐、摇滚音乐、蓝调、民歌、弗拉明戈中，常被视为主要乐器。而在古典音乐的领域里，吉他常以独奏或二重奏的形式演出；当然，在室内乐和管弦乐中，吉他亦扮演着相当程度的陪衬角色。

02 在【字幕】窗口中使用【垂直文字工具】输入文字"精心制作 注重细节"，在【属性】选项组中将【字体系列】设置为黑体，将【字体大小】设置为 31，将【字体大小】设置为 15，在【变换】选项组中将【宽度】、【高度】分别设置为 37.5、330.1，将【填充】颜色设置为白色，如图 1-88 所示。

03 将【字幕】窗口关闭，按 Ctrl+I 组合键打开【导入】对话框，在该对话框中选择"吉他 01.jpg、吉他 02.png"素材文件，如图 1-89 所示。

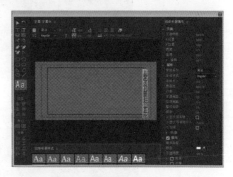

图 1-88 输入文字并进行设置

图 1-89 选择素材文件

04 在【项目】面板中将"吉他 01.jpg"素材文件拖曳至 V1 轨道中，将当前时间设置为 00:00: 00:00，在【效果控件】面板中将【位置】设置为 384.9、217.4，将【缩放】设置为 109，将【不透明度】设置为 0，如图 1-90 所示。

05 将当前时间设置为 00:00:01:00，将【不透明度】设置为 100，如图 1-91 所示。

06 确认当前时间为 00:00:00:00，在【项目】面板中将"吉他 02.png"素材文件拖曳至 V2 轨道中，将其开始处与时间线对齐。将当前时间设置为 00:00:01:05，将【位置】设置为 710.4、134.9，将【缩放】设置为 0，单击【缩放】左侧的【切换动画】按钮。将当前时间设置为

00:00:02:00，将【缩放】设置为100，如图1-92所示。

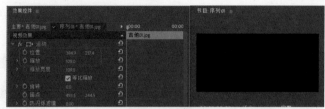

图1-90　设置参数

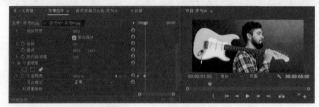

图1-91　设置关键帧

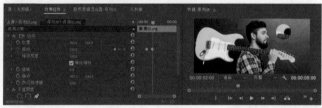

图1-92　设置参数

07 将当前时间设置为00:00:02:18，将"字幕01"拖曳至V3轨道中，将开始处与时间线对齐，将结尾处与V2轨道中素材的结尾对齐，将【不透明度】设置为0，如图1-93所示。

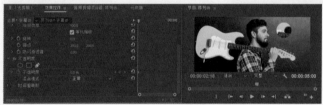

图1-93　设置透明度

08 将当前时间设置为00:00:03:10，将【不透明度】设置为100，如图1-94所示。

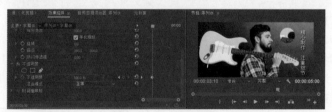

图1-94　设置关键帧

➡ 1.5　思考与练习

1. 在Premiere中如何导出项目文件？

2. 在Premiere CC中如何创建字幕？

3. Premiere界面有哪些主要面板？

第 **2** 章　常用影视特效——影视剪辑

本章将详细介绍影视剪辑的一些必备理论和剪辑技术，剪辑人员对于剪辑理论的掌握是非常有必要的。

剪辑即是通过为素材添加入点和出点从而截取其中的视频片段，然后将它与其他视频结合形成一个新的视频片段。

基础知识
- ➤ 切割素材
- ➤ 提取编辑

重点知识
- ➤ 彩色遮罩
- ➤ 通用倒计时片头

提高知识
- ➤ 创建静止帧
- ➤ 分离和链接素材

2.1 制作多画面电视墙效果——使用 Premiere Pro CC 剪辑素材

下面将介绍如何在 Premiere Pro 中制作多画面电视墙效果。该案例主要通过为素材文件添加【棋盘】效果。【网格】效果使素材文件产生多面效果，如图 2-1 所示。

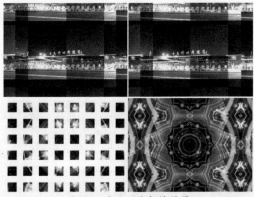

图 2-1　多画面电视墙效果

素材	素材 \Cha02\01.avi、02.avi
场景	场景 \Cha02\ 制作多画面电视墙效果 . prproj
视频	视频教学 \Cha02\2.1　制作多画面电视墙效果 .mp4

01 新建项目文档和 DV-PAL 下的【标准 48kHz】序列，导入"素材 \Cha02\01.avi、02.avi"素材文件，将 01.avi 文件拖曳至【时间轴】窗口的 V1 轨道中，然后为其添加【复制】特效，并将【计数】设置为 3，如图 2-2 所示。

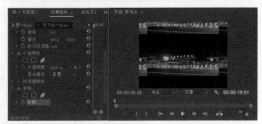

图 2-2　设置复制特效参数

02 为 01.avi 素材添加【棋盘】特效，将当前时间设置为 00:00:00:00，在【效果控件】面板中将【大小依据】设置为【边角点】，将【锚点】设置为 240、192，将【边角】设置为 480、384，将【混合模式】设置为【叠加】，如图 2-3 所示。

疑难解答　在把素材拖曳至时间轴中时，会出现剪辑不匹配警告对话框。

因为裁剪出的视频有可能与序列不匹配，选择保持现有设置即可。

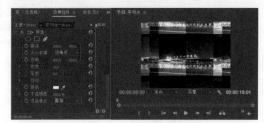

图 2-3　设置棋盘特效参数

03 将当前时间设置为 00:00:02:06，将 02.avi 素材文件拖曳至 V2 轨道中，与时间线对齐，将两个视频文件选中，右击并选择【取消链接】命令，将音频文件删除，如图 2-4 所示。

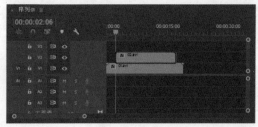

图 2-4　添加素材文件

04 选中轨道中的 02.avi 素材文件，为其添加【复制】和【棋盘】特效，将【计数】设置为 3，将【大小依据】设置为【边角点】，将【锚点】设置为 240、192，将【边角】设置为 479.6、384，将【混合模式】设置为【色相】，如图 2-5 所示。

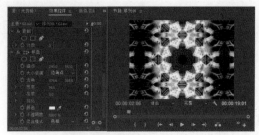

图 2-5　设置【复制】和【棋盘】参数

05 为 02.avi 素材文件添加【网格】特效，激活【效果控件】面板，设置【网格】区域下的【边框】为 60，将【锚点】设置为 1054、550，并单击其左侧的【切换动画】按钮，将【混合模式】设置为【正常】，如图 2-6 所示。

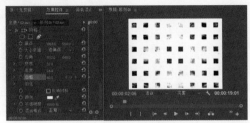

图 2-6　设置【网格】参数

06 将当期时间设置为 00:00:03:16，单击
【棋盘】特效中【锚点】、【边角】、【混合模式】
左侧的【切换动画】按钮■，将【网格】特效
中的【边框】设置为 0.0，如图 2-7 所示。

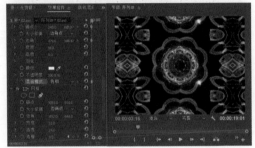

图 2-7　设置特效参数

07 将当期时间设置为 00:00:05:22，将【棋
盘】特效中的【锚点】设置为 479.0、192.0，将
【边角】设置为 719.0、384.0，将【混合模式】
设置为【模板 Alpha】，如图 2-8 所示。

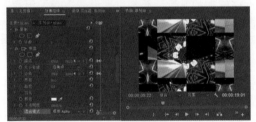

图 2-8　设置【棋盘】特效参数

08 将当前时间设置为 00:00:05:03，在【工
具】面板中选择【剃刀工具】■，剪切素材文
件。在 01.avi 和 02.avi 文件的时间轴处单击，
将剪切的素材后半部分删除，如图 2-9 所示，
然后导出视频即可。

图 2-9　将剪切的素材后半部分删除

2.1.1　在其他软件中打开素材

Premiere Pro CC 具有能在其他软件中打
开素材的功能，用户可以用该功能在其他软件
中打开素材进行观看或编辑。例如，可以在
QuickTime 中观看影片，可以在 Photoshop CC
中打开并编辑图像素材。在其他软件中编辑素
材存盘后，在 Premiere Pro CC 中的该素材会自
动进行更新。

要在其他软件中编辑素材，必须保证计
算机中安装有该软件，并且有足够的内存来运
行该软件。如果是在项目窗口中编辑的序列图
片，则在其他软件中只能打开该序列图片的第
一幅图像；如果是在序列窗口中编辑的序列图
片，则打开的是时间标记所在的当前帧画面。

使用其他软件编辑素材的方法如下。

01 在项目窗口（或序列窗口）中选中需
要编辑的素材。

02 选择【编辑】|【编辑原始】命令，如
图 2-10 所示。

图 2-10　选择【编辑原始】命令

03 在打开的应用程序中编辑该素材，并
保存结果。

04 回到 Premiere Pro CC，修改后的结果
会自动更新到当前素材。

2.1.2　剪裁素材

通过剪裁可以增加或删除帧以改变素材的
长度。素材开始帧的位置被称为入点，素材结

束帧的位置被称为出点。素材可以在监视器窗口、序列窗口中剪裁。

对素材入点和出点所做的改变，不影响磁盘上的源素材本身。

1. 在素材视窗中剪裁素材

源监视器窗口每次只能显示一个单独的素材，如果在源监视器窗口中打开多个素材，可以在【源】下拉列表中进行管理。Premiere Pro CC记录素材的入点、出点等设置信息。单击素材窗口上方的【源】下拉列表，可以看到所有在源监视器窗口中打开的素材，可以在列表中选择要在源监视器窗口中打开的素材。如果在源监视器窗口中打开序列中的影片，则名称前会显示序列名称。

在源监视器窗口中改变入点和出点的方法如下。

01 在【项目】窗口中双击要设置入点、出点的素材，将其在【源】监视器窗口中打开。

02 在【源】监视器窗口中拖动滑块或按空格键，寻找截取片段的开始位置。

03 单击【源】监视器窗口下方的【标记入点】按钮■或按 I 键，在【源】监视器窗口中可以观察当前素材入点画面。

04 继续播放影片，找到截取片段的结束位置。

05 单击【源】监视器窗口下方的【标记出点】按钮■或按 O 键，窗口中显示当前素材的出点，入点和出点间显示为深色，此时置入序列片段即入点与出点之间的素材片段，如图 2-11 所示。

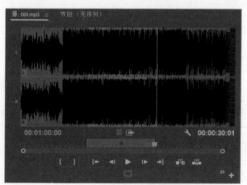

图 2-11　标记入点和出点

06 单击【转到入点】按钮■可以自动找

到影片的入点位置；单击【转到出点】按钮■可以自动找到影片的出点位置。

当声音同步要求非常严格时，用户可以为音频素材设置高精度的入点。音频素材的入点可以使用高达 1/600 秒的精度来调节。可以在监视器菜单中选择【音频波形】，使素材以音频波形显示。对于音频素材，入点和出点指示器出现在波形图相应的位置，如图 2-12 所示。

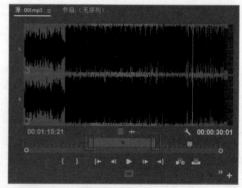

图 2-12　裁剪音频

当用户将一个同时含有影像和声音的素材拖入序列中时，该素材的音频和视频部分会被放到不同的轨道中。

用户在为素材设置入点和出点时，对素材的音频和视频部分同时有效。当然，也可以为素材的视频或音频部分单独设置入点和出点，方法如下。

01 在素材视频中选择要设置入点、出点的素材。

02 播放影片，找到截取片段的开始位置，选择【源】监视器中的素材并右击鼠标，在弹出的快捷菜单中选择【标记拆分】|【视频入点】命令，如图 2-13 所示。

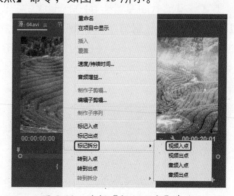

图 2-13　选择【视频入点】命令

03 播放影片，找到截取片段的结束位置，选择【源】监视器中的素材并右击鼠标，在弹出的快捷菜单中选择【标记拆分】|【视频出点】命令，如图 2-14 所示。

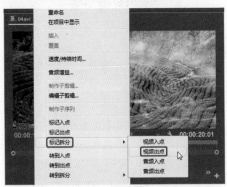

图 2-14　选择【视频出点】命令

04 选择【源】监视器中的素材并右击鼠标，在弹出的快捷菜单中选择【标记拆分】|【音频入点】命令，设置音频入点，如图 2-15 所示。

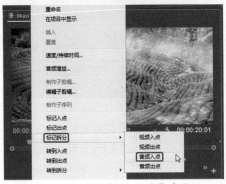

图 2-15　选择【音频入点】命令

05 选择【源】监视器中的素材并右击鼠标，在弹出的快捷菜单中选择【标记拆分】|【音频出点】命令，设置音频出点，如图 2-16 所示。

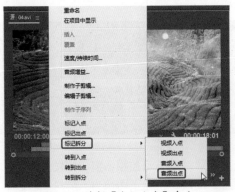

图 2-16　选择【音频出点】命令

06 分别设置视频和音频的入点、出点的素材，在【源】监视器和【时间轴】面板中观察效果如图 2-17 所示。

图 2-17　观察效果

2. 在序列中剪辑素材

Premiere Pro CC 在序列中提供了多种方式剪裁素材。为了更精细地剪裁，可以在序列中选择一个较小的时间单位。

● 使用选择工具剪裁素材

01 将选择工具放在要缩短或拉长的素材边缘上，此时选择工具变成了■形状，如图 2-18 所示。

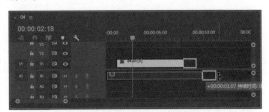

图 2-18　使用选择工具裁剪

02 此时拖动鼠标可以缩短或增加素材。当拖动鼠标时，素材被调节的入点或出点画面显示在【项目】窗口中，素材开始和结束的时间码地址显示在【信息】面板中。当素材达到预定长度时，释放鼠标左键。

● 使用【滚动编辑工具】剪裁素材

使用【滚动编辑工具】可以调节一个素材的长度，但相应会增长或者缩短相邻素材的长度，以保持原来两个素材和整个轨道的总长度。滚动编辑通常被称为【视频风格】编辑。当选择滚动编辑时，用户可以在【项目】窗口中观看该素材和相邻素材的边缘。

使用【滚动编辑工具】剪裁素材的方法如下。

01 在【工具栏】面板中选择【滚动编辑工具】。

02 将光标放在两个素材的连接处，并拖动鼠标剪裁素材，节目监视器窗口中显示相邻两帧的画面，如图2-19所示。

图2-20　调节素材长度

图2-19　剪裁素材

03 一个素材的长度被调节了，其他素材的长度将相应缩短或拉长以补偿该调节。

● 使用波纹编辑工具剪裁素材

使用波纹编辑工具拖动对象的出点可以改变对象的长度，相邻对象会跟随前进和后退，相邻对象的长度不变，节目总时间改变。波纹编辑通常被称为【胶片风格】编辑。

使用波纹编辑工具剪裁素材的方法如下。

01 在编辑工具栏中选择【波纹编辑工具】。

02 将鼠标指针放在两个素材连接处，并拖动鼠标以调节预定素材的长度，如图2-20所示。节目监视器窗口中显示相邻两帧的画面。只有被拖动素材的画面变化，其相邻素材画面不变。

03 拖动片段边缘，其相邻片段的位置随之改变。节目监视器窗口中的时间随之改变，如图2-21所示。

图2-21　时间相应改变

● 使用外滑工具剪裁素材

外滑工具可以改变一个对象的入点与出点，但保持其总长度不变，且不影响相邻其他对象。

使用外滑工具剪裁素材的方法如下。

01 在编辑工具栏中选择【外滑工具】。

02 单击需要编辑的片段并按住鼠标左键拖动，如图2-22所示。

图2-22　使用鼠标拖动素材

03 注意节目监视器窗口中发生的变化，如图2-23所示，左上图像为当前对象左边相邻片段的出点画面，右上图像为当前对象右边相邻片段的入点画面,下边图像为当前对象入点与出点画面,视窗左下方标识数字为当前对象改变帧数(正值标识当前对象入点,出点向后面的时间改变,负值表示当前对象入点、出点向前面的时间改变)。按住鼠标左键,在当前对象中拖动滑动编辑工具。当前对象入点与出点以相同帧数改变,但其总时间不变,且不影响相邻片段。

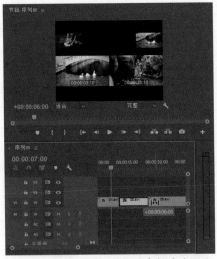

图 2-23　使用外滑工具拖动素材时的画面

- 使用滑动工具剪裁素材

内滑工具保持要剪辑片段的入点与出点不变,而是通过相邻片段入点和出点的改变,来改变其序列上的位置,并保持节目总长度不变。

使用内滑工具剪裁素材的方法如下。

01 在编辑工具栏中选择【内滑工具】█。

02 在需要编辑的片段上单击并按住鼠标左键拖动,如图 2-24 所示。注意节目监视器窗口中发生的变化。

图 2-24　使用鼠标拖动素材

03 在图 2-25 中,左下图像为当前对象左边相邻片段的出点画面,右下图像为当前对象右边相邻片段的入点画面,上方图像为当前对

象入点与出点画面。标识数字为相邻对象改变帧数。按住鼠标左键,在当前对象中拖动编辑工具,当前对象左边相邻片段的出点与右边相邻片段的入点随当前对象移动以相同帧数改变(左边相邻片段出点与右边相邻片段入点画面中的数值显示改变的帧数,0 表示相邻片段出点、入点没有改变;正值表示左边相邻片段出点与右边相邻片段入点向后面的时间改变;负值表示左边相邻片段出点与右边相邻片段入点向前面的时间改变)。当前对象在序列中的位置发生变化,但其入点与出点不变。

图 2-25　使用【内滑工具】拖动素材效果

3. 改变影片速度

用户可以为素材指定一个新的百分比或长度来改变素材的速度。对于视频和音频素材,其默认速度为 100%。可以设置速度为 −10000%～10000%,负的百分值使素材反向播放。当用户改变了一个素材的速度时,节目监视器窗口和信息面板会反映出新的设置,用户可以设置序列中的素材(视音频素材、静止图像)长度。

改变素材的速度会有效地减少或增加原始素材的帧数,这会影响影片素材的运动质量和音频素材的声音质量。例如,设定一个影片的速度为 50%(或长度增加一倍),影片产生慢动作效果;设定影片的速度为 200%(或减半其长度),将加倍素材的速度以产生快进效果。

如果同时改变了素材的方向,应确保在

【场选项】对话框中选择【交换场序】，设置这些场选项会消除可能产生的不平稳运动。

使用工具栏中的【比率拉伸工具】█，也可以对片段进行相应的速度调整，改变片段长度。选择速度调整工具，然后拖动片段边缘，对象速度被改变，但入点、出点不变。

对素材进行变速后，有可能导致播放质量下降，出现跳帧现象，这时候可以使用帧融合技术使素材播放得更加平滑。帧融合技术可以通过在已有的帧之间插入新帧来产生更平滑的运动效果。当素材的帧速率低于作品的帧速率时，Premiere Pro CC通过重复显示上一帧来填充缺少的帧，这时，运动图像可能会出现抖动，通过帧融合技术，Premiere Pro CC在帧之间插入新帧来平滑运动；当素材的帧速率高于作品的帧速率时，Premiere Pro CC会跳过一些帧，这时同样会导致运动图像抖动，通过帧融合技术，Premiere Pro CC重组帧来平滑运动。使用帧融合将耗费更多计算时间。

在序列中右键单击素材，在弹出的快捷菜单中选择【帧定格选项】命令，在【帧定格选项】对话框中选中【定格滤镜】复选框即可应用帧融合技术，如图2-26所示。

图2-26 选中【定格滤镜】复选框

改变影片速度的方法如下。

01 在菜单栏中选择【剪辑】|【速度/持续时间…】命令，弹出【剪辑速度/持续时间】对话框，如图2-27所示。

图2-27 调整影片的速度

02【速度】参数用于控制影片速度，100%为原始速度，低于100%速度变慢，高于

100%速度变快；在【持续时间】文本框中输入新时间，会改变影片出点，如果该选项与【速度】链接，则改变影片速度；选择【倒放速度】选项，可以倒播影片；【保持音频音调】选项用于锁定音频。设置完毕，单击【确定】按钮退出。

4. 创建静止帧

使用【帧定格选项】可以冻结需要保持其长度的素材中特写的帧。产生冻结帧的方法如下。

01 在【时间轴】面板中选择要剪辑的视频。

02 选择【剪辑】|【视频选项】|【帧定格选项】命令。

03 选中【定格位置】复选框，并从菜单中选择要定格的帧。

04 可以根据源时间码、序列时间码、入点、出点或者播放指示器选择帧，如图2-28所示。如有必要，指定【定格滤镜】，然后单击【确定】按钮。

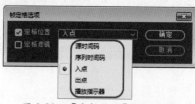

图2-28 【定格位置】下拉列表

> **提 示**
>
> 定格滤镜：防止关键帧效果设置（如果存在）在剪辑持续时间内动画化。效果设置会使用定格帧的值。

5. 在序列窗口中粘贴素材或素材属性

Premiere Pro CC提供了标准的Windows编辑命令，用于剪切、复制和粘贴素材，这些命令都在【编辑】菜单下。

- 【剪切】命令：将选择的内容剪切掉，并存入剪贴板中，以供粘贴。
- 【复制】命令：复制选取的内容并存到剪贴板中，对原有的内容不进行任何修改。
- 【粘贴】命令：把剪贴板中保存的内容粘贴到指定的区域，可以进行多次粘贴。

Premiere Pro CC还提供了两个独特的粘贴命令：【粘贴插入】和【粘贴属性】。

- 【粘贴插入】命令：将所复制的或剪切的素材粘贴到序列中时间指示器所在位置。位于其后方的影片会等距离后退。

复制粘贴操作方法如下。

01 选择素材，然后选择菜单栏中的【编辑】|【复制】命令，也可以按 Ctrl+C 组合键，如图 2-29 所示。

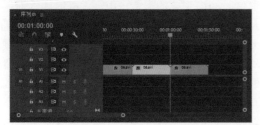

图 2-29　选择【复制】命令

02 在序列中将时间指示器移动到需要粘贴的位置。

03 选择【编辑】|【粘贴插入】命令，复制的影片被粘贴到时间轴当前位置，其后的影片等距离后退，如图 2-30 所示。

图 2-30　【粘贴插入】后的效果

- 【粘贴属性】命令：粘贴一个素材的属性（滤镜效果、运动设定及不透明度设定等）到序列中的目标上。

6. 场设置

在使用视频素材时，会遇到交错视频场的问题，它严重影响着最后的合成质量。大部分视频编辑合成软件都对场控制提供了一整套的解决方案。

要解决场问题，首先必须对场有一个概念性的认识。

在将光信号转换为电信号的扫描过程中，扫描总是从图像的左上角开始，水平向前行进，同时扫描点也以较慢的速率向下移动。当扫描点到达图像右侧边缘时，扫描点快速返回左侧，重新开始在第 1 行的起点下面进行第 2 行扫描，行与行之间的返回过程称为水平

消隐。一幅完整的图像扫描信号，由水平消隐间隔分开的行信号序列构成，称为一帧。扫描点扫描完一帧后，要从图像的右下角返回到图像的左下角，开始新一帧的扫描，这一时间间隔，叫作垂直消隐。对于 PAL 制信号来讲，采用每帧 625 行扫描。对于 NTSC 制信号来讲，采用每帧 525 行扫描。

大部分广播视频采用两个交换显示的垂直扫描场构成一帧画面，这叫作交错扫描场。交错视频的帧由两个场构成，其中一个扫描帧的全部奇数场，称为奇场或上场；另一个扫描帧的全部偶数场，称为偶场或下场。场以水平分隔线的方式隔行保存帧的内容，在显示时首先显示第 1 个场的交错间隔内容，然后显示第 2 个场来填充第一个场留下的缝隙。计算机操作系统是以非交错形式显示视频的，它的每一帧画面由一个垂直扫描场完成。电影胶片类似于非交错视频，它每次是显示整个帧的。

解决交错视频场的最佳方案是分离场。合成编辑可以将上载到计算机的视频素材进行场分离。通过从每个场产生一个完整帧再分离视频场，并保存原始素材中的全部数据。在对素材进行如变速、缩放、旋转、效果等加工时，场分离是极为重要的。

在分离场的时候，我们要选择场的优先顺序。下面列出一般情况下，各种视频标准录像带的场优先顺序。

格　　式	场　顺　序
DV	下场
640×480 NTSC	上场
640×480 NTSC Full	下场
720×480 NTSC DV	下场
720×480 NTSC D1	通常是下场
768×576 PAL	上场
720×576 PAL DV	下场
720×576 PAL D1	上场
HDTV	场或者下场

在选择场顺序后，可以播放影片，观察影片是否能够平滑地进行播放。如果出现跳动的现象，则说明场的顺序是错误的。

对于采集或上载的视频素材，一般情况下，要对其进行场分离设置。另外，如果要将

计算机中制作完成的影片输出到用于电视监视器播放的领域。在输出时也要对场进行设置。输出到电视机的影片是具有场的。我们可以为没有场的影片添加场。例如，使用三维动画软件输出的影片，在输出的时候没有输出场，录制到录像带在电视上播放的时候，就会出现问题。这时我们可以在输出前为其添加场。可以在渲染设置中进行场设置，也可以在特效操作中添加场。

场的概念原于电视，由于电视要克服信号频率带宽的限制，无法在制式规定的刷新时间内（PAL制式是25fps）同时将一帧图像显现在屏幕上，只能将图像分成两个半幅的图像，一先一后地显现，由于刷新速度快，肉眼是无法察觉的。普通电视都是采用隔行扫描方式。隔行扫描方式是将一帧电视画面分成奇数场和偶数场两次扫描。第一次扫出由1、3、5、7等所有奇数行组成的奇数场，第二次扫出由2、4、6、8等所有偶数行组成的偶数场（Premiere中称为顶部场Upper Field和底部场Low Field，关系为偶数场Even field对应顶部场upper field，奇数场odd field对应底部场lower field）。这样，每一幅图像经过两场扫描，所有的像素便全部扫完。

众所周知，电视荧光屏上的扫描频率（帧频）有30Hz（美国、日本等，帧频为30fps的称为NTFS制式）和25Hz（西欧、中国等，帧频为25fps的称为PAL制式）两种，即电视每秒钟可传送30帧或25帧图像，30Hz和25Hz分别与相应国家电源的频率一致。电影每秒钟放映24个画格，这意味着每秒传送24幅图像，与电视的帧频24Hz意义相同。电影和电视确定帧频的共同原则是为了使人们在银幕上或荧屏上能看到动作连续的活动图像，这要求帧频在24Hz以上。为了使人眼看不出银幕和荧屏上的亮度闪烁，电影放映时，每个画格停留期间遮光一次，换画格时遮光一次，于是在银幕上亮度每秒钟闪烁48次。电视荧光屏的亮度闪烁频率必须高于48Hz才能使人眼觉察不出闪烁。由于受信号带宽的限制，电视采用隔行扫描的方式满足这一要求。每帧分两场扫描，每个场消隐期间荧光屏不发光，于是荧屏

亮度每秒闪烁50次（25帧）或60次（30帧）。这就是电影和电视帧频不同的历史原因。但是电影的标准在世界上是统一的。

场是因隔行扫描系统而产生的，两场为一帧，目前我们所看到的普通电视的成像，实际上是由两条叠加的扫描折线组成的。比如你想把一张白纸涂黑，你就拿起铅笔，在纸上从上边开始，左右画折线，一笔连续不断地一直画到纸的底部，这就是一场，然而很不幸，这时你发现画得太稀，于是你又插缝重复补画一次，这就是电视的一帧。场频的锯齿波与你画的并无异样，只不过在回扫期间，也就是逆程信号是被屏蔽了的；然而这先后的两笔就存在时间上的差异，反映在电视上就是频闪了，造成了视觉上的障碍，于是我们通常会说不清晰。

现在，随着器件的发展，逐行系统也应运而生了，因为它的一幅画面不需要第二次扫描，所以场的概念也就可以忽略了，同样是在单位时间内完成的事情，由于没有时间的滞后及插补的偏差，逐行的质量要好得多，这就是大家要求弃场的原因了，当然代价是，要求硬件（如电视）有双倍的带宽，和线性更加优良的器件，如锯齿波发生器以及功率输出电路，其特征频率必然至少要增加一倍。当然，由于逐行生成的信号源（碟片）具有先天优势，所以同为隔行的电视播放，效果也是有显著的差异的。

就采集设备而言，它所采集的AVI本身就存在一个场序的问题，而这又是采集卡的驱动程序和主芯片以及所采集的视频制式所共同决定的；就播放设备而言，它所播放的机器本身还存在一个场序的问题，而这又是播放设备所采用的工业规范标准以及所播放的视频制式所决定的。上述两个设备的场序是既定的，不可更改的。

在实际制作中，Premiere在采集制作时的场序，可以根据我们的意愿做适当的调整，其根本宗旨是把采集设备的场序适当地调整为播放设备的场序。首先要确定采集设备在采集不同制式的信号源时，所采用的场序，这可以从采集设备技术说明书中查到；其次要确定最终输出的视频格式和播放机所采用的场序，这可

以从所播放的视频制式工业规范标准中查到。现在我们就可以用采集设备的场序来采集，用播放设备的场序来输出了。这正是我们在Premiere中做场序调整的目的之所在。

> **提　示**
>
> 在Premiere中输出的时候，注意输出的场与源文件的场要一致，否则抖动会很严重或有锯齿；另外，有些插件不支持场输出，比如Final Effect（模拟各类天气效果的，雨、雪等），Power sms（有1000多个转场）；好莱坞（Hollywood），请注意设置场的顺序（要不然会出现抖动情况的）。如果视频不带遥控装置的话，需要手动控制录像机进行采集，这时无法设置入点和出点。

在使用视频素材时，会遇到交错视频场的问题，它严重影响着最后的合成质量。由于视频格式、采集和回放设备的不同，场的优先顺序也是不同的。如果场顺序反转，运动会变得僵持和闪烁。在编辑中，改变片段的速度、输出胶片带、反向播放片段或冻结视频帧，都有可能遇到场处理问题。所以，正确的场设置在视频编辑中是非常重要的。

一般情况下，在新建节目的时候，就要指定正确的场顺序。这里的顺序一般要按照影片的输出设备来设置。切换到【新建序列】对话框中的【设置】选项卡，在【视频】选项栏中的【场】下拉列表中指定编辑影片所使用的场方式，如图2-31所示。【无场（逐行扫描）】应用于非交错场影片。在编辑交错场影片时，要根据相关视频硬件显示奇偶场的顺序，选择【高场优先】或者【低场优先】。在输入影片时，也有类似的选项设置。

图2-31　设置场的顺序

如果编辑过程中，得到的素材场顺序不同，则必须使其统一，并符合编辑输出的场设置。调整方法：在序列中右击素材，在弹出的快捷菜单中选择【场选项】命令，然后在弹出的【场选项】对话框中进行设置，如图2-32所示。

图2-32　【场选项】对话框

下面讲解【场选项】对话框中的选项。

- 【交换场序】：反转场控制。如果素材场顺序与视频采集卡场顺序相反，则选该项。
- 【无】：不进行处理。
- 【始终去隔行】：将隔行扫描场转换为非隔行扫描的逐行扫描帧。对于希望以慢动作播放或在冻结帧中播放的剪辑，此选项很有用。此选项会丢弃一个场（在【新建序列】对话框的【设置】选项卡的【场】设置中为项目指定的控制场将会保留）。然后，它在控制场的行的基础上插补缺失的行。
- 【消除闪烁】：该选项用于消除细水平线的闪烁。当该选项没有被选择时，只有一个像素的水平线在电视机屏幕上，则在回放时会导致闪烁；选择该选项将使扫描线的百分值增加或降低以混合扫描线，使一个像素的扫描线在视频的两场中都出现。在Premiere Pro CC中播出字幕时，一般要将该项打开。

7. 删除素材

如果用户决定不使用序列中的某个素材片段，则可以在序列中将其删除。从序列中删除一个素材不会将其在项目窗口中删除。当用户删除一个素材后，可以在轨道上的该素材处留下空位，也可以选择波纹删除，将其他内容向左移动，覆盖被删除的素材留下的空位。

删除素材的方法如下。

01 在序列中选择一个或多个素材。

02 按键盘上的 Delete 键或选择菜单栏中的【编辑】|【清除】命令，如图 2-33 所示。

图 2-33　选择【清除】命令

波纹删除素材的方法如下。

01 在序列中选择一个或多个素材。

02 如果不希望其他轨道上的素材移动，可以锁定该轨道。

03 在菜单栏中选择【编辑】|【波纹删除】命令，如图 2-34 所示。

图 2-34　选择【波纹删除】命令

2.1.3　设置标记点

设置标记点可以帮助用户在序列中对齐素材或切换，还可以快速寻找目标位置，如图 2-35 所示。

图 2-35　设置标记点

标记点和【序列】窗口中的【对齐】按钮共同工作。若【对齐】按钮被选中，则【序列】窗口中的素材在标记的有限范围内移动时，就会快速与邻近的标记靠齐。对于【序列】窗口以及每一个单独的素材，都可以加入 100 个带有数字的标记点（0~99）和最多 999 个不带数字的标记点。

【源】监视器窗口的标记工具用于设置素材片段的标记，【节目】监视器窗口的标记工具用于设置序列中时间标尺上的标记。创建标记点后，可以先选择标记点，然后移动。

为素材视窗中的素材设置标记点的方法如下。

01 在【源】监视器窗口中选择要设置标记的素材。

02 在素材视窗中找到设置标记的位置，然后单击【添加标记】按钮为该处添加一个标记点，既可以按键盘上的 M 键，也可以在菜单栏中选择【标记】|【添加标记】命令，如图 2-36 所示。

图 2-36　添加标记

用户可以为其添加数字标记，添加数字标记的方法如下。

01 在【源】监视器窗口中选择需要添加标记的位置，单击鼠标右键，在弹出的快捷菜单中选择【添加章节标记】命令，如图 2-37 所示。

图 2-37 选择【添加章节标记】命令

02 在弹出的对话框中将其【名称】设置为"章节标记"，其他参数为默认设置，如图 2-38 所示。

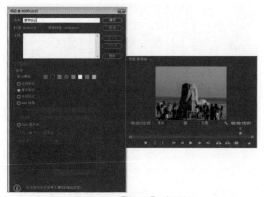

图 2-38 【标记】对话框

03 设置完成后，单击【确定】按钮，即可在【源】监视器窗口中添加章节标记。

【设置 Flash 提示标记】命令用于设置输出为 Flash 文件时的提示标记点。添加 Flash 提示标记的方法与添加章节标记的方法相同。

为序列设置标记点的方法如下。

在【序列】面板中选择素材，将时间线拖曳至需要设置标记的位置，单击【添加标记】按钮，即可为其添加标记，如图 2-39 所示。

图 2-39 单击【添加标记】按钮

1. 使用标记点

为素材或时间标尺设置标记后，用户可以快速找到某个标记位置或通过标记使素材对齐。

查找目标标记点的方法如下。

在【源】监视器窗口中单击【转到下一标记】按钮或【转到上一标记】按钮，可以找到上一个或者下一个标记点。

2. 删除标记点

用户可以随时将不需要的标记点删除。

方法是选择需要删除的标记并单击鼠标右键，在弹出的快捷菜单中选择【清除所选的标记】命令，如图 2-40 所示。

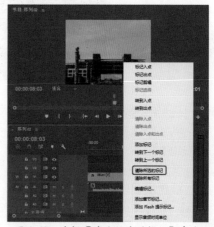

图 2-40 选择【清除所选的标记】命令

如果要删除全部标记点，选择一个标记点单击鼠标右键，在弹出的快捷菜单中选择【清除所有标记】命令，如图2-41所示。

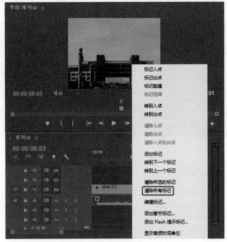

图 2-41　选择【清除标记】命令

在序列中可以将一个单独的素材切割成为两个或更多个单独的素材，可以使用插入工具进行三点或者四点编辑，也可以将素材的音频或视频部分分离，或将分离的音频和视频素材链接。

2.2　制作镜头的快播和慢播效果——使用剃刀工具分离素材

下面将介绍如何实现镜头快慢播放的效果，主要用到素材裁剪和【速度】参数设置操作，效果如图2-42所示。

图 2-42　镜头的快播和慢播效果

素材	素材 \Cha02\ 视频 .avi
场景	场景 \Cha02\ 制作镜头的快播和慢播效果 .prproj
视频	视频教学 \Cha02\ 2.2 制作镜头的快播和慢播效果 .mp4

01 新建项目文档，新建DV-PAL|【标准48kHz】序列文件，导入"素材\Cha02\视频.avi"素材文件，将素材文件拖曳至【时间

轴】面板的V1轨道中，弹出【剪辑不匹配警告】对话框，单击【保持现有设置】按钮，选中"视频.avi"素材文件，如图2-43所示。

图 2-43　将素材文件拖曳至轨道中

02 在【效果控件】面板中将【缩放】设置为80，如图2-44所示。

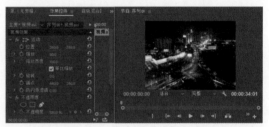

图 2-44　设置【缩放】参数

03 将当前时间设置为00:00:16:10，在工具面板中单击【剃刀工具】，在编辑标识线处对素材文件进行切割，效果如图2-45所示。

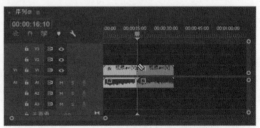

图 2-45　切割素材

04 选择【选择工具】，确认该轨道中的第一个对象处于选中状态，右击鼠标，在弹出的快捷菜单中选择【速度/持续时间】命令，在弹出的对话框中将【速度】设置为200，如图2-46所示。

05 设置完成后，单击【确定】按钮，选择该轨道中的第二个对象，按住鼠标将其拖曳至第一个对象的结尾处，并在该对象上右击鼠标，在弹出的快捷菜单中选择【速度/持续时间】命令，在弹出的对话框中将【速度】设置为 30，如图 2-47 所示。

图 2-46　设置【速度】参数

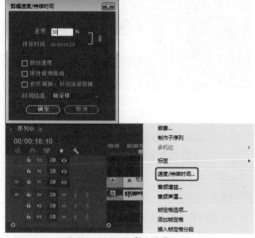

图 2-47　设置【速度】参数

06 设置完成后，单击【确定】按钮，即可完成对选中对象的更改，效果如图 2-48 所示。

图 2-48　设置完成后的效果

2.2.1 切割素材

当用户切割一个素材时，实际上是建立了该素材的两个副本。

可以在序列中锁定轨道，以保证在一个轨道上进行编辑时，其他轨道上的素材不受影响。

将一个素材切割成两个素材的方法如下。

01 在工具栏中选择【剃刀工具】 。

02 在素材需要剪切处单击，该素材即被切割为两个素材，每一个素材都有其独立的入点与出点，如图 2-49 所示。

图 2-49　使用【剃刀工具】切割素材

如果要将多个轨道上的素材在同一点分割，则按住 Shift 键，会显示多重刀片，轨道上所有未锁定的素材都在该位置被分为两段，如图 2-50 所示。

图 2-50　切割多个轨道上的素材

2.2.2 插入和覆盖编辑

使用【插入】按钮 和【覆盖】按钮 工具可以将【源】监视器窗口中的片段直接置入序列中的时间标示点位置的当前轨道中。

1. 插入编辑

使用插入工具置入片段时，凡是处于时间标示点之后（包括部分处于时间指示器之后）的素材都会向后推移。如果时间标示点位于目标轨道中的某个素材上，插入的新素材会把原有素材分为两段，直接插在其中，原素材的后半部分将会向后推移，接在新素材之后。

使用插入工具插入素材的方法如下。

01 在【源】监视器窗口中选中要插入序列中的素材，并为其设置入点和出点。

02 在【节目】监视器窗口或序列中将编辑标示线移动到需要插入的时间点，如图 2-51 所示。

03 在【源】监视器窗口中单击【插入】按钮 ，将选择的素材插入序列中编辑标示线后面，如图 2-52 所示。

图 2-51　设置需要插入素材的时间点

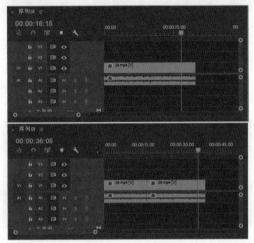

图 2-52　插入素材

2．覆盖编辑

使用覆盖工具插入素材的方法如下。

01 在【项目】窗口中双击要插入影片的素材，将其在【源】监视器窗口中打开，并为其设置入点和出点，如图2-53所示。

图 2-53　标记素材的入点和出点

02 在【项目】窗口中将当前时间设置为需要覆盖素材的位置。

03 在【源】监视器窗口中单击【覆盖】按钮，加入的新素材在编辑标示线处覆盖

其下素材，素材总长度保持不变，如图2-54所示。

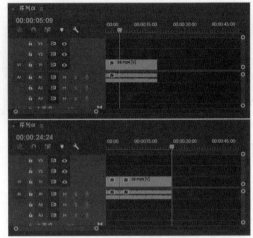

图 2-54　覆盖后的效果

2.2.3　提升和提取编辑

使用【提升】按钮和【提取】按钮可以在【序列】窗口中删除选定轨道上指定的一段节目。

1．提升编辑

使用【提升】按钮对影片进行删除修改时，只会删除目标轨道中选定范围内的素材片段，对其前、后的素材以及其他轨道上素材的位置都不会产生影响。

使用提升工具的方法如下。

01 在【节目】监视器窗口中为素材需要提升的部分设置入点、出点。设置的入点和出点同时显示在序列的时间标尺上，如图2-55所示。

图 2-55　设置素材的入点与出点

02 在【节目】监视器窗口中单击【提升】按钮，入点和出点间的素材被删除。删除后的区域留下空白，如图2-56所示。

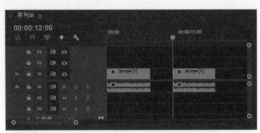

图 2-56　提升后的效果

2. 提取编辑

使用提取工具对影片进行删除修改，不但会删除指定的目标轨道中指定的片段，还会将其后的素材前移，填补空缺。对于其他未锁定轨道中位于该选择范围内的片段也一并删除，并将后面的所有素材前移。

使用提取工具的方法如下。

01 在【节目】监视器窗口中为素材需要删除的部分设置入点、出点。设置的入点和出点同时也显示在序列的时间标尺上。

02 设置完成后，在【节目】监视器窗口中单击【提取】　　按钮，设置入点和出点间的素材被删除，其后的素材将自动前移，填补空缺，如图 2-57 所示。

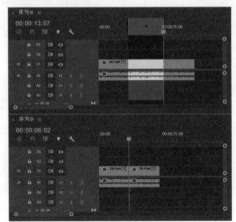

图 2-57　提取完成后的效果

2.2.4　分离和链接素材

在编辑工作中，经常需要将序列窗口中的视频、音频链接素材的视频和音频部分分离。用户可以完全打断或者暂时释放链接素材的链接关系并重新放置各部分。当然，很多时候也需要将各自独立的视频和音频链接在一起，作为一个整体调整。

为素材建立链接的方法如下。

01 在序列中选择要进行链接的视频和音频片段。

02 单击鼠标右键，在弹出的快捷菜单中选择【链接】命令，如图 2-58 所示，视频和音频就能被链接在一起，如图 2-59 所示。

图 2-58　选择【链接】命令

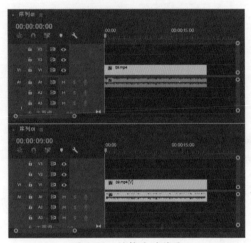

图 2-59　链接后的效果

分离素材的方法如下。

01 在序列中选择视频、音频链接的素材。

02 单击鼠标右键，选择快捷菜单中的【取消链接】命令，即可分离素材的音频和视频部分，如图 2-60 所示。

图 2-60　取消视频、音频之间的链接

链接在一起的素材被断开后，分别移动音频和视频部分，使其错位，然后链接在一起，系统会在片段上标记警告，并标识错位的时间，如图 2-61 所示。负值表示向前偏移，正值表示向后偏移。

图 2-61　视频、音频的错位提示

2.3　制作电视暂停效果——使用 Premiere Pro CC 创建新元素

下面将介绍如何制作电视彩条信号效果，该案例通过在【项目】面板中新建【HD 彩条】画面来表示节目暂停播放，效果如图 2-62 所示。

图 2-62　电视节目暂停播放效果

素材	素材 \Cha02\ 电视节目暂停效果 .jpg
场景	场景 \Cha02\ 制作电视暂停效果 .prproj
视频	视频教学 \Cha02\2.3　制作电视暂停效果 .mp4

01 运行 Premiere Pro CC 软件，在弹出的欢迎界面中单击【新建项目】按钮，新建项目和序列。按 Ctrl+N 组合键，在【新建序列】对话框中选择 DV-24P 下的【标准 48kHz】，如图 2-63 所示，使用默认的序列名称即可，单击【确定】按钮。

02 导入"素材 \Cha02\ 电视节目暂停效果 .jpg"素材文件，按住鼠标将其拖曳至 V1 轨道中，并选中该对象，在【效果控件】面板中将【等比缩放】取消勾选，将【缩放高度】设置为 65，【缩放宽度】设置为 60，如图 2-64 所示。

03 在【序列】窗口中选中素材并右击鼠标，在弹出的快捷菜单中选择【速度/持续时间】命令，在弹出的对话框中将【持续时间】设置为 00:00:15:00，如图 2-65 所示。

04 设置完成后，单击【确定】按钮，即可改变持续时间。在【项目】窗口中右击鼠标，

在弹出的快捷菜单中选择【新建项目】|【HD彩条】命令，在弹出的对话框中将【宽度】和【高度】分别设置为 68、36，如图 2-66 所示。

图 2-63　【新建序列】对话框

图 2-64　设置【缩放】参数

图 2-65　设置【持续　　图 2-66　【新建 HD 彩
时间】参数　　　　条】对话框

05 设置完成后，单击【确定】按钮，按住鼠标将其拖曳至 V2 轨道中，并将其持续时间设置为 00:00:15:00，如图 2-67 所示。

06 确认该对象处于选中状态，在【效果控件】面板中将【位置】设置为 229、199，取消勾选【等比缩放】复选框，将【缩放高度】设置为 536，将【缩放宽度】设置为 508，如图 2-68 所示。

图 2-67　设置完成后的效果

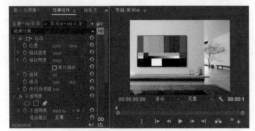

图 2-68　设置彩条的位置

07 将当前时间设置为 00:00:00:00，在【效果控件】面板中将【不透明度】设置为 0，如图 2-69 所示。

图 2-69　设置【不透明度】参数

08 将当前时间设置为 00:00:00:05，将【不透明度】设置为 100，如图 2-70 所示。

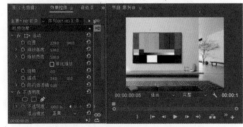

图 2-70　设置【不透明度】参数

2.3.1　通用倒计时片头

【倒计时导向】通常用于影片开始前的倒计时准备。Premiere Pro CC 为用户提供了现成的【倒计时导向】，用户可以非常简便地创建一个标准的倒计时素材，并可以在 Premiere Pro CC 中随时对其进行修改。

创建倒计时素材的方法如下。

01 在【项目】窗口中单击【新建项】按钮📋，在弹出的菜单中选择【通用倒计时片头】命令，如图 2-71 所示。在弹出的【新建通用倒计时片头】对话框中单击【确定】按钮，弹出【通用倒计时设置】对话框，在该对话框中进行设置，如图 2-72 所示。

图 2-71　选择【通用倒计时片头】命令

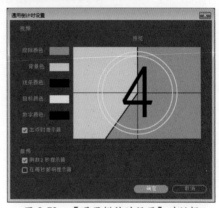

图 2-72　【通用倒计时设置】对话框

- 【擦除颜色】：播放倒计时影片时，指示线会不停地围绕圆心转动，在指示线转过之后，设置的擦除颜色显示。
- 【背景色】：指示线转过方向之前的颜色为当前背景颜色。
- 【线条颜色】：固定十字线及转动的指示线的颜色由该项设定。
- 【目标颜色】：指定圆形的准星的颜色。
- 【数字颜色】：倒计时影片 8、7、6、5、4 等数字的颜色。
- 【出点时提示音】：在倒计时出点时发出的提示音。
- 【倒数 2 秒提示音】：在显示 2 的时候发声。
- 【在每秒都响提示音】：每秒提示标志，

在每一秒钟开始的时候发声。

02 设置完毕后,单击【确定】按钮,Premiere Pro CC 自动将该段倒计时影片加入项目窗口。

用户可以在【项目】窗口或序列中双击倒计时素材,随时打开【倒计时导向设置】窗口进行修改。

2.3.2 彩条测试卡和黑场视频

下面将讲解彩条测试卡和黑场视频的创建方法。

1. 彩条测试卡

Premiere Pro CC 可以在影片开始前加入一段彩条。

在【项目】窗口中单击【新建项】按钮,在弹出菜单中选择【彩条】命令,如图 2-73 所示。

图 2-73　选择【彩条】命令

2. 黑场视频

Premiere Pro CC 可以在影片中创建一段黑场。在【项目】窗口中单击鼠标右键,在弹出的菜单中选择【新建项目】|【黑场视频】命令,即可创建黑场,如图 2-74 所示。

图 2-74　选择【黑场视频】命令

2.3.3 彩色遮罩

Premiere Pro CC 还可以为影片创建一个颜色蒙版。用户可以将颜色蒙版当作背景,也可以利用【不透明度】参数来设定与它相关的色彩的透明性。

创建颜色蒙版的方法如下。

01 在【项目】窗口空白处单击鼠标右键,在弹出的快捷菜单中选择【新建项目】|【颜色遮罩】命令,如图 2-75 所示,弹出【新建颜色遮罩】对话框,如图 2-76 所示。

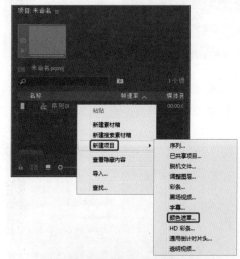

图 2-75　选择【颜色遮罩】命令

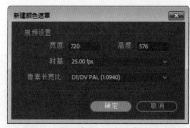

图 2-76　【新建颜色遮罩】对话框

02 单击【确定】按钮,弹出【拾色器】对话框,如图 2-77 所示,在该对话框中选择所需要的颜色,单击【确定】按钮。这时会弹出一个【选择名称】对话框,在【选择新遮罩的名称】文本框中输入名称,然后单击【确定】按钮,如图 2-78 所示。

> **提　示**
>
> 用户可在【项目】窗口或【序列】窗口中双击色彩蒙版,随时打开【拾色器】对话框进行修改。

图 2-77 【拾色器】对话框

图 2-78 选择新遮罩的名称

📍2.4 上机练习——剪辑视频片段

本例将通过在【源】窗口中剪辑视频片段，并将剪辑的片段放到【序列】窗口的视频轨道中，进行组合、调整以获得想要的影片效果，完成后的效果如图 2-79 所示。

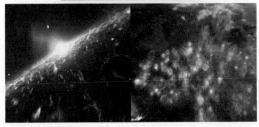

图 2-79 最终效果

素材	素材 \Cha02\ 视频素材 \ 星空 1.avi、星空 2.avi、星空 3.avi
场景	场景 \Cha02\ 剪辑视频片段 .prproj
视频	视频教学 \Cha02\2.4 剪辑视频片段 .mp4

01 启动软件后在欢迎界面中单击【新建项目】按钮，在弹出的对话框中输入项目文件名称，然后单击【确定】按钮，如图 2-80 所示。

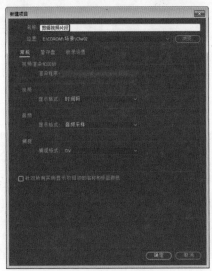

图 2-80 【新建项目】对话框

02 进入工作界面后按 Ctrl+N 组合键打开【新建序列】对话框，在该对话框中使用默认设置，单击【确定】按钮，如图 2-81 所示。

图 2-81 【新建序列】对话框

03 在【项目】窗口中双击鼠标左键，在弹出的【导入】对话框中选择"素材 \Cha02\ 视频素材"文件夹，单击【导入文件夹】按钮，如图 2-82 所示。

04 将素材打开后，在【项目】窗口中双击"视频素材"文件夹下方的"星空 1.avi"文件即可将其添加到【源】窗口中，如图 2-83 所示。

图 2-82　选择素材文件夹

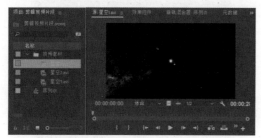

图 2-83　【源】窗口

05 将当前时间设置为 00:00:16:00，然后单击【标记入点】按钮■，即可为视频添加入点，如图 2-84 所示。

图 2-84　添加入点

06 设置完成后将当前时间设置为 00:00:28:00，在【源】窗口中单击【标记出点】按钮■，即可为视频添加出点，如图 2-85 所示。

图 2-85　添加出点

07 入点和出点设置完成后单击【插入】按钮■，即可将设置完成的视频插入【序列】窗口下的视频轨道中，如图 2-86 所示。

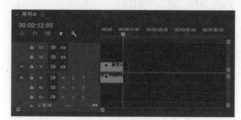

图 2-86　将视频插入轨道中

08 在【序列】窗口中选中插入的素材并右键单击，在弹出的快捷菜单中选择【取消链接】命令，如图 2-87 所示。

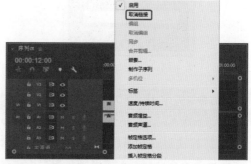

图 2-87　选择【取消链接】命令

09 将视频与音频的链接取消后，在音频轨道中选择音频，按 Delete 键将音频删除，效果如图 2-88 所示。

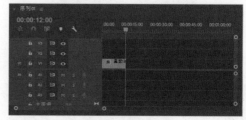

图 2-88　删除音频

10 选择视频轨道中的视频素材，切换至【效果控件】面板中，将【缩放】设置为 120，如图 2-89 所示。

11 双击"星空 2.avi"，将其添加到【源】窗口中，使用上述同样方法在 00:00:01:20 时间处添加入点，然后在 00:00:08:00 时间处添加出点，效果如图 2-90 所示。

12 设置完成后在【序列】窗口中将当前时间设置为 00:00:12:01，在【源】窗口中单击

【插入】按钮■，将【源】窗口中的视频插入V1轨道中，效果如图2-91所示。

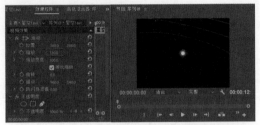
图 2-89　设置视频素材的缩放参数

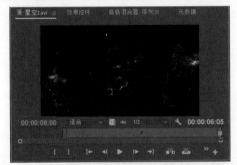
图 2-90　设置出点和入点

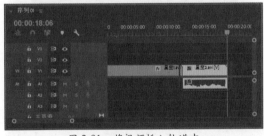
图 2-91　将视频插入轨道中

13 在视频轨道中选择刚插入的素材并右键单击，在弹出的快捷菜单中选择【取消链接】命令，如图2-92所示。

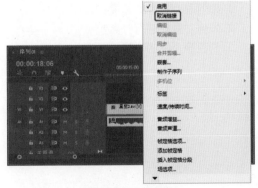
图 2-92　取消链接

14 取消视频和音频的链接后，在音频轨

道中选择音频，按 Delete 键将音频删除，效果如图2-93所示。

图 2-93　删除音频

15 将当前时间设置为00:00:12:00，选择刚插入的视频素材，将其拖动至V2轨道中并使其起始端与时间线对齐，效果如图2-94所示。

图 2-94　调整视频位置

16 切换至【效果】面板中，打开【视频过渡】文件夹，选择【溶解】下的【渐隐为白色】过渡特效，如图2-95所示。

图 2-95　选择【渐隐为白色】特效

17 选择特效后，将其拖动至【序列】窗口下的V2轨道中素材的起始处，效果如图2-96所示。

18 使用同样方法将"星空3.avi"文件添加到【源】窗口中，并在00:00:00:00时间处添加入点，在00:00:12:01时间处添加出点，在【序列】窗口中将当前时间设置为00:00:17:22，然后在【源】窗口中单击【插入】按钮，将素材插入视频轨道中。将素材取消链接，将音频删除，将当前时间设置为 00:00:17:22，将视频调整至 V3 轨道中，与时间线对齐，为其添加【棋盘擦除】过渡特效，执行以上操作后的效果如图 2-97 所示。

图 2-96　为视频添加特效

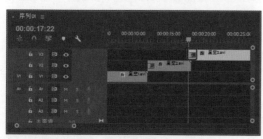

图 2-97　插入并调整 V3 素材

19 切换至【项目】窗口，双击空白处打开【导入】对话框，选择"素材\Cha03\音频.mp3"素材文件，然后单击【打开】按钮，如图 2-98 所示。

图 2-98　打开素材文件

20 在【项目】窗口中双击打开的"音频.mp3"素材文件，即可将其添加至【源】窗口中。在【源】窗口中将时间设置为 00:00:0:00，然后单击【标记入点】按钮，将时间设置为 00:00:29:23，然后单击【标记出点】按钮，效果如图 2-99 所示。

21 在【序列】窗口中将当前时间设置为 00:00:29:23，然后切换至【源】窗口，单击【插入】按钮，将音频文件插入音频轨道中，然后将音频轨道中的音频文件拖动至 00:00:00:00 时间处，效果如图 2-100 所示。

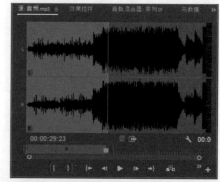

图 2-99　为音频添加入点与出点

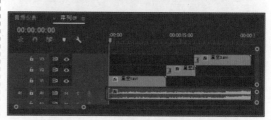

图 2-100　在音频轨道中调整音频位置

2.5　思考与练习

1. 如何改变影片的速度？
2. 如何对素材进行分离？
3. 创建静止帧的步骤。

第 3 章　日常生活类动画——视频过渡的应用

　　一部电影或一个电视节目是由很多镜头组成的，镜头之间组合显示的变化称为过渡，本章将介绍如何为视频片段与片段之间添加过渡效果。

　　本章将简单讲解视频过渡的应用，重点学习可爱杯子效果、精致茶具效果、恋爱笔记影片、父爱如山短片、百变面条短片、美甲短片、时尚家居短片以及精美饰品短片的制作。

基础知识
- ➤ 镜头过渡
- ➤ 改变切换设置

重点知识
- ➤ 划像过渡效果
- ➤ 溶解过渡效果

提高知识
- ➤ 擦除效果
- ➤ 滑动效果

3.1 制作可爱杯子效果——转场特技设置

可爱杯子动画主要是使用多个视频特效对素材进行美化，根据不同时间添加合适的素材与特效，最终效果如图3-1所示。

图 3-1 可爱杯子效果

素材	素材 \Cha03\ 可爱杯子 1.jpg~ 可爱杯子 6.jpg
场景	场景 \Cha03\ 制作可爱杯子效果——转场特技设置 .prproj
视频	视频教学 \Cha03\3.1 制作可爱杯子效果——转场特技设置 .mp4

01 新建项目文件和 DV-PAL 选项组中的【标准 48kHz】序列文件，在【项目】面板中导入"素材 \Cha03\ 可爱杯子 1.jpg、可爱杯子 2.jpg、可爱杯子 3.jpg、可爱杯子 4.jpg、可爱杯子 5.jpg、可爱杯子 6.jpg"素材文件，如图3-2所示。

图 3-2 导入素材

02 将当前时间设置为 00:00:00:00，在 VI 轨道右侧单击鼠标右键，在弹出的快捷菜单中选择【添加轨道】命令，如图3-3所示。

图 3-3 选择【添加轨道】命令

03 弹出【添加轨道】对话框，添加 3 个视频轨道，单击【确定】按钮，如图3-4所示。

图 3-4 添加视频轨道

04 在【项目】面板中，将可爱杯子 1.jpg 素材拖至 V6 轨道中，开始处与时间线对齐。选中轨道中的素材，将其持续时间设置为 00:00:02:12。切换至【效果控件】面板，将【运动】选项组中的【位置】设置为 360、292，单击【缩放】左侧的【切换动画】按钮，如图3-5所示。

图 3-5 设置位置和缩放参数

05 将当前时间设置为 00:00:01:00，在【效果控件】面板中将【运动】选项组中的【缩放】设置为 54，如图3-6所示。

06 在【效果】面板中，搜索【立方体旋

转】效果,将其拖至 V6 轨道中素材的结尾处,在【效果控件】面板中将【持续时间】设置为 00:00:01:00,如图 3-7 所示。

图 3-6 设置缩放参数

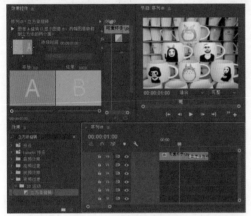

图 3-7 添加过渡效果

07 将当前时间设置为 00:00:01:12,在【项目】面板中,将"可爱杯子 2.jpg"素材拖至 V5 轨道中,开始处与时间线对齐。选中轨道中的素材,将其持续时间设置为 00:00:02:13。切换至【效果控件】面板,将【运动】选项组中的【位置】设置为 360、397,单击其左侧的【切换动画】按钮,将【缩放】设置为 66,如图 3-8 所示。

图 3-8 设置位置和缩放参数

08 将当前时间设置为 00:00:02:12,切换至【效果控件】面板中,将【运动】选项组中的【位置】设置为 360、180,如图 3-9 所示。

图 3-9 设置位置参数

09 在【效果】面板中,搜索【翻转】效果,将其拖至 V5 轨道中素材的结尾处,在【效果控件】面板中将【持续时间】设置为 00:00:01:00,如图 3-10 所示。

图 3-10 添加过渡效果

10 使用同样方法,将其他素材拖至视频轨道中设置参数并添加效果,如图 3-11 所示。

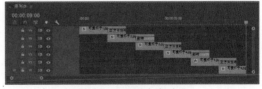

图 3-11 设置完成效果

3.1.1 使用镜头过渡

视频镜头过渡效果在影视制作中比较常用,镜头过渡效果可以使两段不同的视频之间产生各式各样的转换效果,如图 3-12 所示。下面我们通过【立方体旋转】过渡特效来讲解设置镜头过渡效果的操作步骤。

图 3-12　镜头过渡效果

中，将【缩放】设置为 90，如图 3-18 所示。

图 3-15　【新建序列】对话框

01 新建项目，在【项目】面板中双击鼠标，在弹出的【导入】对话框中选择"素材\Cha03\001.jpg、002.jpg"素材文件，如图 3-13 所示。

图 3-13　选择素材文件

图 3-16　将素材拖至轨道中

02 单击【打开】按钮，在菜单栏中选择【文件】|【新建】|【序列】命令，如图 3-14 所示。

图 3-14　选择【序列】命令

图 3-17　设置 001.jpg 的缩放参数

03 在弹出的【新建序列】对话框中，使用默认设置，单击【确定】按钮，如图 3-15 所示。

04 在【项目】面板中选择导入的素材文件，将素材拖至【序列】窗口中的 V1 轨道，如图 3-16 所示。

05 确定当前时间为 00:00:00:00，选中 001.jpg 素材文件，切换到【效果控件】面板中，将【缩放】设置为 37，如图 3-17 所示。

06 将当前时间设置为 00:00:05:00，选中 002.jpg 素材文件，切换到【效果控件】面板

图 3-18　设置 002.jpg 的缩放参数

07 激活【效果】面板，打开【视频过渡】文件夹，选择【3D 运动】下的【立方体旋转】过渡特效，如图 3-19 所示。

图 3-19 选择【立方体旋转】过渡特效

08 将选中的特效拖至两个素材之间，如图 3-20 所示。

图 3-20 添加特效

09 按空格键进行播放，效果如图 3-21 所示。

图 3-21 旋转离开效果

为影片添加过渡后，可以改变过渡的长度。最简单的方法是，在序列中选中过渡，拖动过渡的边缘，如图 3-22 所示。还可以在【效果控件】面板中，双击过渡打开【设置过渡持续时间】对话框进行设置，如图 3-23 所示。

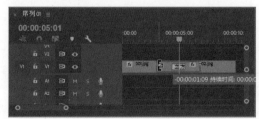

图 3-22 拖动过渡长度

图 3-23 【设置过渡持续时间】对话框

3.1.2 调整过渡区域

在两段影片间加入过渡后，时间轴上会有一个重叠区域，这个重叠区域就是过渡的范围，如图 3-24 所示。在【效果控件】面板的时间轴中，会显示影片的完全长度。

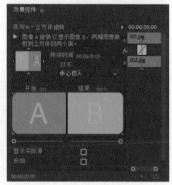

图 3-24 查看过渡范围

将时间标示点移动到影片上，按住鼠标左键拖动，即可移动影片的位置，改变过渡的影响区域。

将时间标示点移动到过渡中线上拖动，可以改变过渡位置，如图 3-25 所示。还可以将鼠标移动到过渡上拖动改变位置，如图 3-26 所示。

图 3-25 调整过渡的位置　图 3-26 通过鼠标移动过渡效果的位置

在左边的【对齐】下拉列表中提供了几种过渡对齐方式。

- 【中心切入】：在两段影片之间加入过渡，如图 3-27 所示。
- 【起点切入】：以片段 B 的入点位置为准建立过渡，如图 3-28 所示。加入过渡时。直接将过渡拖动到片段 B 的入点。

图 3-27　居中于切点

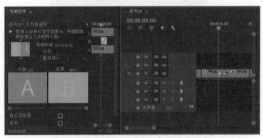

图 3-28　开始于切点

● 【终点切入】：以片段 A 的出点位置为准建立过渡，如图 3-29 所示。加入过渡时，直接将过渡拖动到片段 A 的出点。

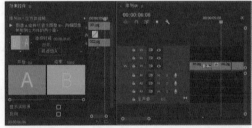

图 3-29　结束于切点

只有通过拖曳方式才可以设置【自定义起点】。将鼠标移动到过渡边缘，当鼠标指针变为形状时，可以通过拖动来改变过渡的长度，如图 3-30 所示。

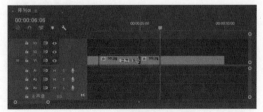

图 3-30　调整过渡的长度

在调整过渡区域的时候，【节目】监视器中会分别显示过渡影片的出点和入点画面，如图 3-31 所示，以观察调节效果。

图 3-31　过渡区域的出入点画面

3.1.3　改变切换设置

使用【效果控件】面板可以改变时间线上的切换设置，包括切换的中心点、起点和终点的值、边界以及防锯齿质量设置，如图 3-32 所示。

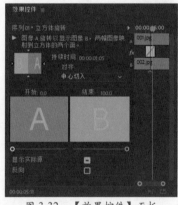

图 3-32　【效果控件】面板

默认情况下，切换都是从 A 到 B 完成的。要改变切换的开始和结束状态，可拖动【开始】和【结束】滑块。按住 Shift 键并拖动滑块可以使开始和结束滑块以相同数值变化，如图 3-33 所示。

例如，可以设置起点和终点的大小都是50%，这样切换的整个过程显示的都是50%的过渡效果。

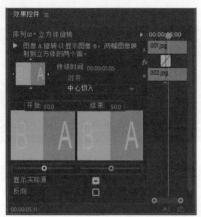

图 3-33　切换设置

→ 3.2　制作精致茶具效果——高级转场效果

本例主要通过在轨道中添加素材，并设置轨道中素材的动画效果，以及在轨道中不同的素材之间添加不同的切换特效，来实现精致茶具视频效果，如图 3-34 所示。

图 3-34　精致茶具效果

素材	素材 \Cha03\ 精致茶具 1 .jpg~ 精致茶具 6.jpg
场景	场景 \Cha03\ 制作精致茶具效果——高级转场效果 .prproj
视频	视频教学 \Cha03\3.2　制作精致茶具效果——高级转场效果 .mp4

01 新建项目文件和 DV-PAL 选项组中的【标准 48kHz】序列文件，在【项目】面板中导入"素材 \Cha03\ 精致茶具 1.png、精致茶具 2.jpg、精致茶具 3.jpg、精致茶具 4.jpg、精致茶具 5.jpg、精致茶具 6.jpg"素材文件，如图 3-35 所示。

02 将当前时间设置为 00:00:00:00，在 V1 轨道右侧单击鼠标右键，在弹出的快捷菜单中选择【添加轨道】命令，如图 3-36 所示。

图 3-35　导入素材

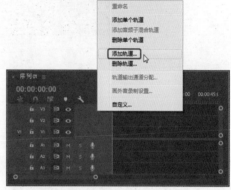

图 3-36　选择【添加轨道】命令

03 弹出【添加轨道】对话框，添加 3 个视频轨道，单击【确定】按钮，如图 3-37 所示。

图 3-37　添加视频轨道

04 在【项目】面板中，将"精致茶具 1.png"素材拖至 V6 轨道中，开始处与时间线对齐。选中轨道中的素材，将其持续时间设置为 00:00:03:00，切换至【效果控件】面板，将【运动】选项组中的【位置】设置为 400、179，如图 3-38 所示。

05 确认当前时间为 00:00:00:00，将【不透明度】设置为 0，如图 3-39 所示。

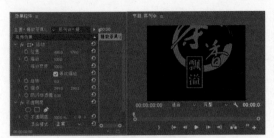

图 3-38　设置位置参数

图 3-39　设置不透明度参数

06 确认当前时间为 00:00:01:12，将【不透明度】设置为 100，将【缩放】设置为 42，如图 3-40 所示。

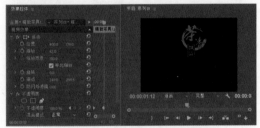

图 3-40　设置不透明度和缩放参数

07 在【项目】面板中，将当前时间设置为 00:00:00:00，将"精致茶具 2.jpg"素材拖至 V5 轨道中，开始处与时间线对齐。选中轨道中的素材，将其持续时间设置为 00:00:03:00，切换至【效果控件】面板，将【运动】选项组中的【位置】设置为 407、284，单击左侧的【切换动画】按钮，将【缩放】设置为 78，如图 3-41 所示。

图 3-41　设置参数

08 将当前时间设置为 00:00:01:12，将【位置】设置为 360、295，如图 3-42 所示。

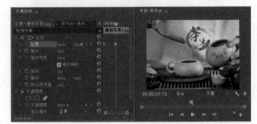

图 3-42　设置位置参数

09 在【效果】面板中搜索【交叉划像】特效，将其拖曳至"精致茶具 1.png"和"精致茶具 2.jpg"的尾部，在【效果控件】面板中将【持续时间】设置为 00:00:01:00，如图 3-43 所示。

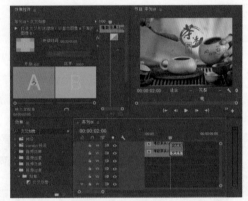

图 3-43　添加特效

10 将当前时间设置为 00:00:02:00，将"精致茶具 3.jpg"拖曳至 V4 轨道中，将开始处与时间线对齐，将【持续时间】设置为 00:00:03:12，如图 3-44 所示。

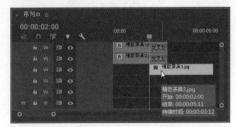

图 3-44　设置持续时间

11 将当前时间设置为 00:00:02:00，将【位置】设置为 360、404，单击左侧的【切换动画】按钮，将【缩放】设置为 104，如图 3-45 所示。

12 将当前时间设置为 00:00:04:00，将【位置】设置为 552、174，如图 3-46 所示。

图 3-45　设置位置和缩放参数

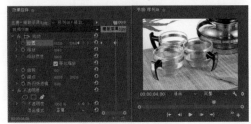

图 3-46　设置位置参数

13 在【效果】面板中搜索【圆划像】特效，将其拖曳至"精致茶具 3.jpg"的尾部，在【效果控件】面板中将【持续时间】设置为 00:00:01:00，如图 3-47 所示。

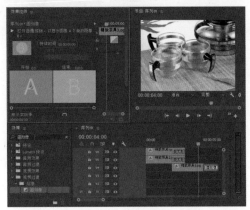

图 3-47　添加特效

14 使用同样方法，将其他素材拖至视频轨道中并设置参数和添加效果，如图 3-48 所示。

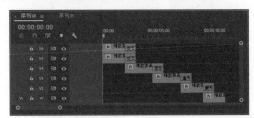

图 3-48　完成后的效果

3.2.1　3D 运动

在【3D 运动】视频过渡特效文件夹中包含两个 3D 运动效果的场景切换。

1.【立方体旋转】过渡特效

【立方体旋转】过渡特效是使图像 A 旋转以显示图像 B，两幅图像映射到立方体的两个面，如图 3-49 所示。

图 3-49　【立方体旋转】特效

添加【立方体旋转】过渡特效的操作如下。

01 新建项目后，在菜单栏中选择【文件】|【新建】|【序列】命令，如图 3-50 所示。

图 3-50　选择【序列】命令

02 在弹出的对话框中选择 DV-PAL|【标准 48kHz】，其他保持默认设置，单击【确定】按钮，如图 3-51 所示。

图 3-51　【新建序列】对话框

03 在【项目】面板中的空白处双击鼠标，弹出【导入】对话框，选择"素材\Cha03\003.jpg、004.jpg"素材文件，单击【打开】按钮即可导入素材，如图3-52所示。

图3-52　选择素材文件

04 将导入的素材拖入【序列】窗口中的视频轨道V1中，如图3-53所示。

图3-53　将素材拖到轨道中

05 确定当前时间为00:00:00:00，选中003.jpg素材文件，切换到【效果控件】面板中，将【缩放】设置为105，如图3-54所示。

图3-54　选择003.jpg素材文件并设置参数

06 将当前时间设置为00:00:05:00，选中004.jpg素材文件，切换到【效果控件】面板中，将【缩放】设置为110，如图3-55所示。

07 切换到【效果】面板，打开【视频过渡】文件夹，选择【3D运动】下的【立方体旋转】过渡特效，如图3-56所示。

图3-55　选择004.jpg素材文件并设置参数

图3-56　选择过渡特效

08 将其拖至【序列】窗口中两个素材之间，如图3-57所示。

图3-57　将特效拖至素材之间

2.【翻转】过渡特效

【翻转】过渡特效使图像A翻转到所选颜色后，显示图像B，如图3-58所示。

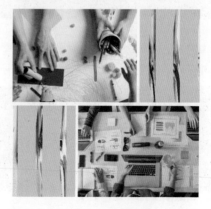

图3-58　【翻转】特效

添加【翻转】过渡特效的操作如下。

01 新建项目后，在菜单栏中选择【文件】|

【新建】|【序列】命令，在弹出的对话框中选择 DV-PAL |【标准 48kHz】，其他保持默认设置，然后单击【确定】按钮。在【项目】面板中的空白处双击鼠标，在弹出的【导入】对话框中，选择"素材\Cha03\005.jpg、006.jpg"素材文件，单击【打开】按钮即可导入素材，如图 3-59 所示。

图 3-59 选择素材

02 将导入后的素材拖入【序列】窗口中的视频轨道 V1 中，如图 3-60 所示。

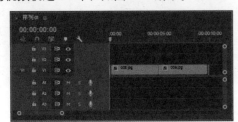

图 3-60 将素材拖入视频轨道

03 选中 005.jpg 素材，确定当前时间为 00:00:00:00，切换到【效果控件】面板中，将【缩放】设置为 130，效果如图 3-61 所示。

图 3-61 设置 005.jpg 素材的参数

04 将当前时间设置为 00:00:05:00，确定选中 006.jpg 素材文件，切换到【效果控件】面板中将【缩放】设置为 120，如图 3-62 所示。

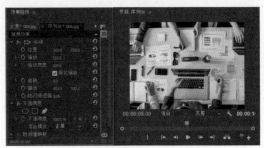

图 3-62 设置 006.jpg 素材的参数

05 切换到【效果】面板，打开【视频过渡】文件夹，选择【3D 运动】下的【翻转】特效，如图 3-63 所示。

图 3-63 选择【翻转】特效

06 将其拖至【序列】窗口中的素材上，如图 3-64 所示。

图 3-64 拖入特效

07 切换到【效果控件】面板，单击【自定义】按钮，打开【翻转设置】对话框，将【带】设置为 5，将【填充颜色】设置为 249、226、31，如图 3-65 所示。

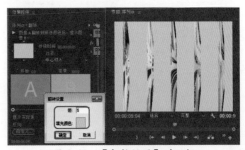

图 3-65 【翻转设置】对话框

【带】：输入翻转的图像数量。
【填充颜色】：设置空白区域颜色。

3.2.2　划像

本节将详细讲解【划像】转场特效，其中包括交叉划像、圆划像、盒形划像、菱形划像。

1.【交叉划像】特效

【交叉划像】特效：打开交叉形状擦除，以显示图像 A 下面的图像 B，如图 3-66 所示。

图 3-66　【交叉划像】特效

01 新建项目后，在菜单栏中选择【文件】|【新建】|【序列】命令，在弹出的对话框中选择 DV-PAL|【标准 48kHz】，其他保持默认设置，然后单击【确定】按钮。在【项目】面板中的空白处双击鼠标，弹出【导入】对话框，选择"素材 \Cha03\007.jpg、008.jpg"素材文件，单击【打开】按钮，如图 3-67 所示。

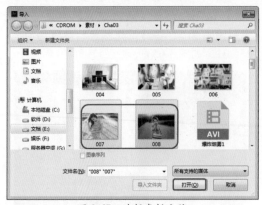

图 3-67　选择素材文件

02 将导入的素材文件拖至【序列】面板中，确定选中 007.jpg 素材，确定当前时间为 00:00:00:00，切换到【效果控件】面板中，将【缩放】设置为 85，如图 3-68 所示。

图 3-68　设置 007.jpg 素材的参数

03 选中 008.jpg 素材，确定当前时间为 00:00:05:00，切换到【效果控件】面板中，将【缩放】设置为 120，如图 3-69 所示。

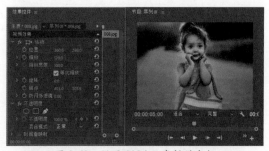

图 3-69　设置 008.jpg 素材的参数

04 切换到【效果】面板，打开【视频过渡】文件夹，选择【划像】下的【交叉划像】过渡效果，如图 3-70 所示。

图 3-70　选择【交叉划像】特效

05 将其拖至【序列】面板中两个素材之间，如图 3-71 所示。

2.【圆划像】特效

【圆划像】特效会产生一个圆形的效果，如图 3-72 所示。

图 3-71　将特效拖到素材之间

图 3-72　【圆划像】特效

01 新建项目后，在菜单栏中选择【文件】|
【新建】|【序列】命令，在弹出的对话框中选择
DV-PAL|【标准 48kHz】，其他保持默认设置，
然后单击【确定】按钮。在【项目】面板中的
空白处双击鼠标，弹出【导入】对话框，选择
"素材 \Cha03\009.jpg、010.jpg"素材文件，单击
【打开】按钮，如图 3-73 所示。

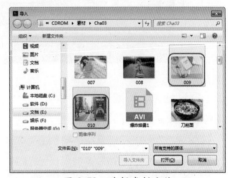

图 3-73　选择素材文件

02 将导入的素材拖至【序列】面板中的视频轨道 V1 中，确定选中 009.jpg 素材，确定当前
时间为 00:00:00:00，切换到【效果控件】面板中，将【缩放】设置为 120，如图 3-74 所示。

图 3-74　设置 009.jpg 素材的参数

03 确定选中 010.jpg 素材，确定当前时间为 00:00:05:00，切换到【效果控件】面板中，将
【缩放】设置为 80，如图 3-75 所示。

04 切换到【效果】面板，打开【视频过渡】文件夹，选择【划像】下的【圆划像】特效，
如图 3-76 所示。

图 3-75　设置 010.jpg 素材的参数

图 3-76　选择【圆划像】特效

05 将其拖至【序列】面板中两个素材之间，如图 3-77 所示。

图 3-77　将特效拖到素材之间

3.【盒形划像】特效

【盒形划像】特效是用矩形擦除，以显示图像 A 下面的图像 B，效果如图 3-78 所示。

图 3-78　【盒形划像】特效

01 新建项目后，在菜单栏中选择【文件】|
【新建】|【序列】命令，在弹出的对话框中选
择 DV-PAL |【标准 48kHz】，其他保持默认设
置，然后单击【确定】按钮。在【项目】面板
中的空白处双击鼠标，弹出【导入】对话框，
选择"素材 \Cha03\011.jpg、012.jpg"素材文件，
单击【打开】按钮，如图 3-79 所示。

图 3-79　选择素材文件

02 将导入的素材拖至【序列】面板中的视频轨道 V1 中，确定选中 011.jpg 素材文件，确定当前时间为 00:00:00:00，切换到【效果控件】面板中，将【缩放】设置为 15，如图 3-80 所示。

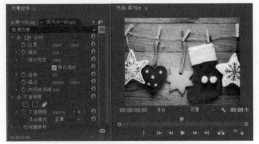

图 3-81 设置 012.jpg 素材的参数

图 3-80 设置 011.jpg 素材的参数

03 确定选中 012.jpg 素材，确定当前时间为 00:00:05:00，切换到【效果控件】面板中，将【缩放】设置为 20，如图 3-81 所示。

04 切换到【效果】面板，打开【视频过渡】文件夹，选择【划像】下的【盒形划像】特效，如图 3-82 所示。

图 3-82 选择【盒形划像】特效

05 将其拖至【序列】面板中的两个素材之间，如图 3-83 所示。

图 3-83 将特效拖到素材之间

4.【菱形划像】特效

【菱形划像】特效是用菱形擦除，以显示图像 A 下面的图像 B，效果如图 3-84 所示。

图 3-84 【菱形划像】特效

01 新建项目后，在菜单栏中选择【文件】|【新建】|【序列】命令，在弹出的对话框中选择

DV-PAL|【标准48kHz】，其他保持默认设置，然后单击【确定】按钮。在【项目】面板中的空白处双击鼠标，弹出【导入】对话框，选择"素材\Cha03\013.jpg、014.jpg"素材文件，单击【打开】按钮，如图3-85所示。

图3-86　设置013.jpg素材的参数

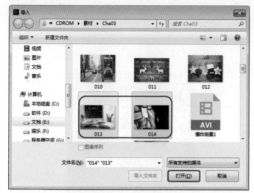

图3-85　选择素材文件

图3-87　设置014.jpg素材的参数

02　将导入的素材拖至【序列】面板中的视频轨道V1中，确定选中013.jpg素材文件，确定当前时间为00:00:00:00，切换到【效果控件】面板中，将【缩放】设置为115，如图3-86所示。

03　确定选中014.jpg素材文件，确定当前时间为00:00:05:00，切换到【效果控件】面板中将【缩放】设置为110，如图3-87所示。

04　切换到【效果】面板，打开【视频过渡】文件夹，选择【划像】下的【菱形划像】特效，如图3-88所示。

图3-88　选择【菱形划像】特效

05　将其拖至【序列】面板中的两个素材之间，如图3-89所示。

图3-89　将特效拖到素材之间

3.2.3　擦除

本节将详细讲解【擦除】转场特效，其中共包括17个以擦除方式过渡的切换视频效果。

1.【划出】特效

【划出】特效使图像 B 逐渐扫过图像 A，效果如图 3-90 所示。

图 3-90 【划出】特效

01 新建项目后，在菜单栏中选择【文件】|
【新建】|【序列】命令，在弹出的对话框中选
择 DV-PAL|【标准 48kHz】，其他保持默认设
置，然后单击【确定】按钮。在【项目】面板
中的空白处双击鼠标，弹出【导入】对话框，
选择"素材 \Cha03\015.jpg、016.jpg"素材文件，
单击【打开】按钮，如图 3-91 所示。

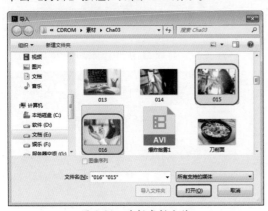

图 3-91 选择素材文件

02 将导入的素材拖至【序列】面板中的
视频轨道 V1 中，确定选中 015.jpg 素材文件，
确定当前时间为 00:00:00:00，切换到【效果控
件】面板中将【缩放】设置为 175，如图 3-92
所示。

03 确定选中 016.jpg 素材文件，确定当前
时间为 00:00:05:00，切换到【效果控件】面板
中将【缩放】设置为 120，如图 3-93 所示。

04 切换到【效果】面板，打开【视频过
渡】文件夹，选择【擦除】下的【划出】特效，
如图 3-94 所示。

图 3-92 设置 015.jpg 素材的参数

图 3-93 设置 016.jpg 素材的参数

图 3-94 选择【划出】特效

05 将其拖至【序列】面板中的两个素材之间，如图 3-95 所示。

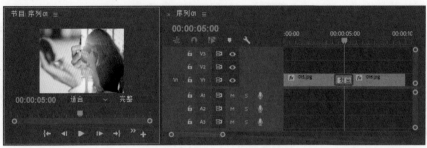

图 3-95　将特效拖到素材之间

2.【双侧平推门】特效

【双侧平推门】特效使图像 A 以开、关门的方式过渡转换到图像 B，如图 3-96 所示。

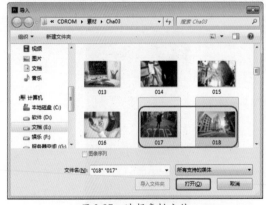

图 3-96　【双侧平推门】特效

01 新建项目后，在菜单栏中选择【文件】| 【新建】|【序列】命令，在弹出的对话框中选择 DV-PAL |【标准 48kHz】，其他保持默认设置，然后单击【确定】按钮。在【项目】面板中的空白处双击鼠标，弹出【导入】对话框，选择"素材 \Cha03\017.jpg、018.jpg"素材文件，单击【打开】按钮，如图 3-97 所示。

图 3-97　选择素材文件

02 将导入的素材拖至【序列】面板中的视频轨道 V1 中，确定选中 017.jpg 素材，确定当前时间为 00:00:00:00，切换到【效果控件】

面板中将【缩放】设置为 90，如图 3-98 所示。

图 3-98　设置 017.jpg 素材的参数

03 确定选中 018.jpg 素材，确定当前时间为 00:00:05:00，切换到【效果控件】面板中将【缩放】设置为 130，如图 3-99 所示。

图 3-99　设置 018.jpg 素材的参数

04 切换到【效果】面板,打开【视频过渡】文件夹,选择【擦除】下的【双侧平推门】特效,如图3-100所示。

图3-100 选择【双侧平推门】特效

05 将其拖至【序列】面板中的两个素材之间,如图3-101所示。

图3-101 将特效拖到素材之间

3.【带状擦除】特效

【带状擦除】特效:图像B在水平、垂直或对角线方向呈条形扫除图像A,效果如图3-102所示。

图3-102 【带状擦除】特效

01 新建项目后,在菜单栏中选择【文件】|【新建】|【序列】命令,在弹出的对话框中选择 DV-PAL |【标准48kHz】,其他保持默认设置,然后单击【确定】按钮。在【项目】面板中的空白处双击鼠标,弹出【导入】对话框,选择"素材\Cha03\019.jpg、020.jpg"素材文件,单击【打开】按钮,如图3-103所示。

图3-103 选择素材文件

02 将导入的素材拖至【序列】面板中的视频轨道V1中,确定选中019.jpg素材文件,确定当前时间为00:00:00:00,切换到【效果控件】面板中将【缩放】设置为95,如图3-104所示。

图3-104 设置参数

03 确定选中020.jpg素材文件,确定当前时间为00:00:05:00,切换到【效果控件】面板中将【缩放】设置为95,如图3-105所示。

图3-105 设置020.jpg素材的参数

04 切换到【效果】面板，打开【视频过渡】文件夹，选择【擦除】下的【带状擦除】特效，如图3-106所示。

05 将其拖至【序列】面板中的两个素材之间，如图3-107所示。

4.【径向擦除】特效

【径向擦除】特效是使图像B从图像A的一角扫入画面，如图3-108所示。

图 3-106　选择【带状擦除】特效

图 3-107　将特效拖到素材之间

图 3-108　【径向擦除】特效

01 新建项目后，在菜单栏中选择【文件】|【新建】|【序列】命令，在弹出的对话框中选择DV-PAL|【标准48kHz】，其他保持默认设置，然后单击【确定】按钮。在【项目】面板中的空白处双击鼠标，弹出【导入】对话框，选择"素材\Cha03\021.jpg、022.jpg"素材文件，单击【打开】按钮，如图3-109所示。

02 将导入的素材拖至【序列】面板中的视频轨道V1中，确定选中021.jpg素材，确定当前时间为00:00:00:00，切换到【效果控件】面板中将【缩放】设置为125，如图3-110所示。

图 3-109　选择素材文件

图 3-110　设置021.jpg素材的参数

[03] 确定选中 022.jpg 素材，确定当前时间为 00:00:05:00，切换到【效果控件】面板中将【缩放】设置为 105，如图 3-111 所示。

[04] 切换到【效果】面板，打开【视频过渡】文件夹，选择【擦除】下的【径向擦除】特效，如图 3-112 所示。

图 3-111 设置 022.jpg 素材的参数　　　　　　　图 3-112 选择【径向擦除】特效

[05] 将其拖至【序列】面板中的两个素材之间，如图 3-113 所示。

图 3-113 将特效拖到素材之间

5.【插入】特效

【插入】特效：斜角擦除以显示图像 A 下面的图像 B，如图 3-114 所示。

图 3-114 【插入】特效

[01] 新建项目后，在菜单栏中选择【文件】|【新建】|【序列】命令，在弹出的对话框中选择 DV-PAL |【标准 48kHz】，其他保持默认设置，然后单击【确定】按钮。在【项目】面板中的空白处双击鼠标，弹出【导入】对话框，选择"素材 \Cha03\023.jpg、024.jpg"素材文件，单击【打开】按钮，如图 3-115 所示。

[02] 将导入的素材拖至【序列】面板中的视频轨道 V1 中，确定选中 023.jpg 素材文件，确定当前时间为 00:00:00:00，切换到【效果控件】面板中将【缩放】设置为 90，如图 3-116 所示。

图 3-115　选择素材文件　　　　　　　图 3-116　设置 023.jpg 素材的参数

03 确定选中 024.jpg 素材文件，确定当前时间为 00:00:05:00，切换到【效果控件】面板中将【缩放】设置为 95，如图 3-117 所示。

04 切换到【效果】面板，打开【视频过渡】文件夹，选择【擦除】下的【插入】特效，如图 3-118 所示。

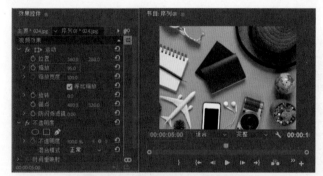

图 3-117　设置 024.jpg 素材的参数　　　　　图 3-118　选择【插入】特效

05 将其拖至【序列】面板中的两个素材之间，如图 3-119 所示。

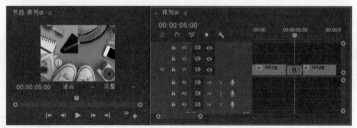

图 3-119　拖到素材之间

6.【时钟式擦除】特效

【时钟式擦除】特效是使图像 A 以时钟放置方式过渡到图像 B，效果如图 3-120 所示。

图 3-120　【时钟式擦除】特效

01 新建项目后，在菜单栏中选择【文件】|
【新建】|【序列】命令，在弹出的对话框中选
择 DV-PAL|【标准 48kHz】，其他保持默认设
置，然后单击【确定】按钮。在【项目】面板
中的空白处双击鼠标，弹出【导入】对话框，
选择"素材 \Cha03\025.jpg、026.jpg"素材文件，
单击【打开】按钮，如图 3-121 所示。

图 3-122　设置 025.jpg 素材的参数

图 3-123　设置 026.jpg 素材的参数

图 3-121　选择素材文件

02 将导入的素材拖至【序列】面板中的
视频轨道 V1 中，确定选中 025.jpg 素材，确定
当前时间为 00:00:00:00，切换到【效果控件】
面板中将【缩放】设置为 22，如图 3-122 所示。

03 确定选中 026.jpg 素材，确定当前时间
为 00:00:05:00，切换到【效果控件】面板中将
【缩放】设置为 15，如图 3-123 所示。

04 切换到【效果】面板，打开【视频过
渡】文件夹，选择【擦除】下的【时钟式擦除】
特效，如图 3-124 所示。

图 3-124　选择【时钟式擦除】特效

05 将其拖至【序列】面板中的两个素材之间，如图 3-125 所示。

图 3-125　将特效拖到素材之间

7.【棋盘擦除】特效

【棋盘擦除】特效：以棋盘方式显示图像 A 下面的图像 B，效果如图 3-126 所示。

图 3-126　【棋盘擦除】特效

01 新建项目后，在菜单栏中选择【文件】|【新建】|【序列】命令，在弹出的对话框中选择 DV-PAL|【标准 48kHz】，其他保持默认设置，然后单击【确定】按钮。在【项目】面板中的空白处双击鼠标，弹出【导入】对话框，选择"素材 \Cha03\027.jpg、028.jpg"素材文件，单击【打开】按钮，如图 3-127 所示。

图 3-128　设置 027.jpg 素材的参数

图 3-129　设置 028.jpg 素材的参数

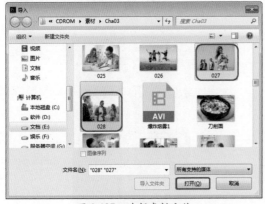

图 3-127　选择素材文件

02 将导入的素材拖至【序列】面板中的视频轨道 V1 中，确定选中 027.jpg 素材，确定当前时间为 00:00:00:00，切换到【效果控件】面板中将【缩放】设置为 15，如图 3-128 所示。

03 确定选中 028.jpg 素材，确定当前时间为 00:00:05:00，切换到【效果控件】面板中将【缩放】设置为 15，如图 3-129 所示。

04 切换到【效果】面板，打开【视频过渡】文件夹，选择【擦除】下的【棋盘擦除】特效，如图 3-130 所示。

图 3-130　选择【棋盘擦除】特效

05 将其拖至【序列】面板中的两个素材之间，如图 3-131 所示。

8.【棋盘】特效

【棋盘】特效是使图像 A 以棋盘方式消失过渡到图像 B，效果如图 3-132 所示。

图 3-131　将特效拖到素材之间

图 3-132　【棋盘】特效

01 新建项目后，在菜单栏中选择【文件】|【新建】|【序列】命令，在弹出的对话框中选择 DV-PAL|【标准 48kHz】，其他保持默认设置，然后单击【确定】按钮。在【项目】面板中的空白处双击鼠标，弹出【导入】对话框，选择"素材\Cha03\029.jpg、030.jpg"素材文件，单击【打开】按钮，如图 3-133 所示。

图 3-133　选择素材文件

02 将导入的素材拖至【序列】面板中的视频轨道 V1 中，确定选中 029.jpg 素材文件，确定当前时间为 00:00:00:00，切换到【效果控件】面板中将【缩放】设置为 17，如图 3-134 所示。

03 确定选中 030.jpg 素材，确定当前时间为 00:00:05:00，切换到【效果控件】面板中将【缩放】设置为 105，如图 3-135 所示。

04 切换到【效果】面板，打开【视频过渡】文件夹，选择【擦除】下的【棋盘】特效，如图 3-136 所示。

图 3-134　设置 029.jpg 素材的参数

图 3-135　设置 030.jpg 素材的参数

图 3-136　选择【棋盘】特效

05 将其拖至【序列】面板中的两个素材之间，如图 3-137 所示。

图 3-137　将特效拖到素材之间

9.【楔形擦除】特效

【楔形擦除】特效：从图像 A 的中心开始擦除，以显示图像 B，效果如图 3-138 所示。

图 3-138　【楔形擦除】特效

01 新建项目后，在菜单栏中选择【文件】|
【新建】|【序列】命令，在弹出的对话框中选
择 DV-PAL |【标准 48kHz】，其他保持默认设
置，然后单击【确定】按钮。在【项目】面板
中的空白处双击鼠标，弹出【导入】对话框，
选择"素材 \Cha03\031.jpg、032.jpg"素材文件，
单击【打开】按钮，如图 3-139 所示。

图 3-139　选择素材文件

02 将导入的素材拖至【序列】面板中的
视频轨道 V1 中，确定选中 031.jpg 素材文件，
确定当前时间为 00:00:00:00，切换到【效果控
件】面板中将【缩放】设置为 60，如图 3-140
所示。

图 3-140　设置 031.jpg 素材的参数

03 确定选中 032.jpg 素材文件，确定当前
时间为 00:00:05:00，切换到【效果控件】面板
中将【缩放】设置为 70，如图 3-141 所示。

图 3-141　设置 032.jpg 素材的参数

04 切换到【效果】面板，打开【视频过渡】文件夹，选择【擦除】下的【楔形擦除】特效，如图 3-142 所示。

05 将其拖至【序列】面板中的两个素材之间，如图 3-143 所示。

10.【随机擦除】特效

【随机擦除】特效使图像 B 从图像 A 的一边随机出现扫走图像 A，如图 3-144 所示。

图 3-142　选择【楔形擦除】特效

图 3-143　将特效拖到素材之间

图 3-144　【随机擦除】特效

01 新建项目后，在菜单栏中选择【文件】|【新建】|【序列】命令，在弹出的对话框中选择 DV-PAL |【标准 48kHz】，其他保持默认设置，然后单击【确定】按钮。在【项目】面板中的空白处双击鼠标，弹出【导入】对话框，选择"素材 \Cha03\033.jpg、034.jpg"素材文件，单击【打开】按钮，如图 3-145 所示。

02 将导入的素材拖至【序列】面板中的视频轨道 V1 中，如图 3-146 所示。

图 3-145　选择素材文件

图 3-146　添加素材

图 3-147　选择【随机擦除】特效

03 切换到【效果】面板,打开【视频过渡】文件夹,选择【擦除】下的【随机擦除】特效,如图 3-147 所示。

04 将其拖至【序列】面板中的两个素材之间,如图 3-148 所示。

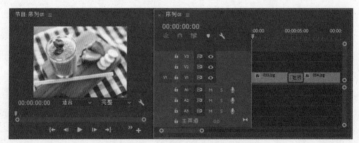

图 3-148　将特效拖到素材之间

11.【水波块】特效

【水波块】特效:来回进行块擦除以显示图像 A 下面的图像 B,如图 3-149 所示。

图 3-149　【水波块】效效

01 新建项目后,在菜单栏中选择【文件】|【新建】|【序列】命令,在弹出的对话框中选择 DV-PAL |【标准 48kHz】,其他保持默认设置,然后单击【确定】按钮。在【项目】面板中的空白处双击鼠标,弹出【导入】对话框,选择"素材 \Cha03\035.jpg、036.jpg"素材文件,单击【打开】按钮,如图 3-150 所示。

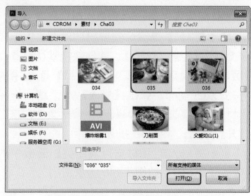

图 3-150　选择素材文件

02 将导入的素材拖至【序列】面板中的视频轨道 V1 中，确定选中 035.jpg 素材文件，确定当前时间为 00:00:00:00，切换到【效果控件】面板中将【缩放】设置为 110，如图 3-151 所示。

图 3-152　设置 036.jpg 素材的参数

图 3-151　设置 035.jpg 素材的参数

03 确定选中 036.jpg 素材文件，确定当前时间为 00:00:05:00，切换到【效果控件】面板中将【缩放】设置为 120，如图 3-152 所示。

04 切换到【效果】面板，打开【视频过渡】文件夹，选择【擦除】下的【水波块】特效，如图 3-153 所示。

图 3-153　选择【水波块】特效

05 将其拖至【序列】面板中的两个素材之间，如图 3-154 所示。

图 3-154　将特效拖到素材之间

12.【油漆飞溅】特效

【油漆飞溅】特效：油漆飞溅，以显示图像 A 下面的图像 B，效果如图 3-155 所示。

图 3-155　【油漆飞溅】特效

01 新建项目后，在菜单栏中选择【文件】|
【新建】|【序列】命令，在弹出的对话框中选
择 DV-PAL|【标准 48kHz】，其他保持默认设
置，然后单击【确定】按钮。在【项目】面板
中的空白处双击鼠标，弹出【导入】对话框，
选择"素材 \Cha03\037.jpg、038.jpg"素材文件，
单击【打开】按钮，如图 3-156 所示。

图 3-157　设置 037.jpg 素材的参数

图 3-156　选择素材文件

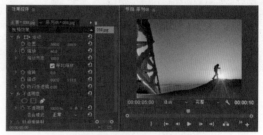

图 3-158　设置 037.jpg 素材的参数

02 将导入的素材拖至【序列】面板中的
视频轨道 V1 中，确定选中 037.jpg 素材文件，
确定当前时间为 00:00:00:00，切换到【效果控
件】面板中将【缩放】设置为 120，如图 3-157
所示。

03 确定选中 038.jpg 素材文件，确定当前
时间为 00:00:05:00，切换到【效果控件】面板
中将【缩放】设置为 60，如图 3-158 所示。

04 切换到【效果】面板，打开【视频过
渡】文件夹，选择【擦除】下的【油漆飞溅】
特效，如图 3-159 所示。

图 3-159　选择【油漆飞溅】特效

05 将其拖至【序列】面板中的两个素材之间，如图 3-160 所示。

图 3-160　将特效拖到素材之间

13.【百叶窗】特效

【百叶窗】特效：水平擦除以显示图像 A 下面的图像 B，类似于百叶窗，如图 3-161 所示。

图 3-161 【百叶窗】特效

01 新建项目后，在菜单栏中选择【文件】|
【新建】|【序列】命令，在弹出的对话框中选
择 DV-PAL|【标准 48kHz】，其他保持默认设
置，然后单击【确定】按钮。在【项目】面板
中的空白处双击鼠标，弹出【导入】对话框，
选择"素材\Cha03\039.jpg、040.jpg"素材文件，
单击【打开】按钮，如图 3-162 所示。

图 3-163 设置 039.jpg 素材的参数

图 3-162 选择素材文件

图 3-164 设置 040.jpg 素材的参数

02 将导入的素材拖至【序列】面板中的
视频轨道 V1 中，确定选中 039.jpg 素材文件，
确定当前时间为 00:00:00:00，切换到【效果控
件】面板中将【缩放】设置为 70，如图 3-163
所示。

03 确定选中 040.jpg 素材文件，确定当前
时间为 00:00:05:00，切换到【效果控件】面板
中将【缩放】设置为 90，如图 3-164 所示。

04 切换到【效果】面板，打开【视频过
渡】文件夹，选择【擦除】下的【百叶窗】特
效，如图 3-165 所示。

图 3-165 选择【百叶窗】特效

05 将其拖至【序列】面板中的两个素材之间，如图3-166所示。

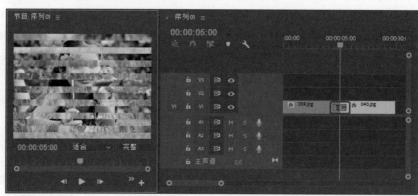

图3-166　将特效拖到素材之间

14.【风车】特效

【风车】特效：从图像A的中心进行多次扫掠擦除，以显示图像B，如图3-167所示。

图3-167　【风车】特效

01 新建项目后，在菜单栏中选择【文件】|【新建】|【序列】命令，在弹出的对话框中选择DV-PAL|【标准48kHz】，其他保持默认设置，然后单击【确定】按钮。在【项目】面板中的的空白处双击鼠标，弹出【导入】对话框，选择"素材\Cha03\041.jpg、042.jpg"素材文件，单击【打开】按钮，如图3-168所示。

图3-168　选择素材文件

02 将导入的素材拖至【序列】面板中的视频轨道V1中，确定选中041.jpg素材文件，确定当前时间为00:00:00:00，切换到【效果控件】面板中将【缩放】设置为130，如图3-169所示。

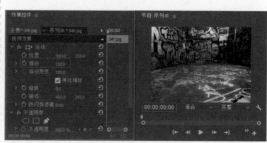

图3-169　设置041.jpg素材的参数

03 确定选中042.jpg素材文件，确定当前时间为00:00:05:00，切换到【效果控件】面板中将【缩放】设置为140，如图3-170所示。

04 切换到【效果】面板，打开【视频过渡】文件夹，选择【擦除】下的【风车】特效效果，如图3-171所示。

图 3-170 设置 042.jpg 素材的参数

图 3-171 选择【风车】特效

05 将其拖至【序列】面板中的两个素材之间，如图 3-172 所示。

图 3-172 将特效拖到素材之间

15.【渐变擦除】特效

【渐变擦除】特效按照用户选定图像的渐变柔和擦除，如图 3-173 所示。

图 3-173 【渐变擦除】特效

01 新建项目后，在菜单栏中选择【文件】|【新建】|【序列】命令，在弹出的对话框中选择 DV-PAL |【标准 48kHz】，其他保持默认设置，然后单击【确定】按钮。在【项目】面板中的空白处双击鼠标，弹出【导入】对话框，选择"素材 \Cha03\043.jpg、044.jpg"素材文件，单击【打开】按钮，如图 3-174 所示。

02 将导入的素材拖至【序列】面板中的视频轨道 V1 中，确定选中 043.jpg 素材文件，确定当前时间为 00:00:00:00，切换到【效果控件】面板中将【缩放】设置为 90，如图 3-175 所示。

03 确定选中 044.jpg 素材文件，确定当前

时间为 00:00:05:00，切换到【效果控件】面板中将【缩放】设置为 110，如图 3-176 所示。

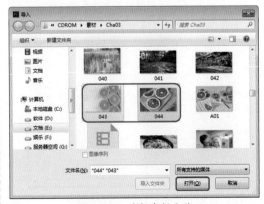

图 3-174 选择素材文件

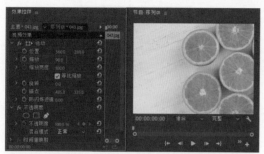

图 3-175　设置 043.jpg 素材的参数

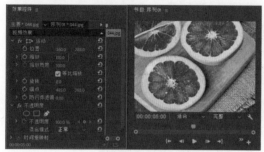

图 3-176　设置 044.jpg 素材的参数

04 切换到【效果】面板,打开【视频过渡】文件夹,选择【擦除】下的【渐变擦除】特效,如图 3-177 所示。

图 3-177　选择【渐变擦除】特效

05 将其拖至【序列】面板中的两个素材之间,弹出【渐变擦除设置】对话框,单击【选择图像】按钮,如图 3-178 所示。

图 3-178　【渐变擦除设置】对话框

06 弹出【打开】对话框,在弹出的对话

框中选择"素材 \Cha03\A01.jpg"素材文件,单击【打开】按钮,如图 3-179 所示。

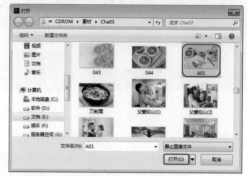

图 3-179　【打开】对话框

07 返回到【渐变擦除设置】对话框,将【柔和度】设置为 15,单击【确定】按钮,如图 3-180 所示,即可将其添加到两个素材之间。

图 3-180　设置【柔和度】

16.【螺旋框】特效

【螺旋框】特效:以螺旋框形状擦除,以显示图像 A 下面的图像 B,如图 3-181 所示。

图 3-181　【螺旋框】特效

01 新建项目后,在菜单栏中选择【文件】|【新建】|【序列】命令,在弹出的对话框中选择 DV-PAL|【标准 48kHz】,其他保持默认设置,然后单击【确定】按钮。在【项目】面板中的空白处双击鼠标,弹出【导入】对话框,

选择"素材 \Cha03\045.jpg、046.jpg"素材文件，
单击【打开】按钮，如图 3-182 所示。

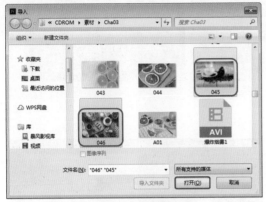

图 3-182 选择素材文件

图 3-183 设置 045.jpg 素材的参数

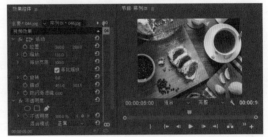

图 3-184 设置 046.jpg 素材的参数

02 将导入的素材拖至【序列】面板中的
视频轨道 V1 中，确定选中 045.jpg 素材文件，
确定当前时间为 00:00:00:00，切换到【效果控
件】面板中将【缩放】设置为 120，如图 3-183
所示。

03 确定选中 046.jpg 素材文件，确定当前
时间为 00:00:05:00，切换到【效果控件】面板
中将【缩放】设置为 135，如图 3-184 所示。

04 切换到【效果】面板，打开【视频过
渡】文件夹，选择【擦除】下的【螺旋框】特
效，如图 3-185 所示。

图 3-185 选择【螺旋框】特效

05 将其拖至【序列】面板中的两个素材之间，如图 3-186 所示。

图 3-186 将特效拖到素材之间

17.【随机块】特效

【随机块】特效：出现随机块，以显示图像 A 下面的图像 B，如图 3-187 所示。

图 3-187　【随机块】特效

01 新建项目后，在菜单栏中选择【文件】|
【新建】|【序列】命令，在弹出的对话框中选
择 DV-PAL|【标准 48kHz】，其他保持默认设
置，然后单击【确定】按钮。在【项目】面板
中的空白处双击鼠标，弹出【导入】对话框，
选择"素材\Cha03\047.jpg、048.jpg"素材文件，
单击【打开】按钮，如图 3-188 所示。

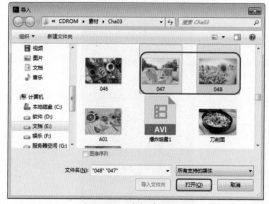

图 3-188　选择素材文件

02 将导入的素材拖至【序列】面板中的
视频轨道 V1 中，确定选中 047.jpg 素材文件，
确定当前时间为 00:00:00:00，切换到【效果控
件】面板中将【缩放】设置为 120，如图 3-189
所示。

03 确定选中 048.jpg 素材文件，确定当
前时间为 00:00:05:00，切换到【效果控件】
面板中将【缩放】设置为 110，如图 3-190
所示。

04 切换到【效果】面板，打开【视频过
渡】文件夹，选择【擦除】下的【随机块】特
效，如图 3-191 所示。

图 3-189　设置 047.jpg 素材的参数

图 3-190　设置 047.jpg 素材的参数

图 3-191　选择【随机块】特效

05 将其拖至【序列】面板中的两个素材之间，如图 3-192 所示。

图 3-192　将特效拖到素材之间

3.2.4　溶解

本节将详细讲解【溶解】转场特效，其中包括 MorphCut、交叉溶解、胶片溶解、非叠加溶解、叠加溶解、渐隐为白色、渐隐为黑色。

1. MorphCut 特效

MorphCut 是 Premiere Pro 中的一种视频过渡特效，通过在原声摘要之间平滑跳切，可以创建出更加完美的访谈，如图 3-193 所示，添加特效的操作步骤如下。

图 3-193　MorphCut 特效

01 新建项目文件，在菜单栏中选择【文件】|【新建】|【序列】命令，在弹出的对话框中选择 DV-PAL |【宽屏 48kHz】，单击【确定】按钮，如图 3-194 所示。

图 3-194　新建序列

02 在【项目】面板中的空白处双击鼠标，弹出【导入】对话框，选择"素材\Cha03\049.jpg、050.jpg"素材文件，单击【打开】按钮，如图 3-195 所示。

03 将打开的素材拖入【序列】面板中的视频轨道，选中 049.jpg 素材文件，将当前时间设置为 00:00:00:00，将【缩放】设置为 120，如图 3-196 所示。

图 3-195　选择素材文件

图 3-196　设置 049.jpg 素材的缩放参数

图 3-197　设置 050.jpg 素材的缩放参数

04 选中 050.jpg 素材文件,将当前时间设置为 00:00:05:00,将【缩放】设置为 140,如图 3-197 所示。

05 在【效果】面板中,选择【视频过渡】|【溶解】| MorphCut 特效,将其拖至【序列】面板中的两个素材之间,如图 3-198 所示。

图 3-198　拖入特效

2.【交叉溶解】特效

两个素材溶解转换,即前一个素材逐渐消失的同时后一个素材逐渐显示,如图 3-199 所示。添加特效的操作步骤如下。

图 3-199　【交叉溶解】特效

01 新建项目文件,在菜单栏中选择【文件】|【新建】|【序列】命令,在弹出的对话框中选择 DV-PAL |【标准 48kHz】,单击【确定】按钮,如图 3-200 所示。

02 在【项目】面板中的空白处双击鼠标,弹出【导入】对话框,选择"素材 \Cha03\051.jpg、052.jpg"素材文件,单击【打开】按钮,如图 3-201 所示。

图 3-200　新建序列

图 3-201　选择素材文件

03 将打开后的素材拖入【序列】面板中的视频轨道，选中 051.jpg 素材文件，将当前时间设置为 00:00:00:00，将【缩放】设置为 80，如图 3-202 所示。

图 3-202　设置 051.jpg 素材的缩放参数

04 选中 052.jpg 素材文件，将当前时间设置为 00:00:05:00，将【缩放】设置为 17，如图 3-203 所示。

图 3-203　设置 052.jpg 素材的缩放参数

05 切换到【效果】面板，打开【视频过渡】文件夹，选择【溶解】下的【交叉溶解】特效，将其拖至【序列】面板中的两个素材之间，如图 3-204 所示。

图 3-204　拖入特效

3.【胶片溶解】特效

【胶片溶解】过渡效果使素材产生胶片朦胧的效果切换至另一个素材，效果如图 3-205 所示。添加特效的操作步骤如下。

图 3-205　【胶片溶解】特效

01 新建项目文件，在菜单栏中选择【文件】|【新建】|【序列】命令，在弹出的对话框中选择 DV-PAL |【标准 48kHz】，单击【确定】按钮。在【项目】面板中的空白处双击鼠标，弹出【导入】对话框，选择"素材\Cha03\053.jpg、054.jpg"素材文件，单击【打开】按钮，如图 3-206 所示。

图 3-206　选择素材文件

02 将打开的素材拖入【序列】面板中的视频轨道，选中 053.jpg 素材文件，将当前时间设置为 00:00:00:00，将【缩放】设置为 180，如

图 3-207 所示。

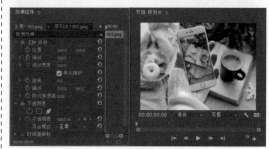

图 3-207　设置 053.jpg 素材的缩放参数

03 选中 054.jpg 素材文件，将当前时间设置为 00:00:05:00，将【缩放】设置为 110，如图 3-208 所示。

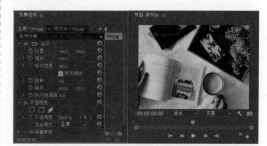

图 3-208　设置 054.jpg 素材的缩放参数

04 切换到【效果】面板，打开【视频过渡】文件夹，选择【溶解】下的【胶片溶解】特效，将其拖至【序列】面板中的两个素材之间，如图 3-209 所示。

图 3-209　拖入特效

4.【非叠加溶解】特效

【非叠加溶解】特效：图像 A 的明亮度映射到图像 B，如图 3-210 所示。添加特效的操作步骤

如下。

图 3-210 【非叠加溶解】特效

01 新建项目文件，在菜单栏中选择【文件】|【新建】|【序列】命令，在弹出的对话框中选择 DV-PAL|【标准 48kHz】，单击【确定】按钮。在【项目】面板中的空白处双击鼠标，弹出【导入】对话框，选择"素材\Cha03\055.jpg、056.jpg"素材文件，单击【打开】按钮，如图 3-211 所示。

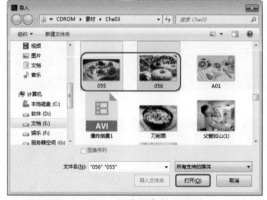

图 3-211 选择素材文件

02 将打开的素材拖入【序列】面板中的视频轨道，选中 055.jpg 素材文件，将当前时间设置为 00:00:00:00，将【缩放】设置为 130，如

图 3-212 所示。

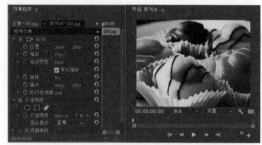

图 3-212 设置 055.jpg 素材的缩放参数

03 选中 056.jpg 素材文件，将当前时间设置为 00:00:05:00，将【缩放】设置为 125，如图 3-213 所示。

图 3-213 设置 056.jpg 素材的缩放参数

04 切换到【效果】面板，打开【视频过渡】文件夹，选择【溶解】下的【非叠加溶解】特效，将其拖至【序列】面板中的两个素材之间，如图 3-214 所示。

图 3-214 拖入特效

5.【渐隐为白色】特效
【渐隐为白色】特效可以使前一个素材逐渐变白，后一个素材由白逐渐显示，效果如图 3-215

所示。添加特效的操作步骤如下。

图 3-215   【渐隐为白色】特效

01 新建项目文件，在菜单栏中选择【文件】|【新建】|【序列】命令，在弹出的对话框中选择 DV-PAL |【标准 48kHz】，单击【确定】按钮。在【项目】面板中的空白处双击鼠标，弹出【导入】对话框，选择"素材\Cha03\057. jpg、058.jpg"素材文件，单击【打开】按钮，如图 3-216 所示。

图 3-216   选择素材文件

02 将打开的素材拖入【序列】面板中的视频轨道，选中 057.jpg 素材文件，将当前时间设置为 00:00:00:00，将【缩放】设置为 135，如图 3-217 所示。

03 选中 058.jpg 素材文件，将当前时间设置为 00:00:05:00，将【缩放】设置为 120，如图 3-218 所示。

图 3-217   设置 057.jpg 素材的缩放参数

图 3-218   设置 058.jpg 素材的缩放参数

04 切换到【效果】面板，打开【视频过渡】文件夹，选择【溶解】下的【渐隐为白色】特效，将其拖至【序列】面板中的两个素材之间，如图 3-219 所示。

图 3-219   拖入特效

6.【渐隐为黑色】特效

【渐隐为黑色】特效使前一个素材逐渐变黑，后一个素材由黑逐渐显示，如图 3-220 所示。

添加特效的操作步骤如下。

图 3-220 【渐隐为黑色】特效

01 新建项目文件，在菜单栏中选择【文件】|【新建】|【序列】命令，在弹出的对话框中选择 DV-PAL|【标准 48kHz】，单击【确定】按钮。在【项目】面板中的空白处双击鼠标，弹出【导入】对话框，选择"素材\Cha03\059.jpg、060.jpg"素材文件，单击【打开】按钮，如图 3-221 所示。

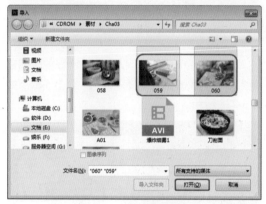

图 3-221 选择素材文件

02 将打开的素材拖入【序列】面板中的视频轨道，选中 059.jpg 素材文件，将当前时间设置为 00:00:00:00，将【缩放】设置为 110，如

图 3-222 所示。

图 3-222 设置 059.jpg 素材的缩放参数

03 选中 060.jpg 素材文件，将当前时间设置为 00:00:05:00，将【缩放】设置为 126，如图 3-223 所示。

图 3-223 设置 060.jpg 素材的缩放参数

04 切换到【效果】面板，打开【视频过渡】文件夹，选择【溶解】下的【渐隐为黑色】特效，将其拖至【序列】面板中的两个素材之间，如图 3-224 所示。

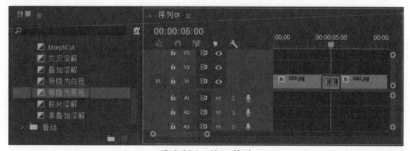

图 3-224 拖入特效

7.【叠加溶解】特效

【叠加溶解】特效：图像 A 渐隐于图像 B，如图 3-225 所示。添加特效的操作步骤如下。

图 3-225　【叠加溶解】特效

01 新建项目文件，在菜单栏中选择【文件】|【新建】|【序列】命令，在弹出的对话框中选择 DV-PAL |【标准 48kHz】，单击【确定】按钮。在【项目】面板中的空白处双击鼠标，弹出【导入】对话框，选择"素材\ Cha03\061.jpg、062.jpg"素材文件，单击【打开】按钮，如图 3-226 所示。

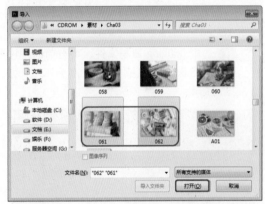

图 3-226　选择素材文件

02 将打开的素材拖入【序列】面板中的视频轨道，选中 061.jpg 素材文件，将当前时间设置为 00:00:00:00，将【缩放】设置为 115，如图 3-227 所示。

图 3-227　设置 061.jpg 素材的缩放参数

03 选中 062.jpg 素材文件，将当前时间设置为 00:00:05:00，将【缩放】设置为 120，如图 3-228 所示。

图 3-228　设置 062.jpg 素材的缩放参数

04 切换到【效果】面板，打开【视频过渡】文件夹，选择【溶解】下的【叠加溶解】特效，将其拖至【序列】面板中的两个素材之间，如图 3-229 所示。

图 3-229　拖入特效

3.2.5 滑动

滑动文件夹中共包括 5 种视频过渡效果，包括中心拆分、带状滑动、拆分、推、滑动。

1.【中心拆分】特效

【中心拆分】特效：图像 A 分成四部分，并滑动到角落以显示图像 B，效果如图 3-230 所示。添加特效的操作步骤如下。

图 3-230 【中心拆分】效果

01 在【项目】面板中的空白处双击鼠标，弹出【导入】对话框，选择"素材\Cha03\063.jpg、064.jpg"素材文件，单击【打开】按钮，如图 3-231 所示。

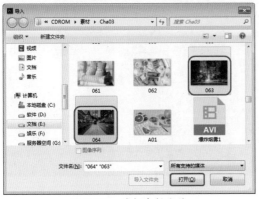

图 3-231 选择素材文件

02 在菜单栏中选择【文件】|【新建】|【序列】命令，如图 3-232 所示。

图 3-232 选择【序列】命令

03 在弹出的对话框中选择 DV-PAL|【标准 48kHz】选项，单击【确定】按钮，在【项目】面板中将 063.jpg 和 064.jpg 素材文件拖入【序列】面板中的视频轨道，如图 3-233 所示。

图 3-233 将素材拖入视频轨道

04 切换到【效果】面板，打开【视频过渡】文件夹，选择【滑动】下的【中心拆分】特效，如图 3-234 所示。

图 3-234 选择【中心拆分】特效

05 将其拖至【序列】面板中的两个素材之间，如图3-235所示。

图3-235　拖入特效

2.【带状滑动】特效

【带状滑动】特效：图像B在水平、垂直或对角线方向以条形滑入，逐渐覆盖图像A，如图3-236所示。添加特效的操作步骤如下。

图3-236　【带状滑动】特效

01 新建项目文件，在菜单栏中选择【文件】|【新建】|【序列】命令，在弹出的对话框中选择 DV-PAL |【标准48kHz】，单击【确定】按钮。在【项目】面板中的空白处双击鼠标，弹出【导入】对话框，选择"素材\Cha03\065.jpg、066.jpg"素材文件，单击【打开】按钮，如图3-237所示。

图3-238　设置065.jpg素材的缩放参数

03 选中066.jpg素材文件，将当前时间设置为00:00:05:00，将【缩放】设置为120，如图3-239所示。

图3-237　选择素材文件

02 将打开的素材拖入【序列】面板中的视频轨道，选中065.jpg素材文件，将当前时间设置为00:00:00:00，将【缩放】设置为87，如图3-238所示。

图3-239　设置066.jpg素材的缩放参数

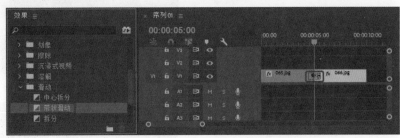

04 切换到【效果】面板，打开【视频过渡】文件夹，选择【滑动】下的【带状滑动】特效，将其拖至【序列】面板中的两个素材之间，如图 3-240 所示。

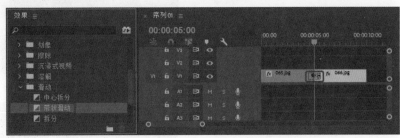

图 3-240 拖入特效

05 切换到【效果控件】面板中单击【自定义】按钮，打开【带状滑动设置】对话框，将【带数量】设置为 10，如图 3-241 所示。

图 3-241 【带状滑动设置】对话框

3.【拆分】特效

【拆分】特效：图像 A 拆分并滑动到两边，从而显示图像 B。添加特效的操作步骤如下。

01 新建项目和序列文件 DV-PAL |【标准 48kHz】，选择"素材\Cha03\067.jpg、068.jpg"素材文件，并将其拖入【序列】面板中的视频轨道。

02 切换到【效果】面板，打开【视频过渡】文件夹，选择【滑动】下的【拆分】特效，将其拖至【序列】面板中的两个素材之间。

03 按空格键进行播放，过渡效果如图 3-242 所示。

图 3-242 【拆分】过渡效果

4.【推】特效

【推】特效：图像 B 将图像 A 推到一边，效果如图 3-243 所示。添加特效的操作步骤如下。

图 3-243 【推】特效

01 在【项目】面板中的空白处双击鼠标，弹出【导入】对话框，选择"素材\Cha03\069.jpg、070.jpg"素材文件，如图 3-244 所示。

图 3-244　选择素材文件

图 3-245　将素材拖入视频轨道

图 3-246　设置 069.jpg 素材的缩放参数

图 3-247　设置 070.jpg 素材的缩放参数

02 在菜单栏中选择【文件】|【新建】|【序列】命令，在弹出的对话框中选择 DV-PAL|【标准 48kHz】，然后将打开的素材拖入【序列】面板中的视频轨道，如图 3-245 所示。

03 选中 069.jpg 素材文件，将当前时间设置为 00:00:00:00，将【缩放】设置为 130，如图 3-246 所示。

04 选中 070.jpg 素材文件，将当前时间设置为 00:00:05:00，将【缩放】设置为 110，如图 3-247 所示。

05 切换到【效果】面板，打开【视频过渡】文件夹，选择【滑动】下的【推】特效，将其拖至【序列】面板中的两个素材之间，如图 3-248 所示。

图 3-248　拖入特效

5.【滑动】特效

【滑动】特效：图像 B 滑动到图像 A 的上面。添加特效的操作步骤如下。

01 新建项目和序列文件 DV-PAL |【标准 48kHz】，选择"素材 \Cha03\071.jpg、072.jpg"素材文件，并将其拖入【序列】面板中的视频轨道。

02 切换到【效果】面板，打开【视频过渡】文件夹，选择【滑动】下的【滑动】特效，将其拖至【序列】面板中的两个素材之间。

03 按空格键进行播放。其过渡效果如图 3-249 所示。

图 3-249　【滑动】过渡效果

3.2.6 缩放

本节将讲解【缩放】文件夹下的【交叉缩放】视频特效的使用。

【交叉缩放】特效：图像 A 放大，然后图像 B 缩小，效果如图 3-250 所示。添加特效的操作步骤如下。

图 3-250　【交叉缩放】特效

01 新建项目后，在菜单栏中选择【文件】|【新建】|【序列】命令，在弹出的对话框中选择 DV-PAL |【标准 48kHz】，其他保持默认设置，然后单击【确定】按钮。在【项目】面板中的空白处双击鼠标，弹出【导入】对话框，选择"素材 \Cha03\073.jpg、074.jpg"素材文件，单击【打开】按钮，如图 3-251 所示。

02 将导入的素材拖至【序列】面板中的视频轨道 V1 中，确定选中 073.jpg 素材文件，确定当前时间为 00:00:00:00，切换到【效果控件】面板中将【缩放】设置为 130，如图 3-252 所示。

03 确定选中 074.jpg 素材文件，确定当前时间为 00:00:05:00，切换到【效果控件】面板中将【缩放】设置为 110，如图 3-253 所示。

图 3-251　选择素材文件

图 3-252　设置 073.jpg 素材的参数

图 3-253　设置 074.jpg 素材的参数

04 切换到【效果】面板，打开【视频过渡】文件夹，选择【缩放】下的【交叉缩放】特效，如图 3-254 所示。

图 3-254 选择【交叉缩放】特效

05 将其拖至【序列】面板中的两个素材之间，如图 3-255 所示。

图 3-255 将特效拖到素材之间

3.2.7 页面剥落

本节将讲解【页面剥落】中的转场特效。【页面剥落】文件夹下包括两个转场特效，为翻页和页面剥落。

1.【翻页】特效

【翻页】特效以卷曲方式显示另一个图像，如图 3-256 所示。添加特效的操作步骤如下。

图 3-256 【翻页】特效

01 新建项目后，在菜单栏中选择【文件】|【新建】|【序列】命令，在弹出的对话框中选择 DV-PAL|【标准 48kHz】，其他保持默认设

置，然后单击【确定】按钮。在【项目】面板中的空白处双击鼠标，弹出【导入】对话框，选择"素材 \Cha03\075.jpg、076.jpg"素材文件，单击【打开】按钮，如图 3-257 所示。

图 3-257 选择素材文件

02 将导入的素材拖至【序列】面板中的视频轨道 V1 中，确定选中 075.jpg 素材文件，确定当前时间为 00:00:00:00，切换到【效果控件】面板中将【缩放】设置为 110，如图 3-258 所示。

图 3-258 设置 075.jpg 素材的参数

03 确定选中 076.jpg 素材文件，确定当前时间为 00:00:05:00，切换到【效果控件】面板中将【缩放】设置为 115，如图 3-259 所示。

图 3-259 设置 076.jpg 素材的参数

04 切换到【效果】面板，打开【视频过

渡】文件夹，选择【页面剥落】下的【翻页】特效，如图 3-260 所示。

05 将【翻页】特效拖至【序列】面板中的两个素材之间，如图 3-261 所示。

2.【页面剥落】特效

【页面剥落】特效会产生页面剥落转换的效果，如图 3-262 所示。添加特效的操作步骤如下。

图 3-260　选择【翻页】特效

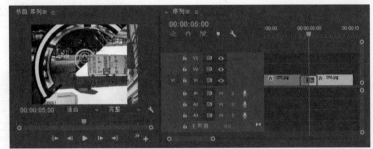

图 3-261　将特效拖到素材之间

图 3-262　【页面剥落】特效

01 新建项目后，在菜单栏中选择【文件】|【新建】|【序列】命令，在弹出的对话框中选择 DV-PAL|【标准 48kHz】，其他保持默认设置，然后单击【确定】按钮。在【项目】面板中的空白处双击鼠标，弹出【导入】对话框，选择"素材\Cha03\077.jpg、078.jpg"素材文件，单击【打开】按钮，如图 3-263 所示。

02 将导入的素材拖至【序列】面板中的视频轨道 V1 中，确定选中 077.jpg 素材文件，确定当前时间为 00:00:00:00，切换到【效果控件】面板中将【缩放】设置为 110，如图 3-264 所示。

03 确定选中 078.jpg 素材文件，确定当前时间为 00:00:05:00，切换到【效果控件】面板中将【缩放】设置为 120，如图 3-265 所示。

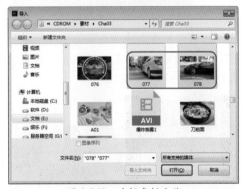

图 3-263　选择素材文件

图 3-264　设置 077.jpg 素材的参数

图 3-265 设置 078.jpg 素材的参数

图 3-266 选择【页面剥落】特效

04 切换到【效果】面板,打开【视频过渡】文件夹,选择【页面剥落】下的【页面剥落】特效,如图 3-266 所示。

05 将其拖至【序列】面板中的两个素材之间,如图 3-267 所示。

图 3-267 将特效拖到素材之间

3.3 上机练习

3.3.1 制作恋爱笔记影片

每个人在遇到自己的另一半后,有时会想记录下生活中的点点滴滴,并将这些甜蜜时刻分享给别人观看,此时可以通过制作视频短片来实现,效果如图 3-268 所示。

图 3-268 恋爱笔记影片

素材	素材 \Cha03\ 恋人 .jpg、恋人 01.jpg~ 恋人 04.jpg
场景	场景 \Cha03\ 制作恋爱笔记影片 .prproj
视频	视频教学 \Cha03\3.3.1　制作恋爱笔记影片 .mp4

01 新建项目文件和 DV-PAL 选项组中的【标准 48kHz】序列文件,在【项目】面板中导入"素材 \Cha03\ 恋人 01.jpg、恋人 02.jpg、恋人 03.jpg、恋人 04.jpg、恋人 .jpg"素材文件,如图 3-269 所示。

图 3-269 导入素材文件

02 确认当前时间为 00:00:00:00,将"恋人 .jpg"素材拖至 V1 视频轨道中,然后选中素材,将其持续时间设置为 00:00:05:00,切换至【效果控件】面板,将【运动】选项组中的【缩放】设置为 56,并单击其左侧的【切换动画】

按钮█，如图 3-270 所示。

图 3-270　将素材拖入【序列】面板中并设置

03 在菜单栏中选择【文件】|【新建】|【旧版标题】命令，如图 3-271 所示。

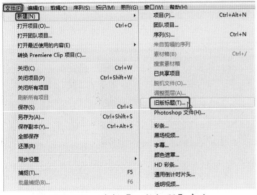

图 3-271　选择【旧版标题】命令

04 在弹出的【新建字幕】对话框中使用默认设置，单击【确定】按钮，如图 3-272 所示。

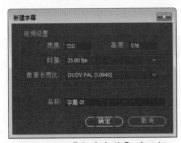

图 3-272　【新建字幕】对话框

05 进入【字幕编辑器】窗口，使用【文字工具】█输入文字，并选中文字，在右侧将【属性】选项组中的【字体系列】设置为【文鼎雕刻体】，【字体大小】设置为 65，在【填充】选项组中将【颜色】的 RGB 设置为 229、30、91，如图 3-273 所示。

06 在【变换】下设置【X 位置】、【Y 位置】分别为 301.7、232.7，如图 3-274 所示。

图 3-273　设置字幕大小和颜色

图 3-274　设置字幕的位置

07 在菜单栏中选择【文件】|【新建】|【旧版标题】命令，在弹出的【新建字幕】对话框中进行默认设置，单击【确定】按钮。在【字幕编辑器】中，使用【钢笔工具】█绘制心形，并选中绘制的图形，在右侧将【变换】选项组中的【宽度】和【高度】分别设置为 25、20，将【X 位置】与【Y 位置】分别设置为 378.9、221.3，将【属性】选项组中的图形类型设置为【填充贝塞尔曲线】，将【填充】选项组中的颜色设置为红色，如图 3-275 所示。

图 3-275　绘制图形并设置

08 在【序列】面板中选中"恋人 .jpg"素

材文件，将当前时间设置为00:00:02:00，切换至【效果控件】面板中将【运动】选项组中的【位置】设置为360、288，并单击【切换动画】按钮█，如图3-276所示。

图3-276　设置位置并添加关键帧

09 将当前时间设置为00:00:01:00，在【项目】面板中将字幕01拖至V2视频轨道中，使其开始处与时间线对齐。选中字幕，将其持续时间设置为00:00:05:00，切换至【效果控件】面板，将【运动】选项组中的【位置】设置为360、548，并单击【切换动画】按钮█，如图3-277所示。

图3-277　设置字幕01的位置

10 将当前时间设置为00:00:02:00，切换至【效果控件】面板中将【运动】选项组中的【位置】设置为360、300，如图3-278所示。

图3-278　继续设置字幕01的位置

11 将当前时间设置为00:00:01:00，在【项目】面板中将字幕02拖至V3视频轨道中，使其开始处与时间线对齐。选中字幕，将其持续时间设置为00:00:05:00，切换至【效果控件】

面板中，将【运动】选项组中的【位置】设置为325、315，单击其左侧的【切换动画】按钮█，如图3-279所示。

12 将当前时间设置为00:00:02:00，切换至【效果控件】面板中，将【运动】选项组中的【位置】设置为325、315，如图3-280所示。

图3-279　将字幕02拖入轨道中并设置位置

图3-280　设置字幕02的位置并添加关键帧

13 将当前时间设置为00:00:02:12，切换至【效果控件】面板中，单击【运动】下的【缩放】左侧的【切换动画】按钮█，添加关键帧，如图3-281所示。

图3-281　添加关键帧

14 将当前时间设置为00:00:02:18，切换至【效果控件】面板中，将【运动】下的【缩放】设置为155，【位置】设置为334、355，如图3-282所示。

15 将当前时间设置为00:00:02:24，切换至【效果控件】面板中，将【运动】下的【缩放】设置为100，【位置】设置为325、315，如

图 3-283 所示。

图 3-282　设置字幕 02 的缩放和位置参数

图 3-283　设置字幕 02 的缩放和位置

16 使用同样方法，对字幕 02 的【缩放】和【位置】进行设置，根据目录需求或者参照 场景文件制作出心动的心形放大、缩小的效果，如图 3-284 所示。

图 3-284　制作其他缩放动画效果

17 将当前时间设置为 00:00:03:23，在【项目】面板中将"恋人 01.jpg"拖至 V4 视频轨道中，使其开始处与时间线对齐。选中素材，将其持续时间设置为 00:00:02:14。切换至【效果控件】面板中，单击【运动】下的【缩放】左侧的【切换动画】按钮，将【缩放】设置为 16，将【位置】设置为 325、288 并单击【切换动画】按钮，将【不透明度】设置为 100%，单击【添加 / 移除关键帧】按钮，如图 3-285 所示。

18 将当前时间设置为 00:00:04:23，切换至【效果控件】面板中，将【运动】下的【缩

放】设置为 20，将【位置】设置为 280、288，将【不透明度】设置为 100%，如图 3-286 所示。

图 3-285　设置素材参数

图 3-286　继续设置素材参数

19 将当前时间设置为 00:00:06:12，在【项目】面板中将"恋人 02.jpg"拖至 V4 视频轨道中，使其开始处与时间线对齐。选中素材，将其持续时间设置为 00:00:02:00。切换至【效果控件】面板中，将【运动】选项组中的【缩放】设置为 18，如图 3-287 所示。

20 在【效果】面板中搜索【双侧平推门】效果，将其拖至 V4 视频轨道中的"恋人 01.jpg"与"恋人 02.jpg"之间，在【效果控件】面板中将【持续时间】设置为 00:00:01:00，如图 3-288 所示。

🏷 提　示

【双侧平推门】：使图像 A 以开、关门的方式过渡转换到图像 B。

21 将当前时间设置为 00:00:08:12，在【项目】面板中将"恋人 03.jpg"拖至 V4 视频轨道中，使其开始处与时间线对齐。选中素材，将其持续时间设置为 00:00:02:00。切换至【效果控件】面板中，将【运动】选项组中的【缩放】设置为 10，如图 3-289 所示。

22 在【效果】面板中搜索【菱形划像】效果，将其拖至 V4 视频轨道中的"恋人 02.jpg"与"恋人 03.jpg"之间，在【效果控件】面

板中将【持续时间】设置为00:00:01:00，如图3-290所示。

图3-287 设置缩放参数

图3-288 添加【双侧平推门】效果

图3-289 设置素材的缩放参数

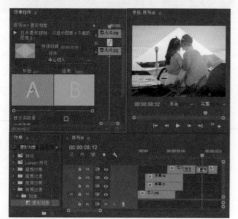

图3-290 添加【菱形划像】效果

疑难解答 菱形划像的作用是什么?

【菱形划像】：以菱形擦除，以显示图像A下面的图像B。

23 将当前时间设置为00:00:10:12，在【项目】面板中将"恋人04.jpg"拖至V4视频轨道中，使其开始处与时间线对齐。选中素材，将其持续时间设置为00:00:02:13。切换至【效果控件】面板中，将【运动】选项组中的【缩放】设置为17，【位置】设置为400、288，如图3-291所示。

图3-291 拖入素材并设置参数

24 在【效果】面板中搜索【交叉缩放】效果，将其拖至V4视频轨道中的"恋人03.jpg"与"恋人04.jpg"之间，在【效果控件】面板中将【持续时间】设置为00:00:01:00，如图3-292所示。

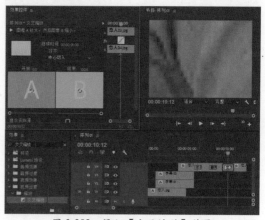

图3-292 添加【交叉缩放】效果

提示

【交叉缩放】：图像A放大，然后图像B缩小。

25 确认选中轨道中的"恋人04.jpg"素材，将当前时间设置为00:00:10:00，切换至【效果控件】面板中，单击【运动】下的【缩放】左侧的【切换动画】按钮，如图3-293所示。

图 3-293 单击【切换动画】按钮

26 将当前时间设置为 00:00:11:12，切换至【效果控件】面板中，单击【运动】下的【缩放】右侧的【添加/移除关键帧】按钮，如图 3-294 所示。

图 3-294 添加关键帧

3.3.2 制作父爱如山短片

父爱是伟大的、无私的，通过制作父爱如山短片，可以时刻提醒我们要回报父母、孝敬父母，效果如图 3-295 所示。

图 3-295 父爱如山短片效果

素材	素材 \Cha03\ 父爱如山（1）.jpg~ 父爱如山（2）.jpg
场景	场景 \Cha03\ 制作父爱如山效果 .prproj
视频	视频教学 \Cha03\3.3.2 制作父爱如山效果 .mp4

01 新建项目文件和 DV-PAL 选项组中的【标准 48kHz】序列文件，在【项目】面板导入"素材 \Cha03\ 父爱如山（1）.jpg、父爱如山（2）.jpg、父爱如山（3）.jpg、父爱如山（4）.jpg"素材文件，如图 3-296 所示。

02 在菜单栏中选择【文件】|【新建】|

【旧版标题】命令，在弹出的【新建字幕】对话框中，使用默认设置，单击【确定】按钮，进入【字幕编辑器】中，使用【文字工具】■输入文字，并选中文字，在右侧将【字体系列】设置为【方正大标宋简体】，【字体大小】设置为 76，将【填充】选项组中的颜色设置为 #623459，将【变换】选项组中的【X 位置】与【Y 位置】分别设置为 467.3、115.2，如图 3-297 所示。

图 3-296 导入素材

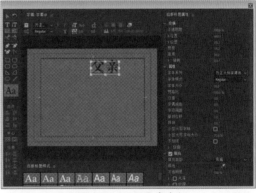

图 3-297 设置文字参数

03 在菜单栏中选择【文件】|【新建】|【旧版标题】命令，在弹出的【新建字幕】对话框中，使用默认设置，单击【确定】按钮，进入【字幕编辑器】中，使用【文字工具】■输入文字，并选中文字，在右侧将【字体系列】设置为【方正大标宋简体】，【字体大小】设置为 37，将【填充】选项组中的颜色设置为 #8A2B12，将【变换】选项组中的【X 位置】与【Y 位置】分别设置为 566.2、163，如图 3-298 所示。

04 在菜单栏中选择【文件】|【新建】|【旧版标题】命令，在弹出的【新建字幕】对话框

中使用默认设置，单击【确定】按钮，进入【字幕编辑器】中，使用【文字工具】▇输入文字，并选中文字，在右侧将【字体系列】设置为【方正大黑简体】，【字体大小】设置为131，将【填充】选项组中的颜色设置为 # 623459，将【变换】选项组中的【X 位置】与【Y 位置】分别设置为 647.8、145.3，如图 3-299 所示。

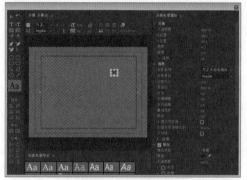

图 3-298　设置文字参数

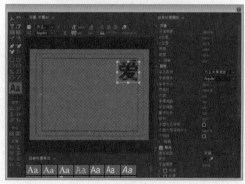

图 3-299　设计文字效果

05 在菜单栏中选择【文件】|【新建】|【旧版标题】命令，在弹出的【新建字幕】对话框中使用默认设置单击【确定】按钮，进入【字幕编辑器】中，使用【文字工具】▇输入文字，并选中文字，在右侧将【字体系列】设置为【方正大黑简体】，【字体大小】设置为 78，将【填充】选项组中的颜色设置为 #B14C4C，将【变换】选项组中的【X 位置】与【Y 位置】分别设置为 122.6、100.6，如图 3-300 所示。

06 在菜单栏中选择【文件】|【新建】|【旧版标题】命令，在弹出的【新建字幕】对话框中使用默认设置单击【确定】按钮，进入【字幕编辑器】中，使用【文字工具】▇输入文字，并选中文字，在右侧将【字体系列】设置为【方

正隶书简体】，【字体大小】设置为 30，将【填充】选项组中的颜色设置为白色，将【变换】选项组中的【X 位置】与【Y 位置】分别设置为 271.2、127.8，如图 3-301 所示。

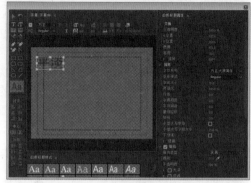

图 3-300　新建并设置字幕

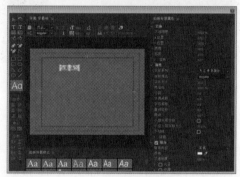

图 3-301　继续设置字幕

07 在菜单栏中选择【文件】|【新建】|【旧版标题】命令，在弹出的【新建字幕】对话框中使用默认设置单击【确定】按钮，进入【字幕编辑器】中，使用【文字工具】▇输入文字，并选中文字，在右侧将【字体系列】设置为【方正粗倩简体】，【字体大小】设置为 31，将【填充】选项组中的颜色设置为黑色，将【变换】选项组中的【X 位置】与【Y 位置】分别设置为 150.2、84.3，如图 3-302 所示。

08 使用同样的方法制作出其他的字幕，设置文字的颜色、字体、字体大小、位置等属性，制作完成后，在【项目】面板中显示的效果如图 3-303 所示。

09 确认当前时间为 00:00:00:00，在【项目】面板中将"父爱如山（1）.jpg素材"拖至V1 视频轨道中，选中轨道中的素材，将持续时间设置为 00:00:03:12，在【效果控件】面板中，

将【运动】选项组的【位置】设置为276、288，并单击【位置】与【缩放】左侧的【切换动画】按钮，如图3-304所示。

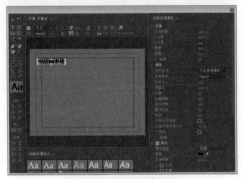
图 3-302　设置文字属性

图 3-303　制作出其他字幕

图 3-304　设置轨道中素材的参数

⑩ 将当前时间设置为00:00:01:00，在【效果控件】面板中，将【运动】选项组中的【位置】设置为360、288，【缩放】设置为82，如图3-305所示。

⑪ 将当前时间设置为00:00:00:00，在【项目】面板中，将"字幕01"拖至V2视频轨道中，选中轨道中的素材，将持续时间设置为00:00:04:00，在【效果】面板中，将【交叉缩放】效果拖至V2视频轨道中的字幕开始处，在【效果控件】面板中将【持续时间】设置为

00:00:01:00，如图3-306所示。

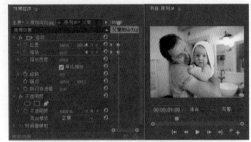
图 3-305　设置位置和缩放参数

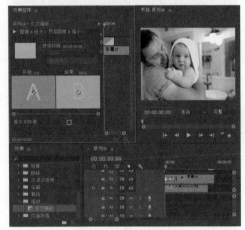
图 3-306　添加效果

提 示

【交叉缩放】：图像B从一边开始伸展，同时图像A收缩，从而形成交叉缩放切换的效果。

⑫ 将当前时间设置为00:00:01:00，在【项目】面板中，将"字幕02"拖至V3视频轨道中，开始处与时间线对齐。选中轨道中的素材，将持续时间设置为00:00:03:00，在【效果控件】面板中，将【运动】选项组中的【位置】设置为360、108，单击位置左侧的【切换动画】按钮，如图3-307所示。

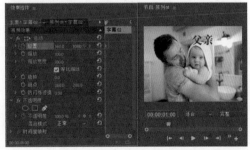
图 3-307　拖入字幕并设置参数

13 将当前时间设置为 00:00:02:00，在【效果控件】面板中，将【运动】选项组中的【位置】设置为 360、288，如图 3-308 所示。

图 3-308　设置位置参数

14 将当前时间设置为 00:00:01:00，在【项目】面板中，将"字幕 03"拖至 V4 视频轨道中，开始处与时间线对齐。选中轨道中的素材，将持续时间设置为 00:00:03:00，在【效果控件】面板中，将【不透明度】选项组中的【不透明度】设置为 0%，如图 3-309 所示。

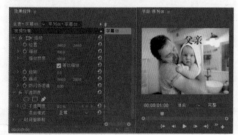

图 3-309　拖入字幕并设置不透明度

15 将当前时间设置为 00:00:02:12，在【效果控件】面板中，将【运动】选项组中的【不透明度】设置为 100%，如图 3-310 所示。

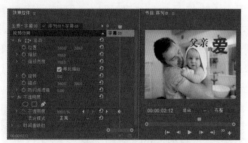

图 3-310　继续设置不透明度

16 将当前时间设置为 00:00:03:12，在【项目】面板中，将"父爱如山（2）.jpg"拖至 V1 视频轨道中，开始处与时间线对齐。选中轨道中的素材，将持续时间设置为 00:00:04:00，在【效果控件】面板中，将【运动】选项组中的【缩放】设置为 55，如图 3-311 所示。

图 3-311　拖入素材并设置缩放参数

17 在【效果】面板中搜索【带状滑动】效果，添加至 V1 视频轨道中的两个素材之间，并添加至 V2、V3、V4 视频轨道中字幕的结尾处，在【效果控件】面板中将【持续时间】设置为 00:00:01:00，效果如图 3-312 所示。

图 3-312　添加效果

18 将当前时间设置为 00:00:04:12，在【项目】面板中，将"字幕 04"拖至 V2 视频轨道中，开始处与时间线对齐。选中轨道中的素材，将持续时间设置为 00:00:03:13，在【效果控件】面板中，将【不透明度】选项组中的【不透明度】设置为 0%，如图 3-313 所示。

图 3-313　设置字幕的不透明度

19 将当前时间设置为 00:00:05:12，在【效果控件】面板中，将【不透明度】选项组中的【不透明度】设置为 100%，如图 3-314 所示。

图 3-314　继续设置不透明度

20 将当前时间设置为 00:00:05:00，在【项目】面板中，将"字幕05"拖至V3视频轨道中，开始处与时间线对齐。选中轨道中的素材，将持续时间设置为 00:00:03:00，在【效果控件】面板中，将【运动】选项组中的【位置】设置为468、365，单击位置左侧的【切换动画】按钮，将【不透明度】选项组中的【不透明度】设置为0%，如图 3-315 所示。

图 3-315　设置字幕的位置和不透明度

21 将当前时间设置为 00:00:05:12，在【效果控件】面板中，将【不透明度】选项组中的【不透明度】设置为100%，如图 3-316 所示。

图 3-316　设置不透明度

22 将当前时间设置为 00:00:06:00，在【效果控件】面板中，将【运动】选项组中的【位置】设置为360、288，如图 3-317 所示。

图 3-317　设置字幕的位置

23 将当前时间设置为 00:00:07:12，在【项目】面板中，将"父爱如山（3）.jpg"素

材拖至 V1 视频轨道中，开始处与时间线对齐。选中轨道中的素材，将持续时间设置为 00:00:06:00，在【效果控件】面板中，将【运动】选项组中的【缩放】设置为77，如图 3-318 所示。

图 3-318　拖入素材并设置缩放参数

24 在【效果】面板中搜索【油漆飞溅】效果，添加至 V1 视频轨道中"父爱如山（2）.jpg"与"父爱如山（3）.jpg"素材之间，并添加至 V2、V3 视频轨道中字幕的结尾处，在【效果控件】面板中将【持续时间】设置为 00:00:01:00，效果如图 3-319 所示。

图 3-319　添加效果

25 将当前时间设置为 00:00:08:12，在【项目】面板中，将"字幕06"拖至 V2 视频轨道中，开始处与时间线对齐。选中轨道中的素材，将持续时间设置为 00:00:05:00，在【效果控件】面板中，将【运动】选项组中的【位置】设置为360、184，单击左侧的【切换动画】按钮，如图 3-320 所示。

图 3-320　拖入素材并设置位置

26 将当前时间设置为 00:00:09:12，在【效

果控件】面板中，将【运动】选项组中的【位置】设置为360、288，如图3-321所示。

图3-321　继续设置位置

27 将当前时间设置为00:00:09:00，在【项目】面板中，将"字幕07"拖至V3视频轨道中，开始处与时间线对齐。选中轨道中的素材，将持续时间设置为00:00:04:12，在【效果控件】面板中，将【不透明度】选项组中的【不透明度】设置为0%，如图3-322所示。

图3-322　设置字幕的不透明度

28 将当前时间设置为00:00:10:12，在【效果控件】面板中，将【不透明度】选项组中的【不透明度】设置为100%，如图3-323所示。

图3-323　继续设置不透明度

29 将当前时间设置为00:00:11:12，在【项目】面板中，将"父爱如山（4）.jpg"素材拖至V4视频轨道中，开始处与时间线对齐。选中轨道中的素材，将持续时间设置为00:00:05:13，在【效果控件】面板中，将【运动】选项组中的【位置】设置为75、351，单击左侧的【切换动画】按钮，将【不透明度】选项组中的【不透明度】设置为0%，如图3-324所示。

图3-324　拖入素材并设置位置与不透明度

30 将当前时间设置为00:00:13:00，在【效果控件】面板中，将【运动】选项组中的【位置】设置为527、351，将【不透明度】选项组中的【不透明度】设置为100%，如图3-325所示。

图3-325　继续设置位置与不透明度

31 将当前时间设置为00:00:13:12，在【项目】面板中，将"字幕08"拖至V5视频轨道中，开始处与时间线对齐。选中轨道中的素材，将持续时间设置为00:00:03:13，如图3-326所示。

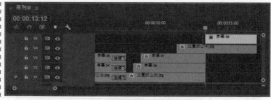

图3-326　拖入字幕08

32 将当前时间设置为00:00:14:06，在【项目】面板中，将"字幕09"拖至V6视频轨道中，开始处与时间线对齐。选中轨道中的素材，将持续时间设置为00:00:02:19，如图3-327

所示。

图 3-327　拖入字幕 09

33 将当前时间设置为 00:00:15:00，在【项目】面板中，将"字幕 10"拖至 V7 视频轨道中，开始处与时间线对齐。选中轨道中的素材，将持续时间设置为 00:00:02:00，如图 3-328 所示。

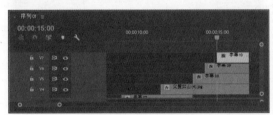

图 3-328　拖入字幕 10

34 将当前时间设置为 00:00:15:18，将"字幕 11"拖至 V8 视频轨道中，开始处与时间线对齐。选中轨道中的素材，将持续时间设置为 00:00:01:07，如图 3-329 所示。

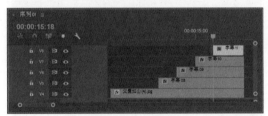

图 3-329　拖入字幕 11

3.3.3　制作百变面条效果

本例主要通过新建字幕和添加过渡特效进行制作。如图 3-330 所示为全部的效果展示。

图 3-330　百变面条效果

素材	素材 \Cha03\ 刀削面 .jpg、岐山臊子面 .jpg、四川担担面 .jpg、油泼面 .jpg、云吞面 .jpg
场景	场景 \Cha03\ 制作百变面条效果 .prproj
视频	视频教学 \Cha03\3.3.3　制作百变面条效果 .mp4

01 新建项目文件和 DV-PAL 选项组中的【标准 48kHz】序列文件，在【项目】面板导入"素材 \Cha03\ 刀削面 .jpg、岐山臊子面 .jpg、四川担担面 .jpg、油泼面 .jpg、云吞面 .jpg"素材文件，如图 3-331 所示。

图 3-331　导入素材文件

02 将当前时间设置为 00:00:00:00，将"云吞面 .jpg"素材文件拖曳至 V1 视频轨道中，将【缩放】设置为 74，如图 3-332 所示。

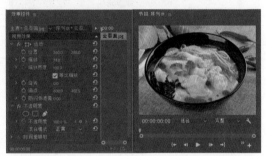

图 3-332　设置"云吞面 .jpg"素材的缩放参数

03 将当前时间设置为 00:00:05:00，将"刀削面 .jpg"拖曳至 V1 视频轨道中，将【缩放】设置为 110，如图 3-333 所示。

图 3-333　设置"刀削面 .jpg"素材的缩放参数

04 将其余的素材文件拖曳至V1视频轨道中，并分别设置其【缩放】参数，如图3-334所示。

图3-334 设置缩放参数

05 在【效果】面板中，搜索【带状滑动】特效，将其添加至"云吞面.jpg"素材文件的开始处，在【效果控件】面板中将【持续时间】设置为00:00:01:00，如图3-335所示。

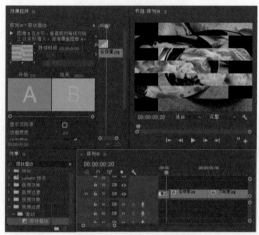

图3-335 添加至素材文件

06 搜索其他的切换特效，添加至V1视频轨道中，在【效果控件】面板中将【持续时间】设置为00:00:01:00，如图3-336所示。

图3-336 添加切换特效

07 在菜单栏中选择【文件】|【新建】|【旧版标题】命令，在弹出的对话框中保持默认设置，单击【确定】按钮。单击【圆角矩形工具】按钮，绘制矩形，将【属性】选项组中的

【圆角大小】设置为10%，将【填充】下方的【颜色】设置为#E5E5E5，将【不透明度】设置为73%，将【宽度】和【高度】分别设置为250、88，将【X位置】、【Y位置】分别设置为648.4、521.8，如图3-337所示。

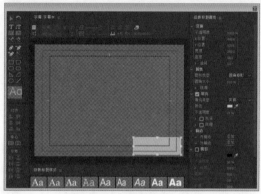

图3-337 绘制圆角矩形

08 使用【文字工具】输入文本，将【字体系列】设置为【经典细隶书简】，将【字体大小】设置为50，将【X位置】、【Y位置】分别设置为640.4、519.8，将【颜色】设置为黑色，如图3-338所示。

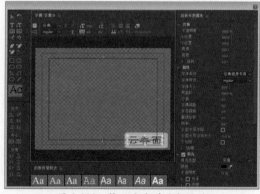

图3-338 输入文本并进行设置

09 将字幕编辑器关闭，将当前时间设置为00:00:01:09，将"字幕01"拖曳至V2视频轨道中，开始处于时间线对齐，将【速度/持续时间】设置为00:00:03:16，搜索【滑动】特效，将其添加至"字幕01"的开始处，将【推】效果添加至"字幕01"的结束处，在【效果控件】面板中将【持续时间】设置为00:00:01:00，如图3-339所示。

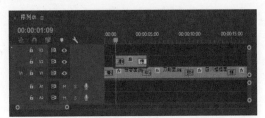

图 3-339 添加特效

10 使用同样的方法，制作其他字幕，并添加不同的特效，效果如图 3-340 所示。

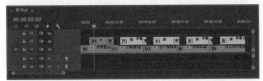

图 3-340 添加其他特效

3.3.4 制作美甲效果

美甲短片重在体现时尚感。本案例中设计的美甲短片，从时尚与动态素材融合的角度思考，注重体现不同的美甲效果与新潮的艺术，如图 3-341 所示。

图 3-341 美甲效果

素材	素材 \Cha03\ 美甲 1.jpg~ 美甲 9.jpg、爆炸烟雾 1.avi
场景	场景 \Cha03\ 制作美甲效果 .prproj
视频	视频教学 \Cha03\3.3.4 制作美甲效果 .mp4

01 新建项目文件和 DV-PAL 选项组中的【标准 48kHz】序列文件，在【项目】面板导入"素材 \Cha03\ 美甲 1.jpg~ 美甲 9.jpg、爆炸烟雾 1.avi"素材文件，如图 3-342 所示。

02 确认当前时间为 00:00:00:00，选择【项目】面板中的"美甲 1.jpg"素材文件，将其拖至 V1 视频轨道中，将其持续时间设置为 00:00:03:00。切换至【效果控件】面板中，将【运动】选项组中的【缩放】设置为 166.5，【位置】设置为 360、450，如图 3-343 所示。

图 3-342 导入素材

图 3-343 设置"美甲 1.jpg"素材的参数

03 在【效果】面板中搜索【渐隐为黑色】特效，将其拖至 V1 视频轨道中素材的开始处，在【效果控件】面板中将【持续时间】设置为 00:00:01:00，如图 3-344 所示。

图 3-344 添加特效

04 将当前时间设置为 00:00:03:00，选择【项目】面板中的"美甲 2.jpg"素材文件，将其拖至 V1 视频轨道中，使其开始处与时间线对齐。选中素材，将其持续时间设置为 00:00:02:13。切换至【效果控件】面板中，将【运动】选项组中的【缩放】设置为 204，【位置】设置为 360、387，如图 3-345 所示。

05 在【效果】面板中搜索【菱形划像】特效，将其拖至 V1 视频轨道中"美甲 1.jpg"与"美甲 2.jpg"素材之间，在【效果控件】面板中将【持续时间】设置为 00:00:01:00，如图 3-346 所示。

图 3-345　设置"美甲 2.jpg"素材的位置和缩放

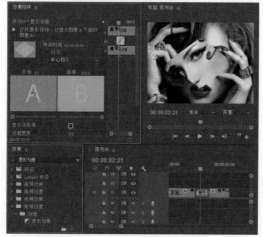

图 3-346　在素材之间添加特效

06 将当前时间设置为 00:00:05:13，选择【项目】面板中的"美甲3.jpg"素材文件，将其拖至 V1 视频轨道中，使其开始处与时间线对齐。选中素材，将其持续时间设置为 00:00:02:13。切换至【效果控件】面板中，将【运动】选项组中的【缩放】设置为 38，如图 3-347 所示。

图 3-347　设置"美甲 3.jpg"素材的缩放

07 在【效果】面板中搜索【交叉划像】特效，将其拖至 V1 视频轨道中"美甲 2.jpg"与"美甲 3.jpg"素材之间，在【效果控件】面板中将【持续时间】设置为 00:00:01:00，如

图 3-348 所示。

图 3-348　在素材之间添加特效

提　示

【交叉划像】：图像 A 进行交叉形状的擦除，从而显示出素材图像 B。

08 将当前时间设置为 00:00:08:01，选择【项目】面板中的"美甲4.jpg"素材文件，将其拖至 V1 视频轨道中，使其开始处与时间线对齐。在【效果】面板中搜索【快速模糊】特效，将其拖至 V1 视频轨道中的"美甲4.jpg"素材上，将其持续时间设置为 00:00:07:10。切换至【效果控件】面板中，将【运动】选项组中的【缩放】设置为 58，如图 3-349 所示。

图 3-349　设置"美甲 4.jpg"素材的参数

09 将当前时间设置为 00:00:09:10，切换至【效果控件】面板中，单击【快速模糊】下的【模糊度】左侧的【切换动画】按钮，如图 3-350 所示。

10 将当前时间设置为 00:00:10:10，切换至【效果控件】面板中，将【快速模糊】下的【模糊度】设置为 100，如图 3-351 所示。

图 3-350　设置快速模糊

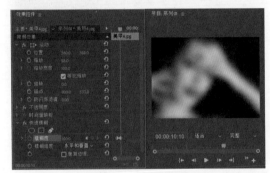

图 3-351　设置模糊量

11 在【效果】面板中搜索【推】特效，将其拖至 V1 视频轨道中"美甲 3.jpg"与"美甲 4.jpg"素材之间，如图 3-352 所示。

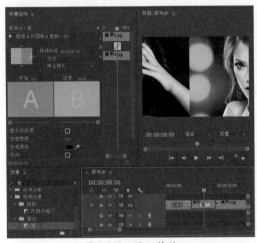

图 3-352　添加特效

12 将当前时间设置为 00:00:00:00，选择【项目】面板中的"爆炸烟雾 1.avi"素材文件，将其拖至 V2 视频轨道中，使其开始处与时间线对齐，将其持续时间设置为 00:00:10:00。切换至【效果控件】面板中，将【运动】选项组中的【缩放】设置为 53.7，将【不透明度】

选项组中的【混合模式】设置为【柔光】，如图 3-353 所示。

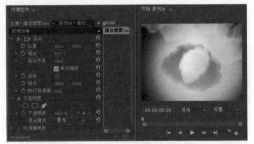

图 3-353　设置缩放和混合模式

13 将当前时间设置为 00:00:10:00，选择【项目】面板中的"美甲 5.jpg"素材文件，将其拖至 V2 视频轨道中，使其开始处与时间线对齐，结尾处与 V1 视频轨道中"美甲 4.jpg"素材的结尾对齐。选中素材，切换至【效果控件】面板中，将【运动】选项组中的【缩放】设置为 103，将【不透明度】选项组中的【混合模式】设置为【柔光】，如图 3-354 所示。

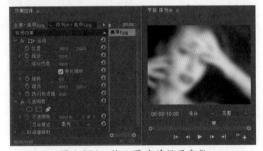

图 3-354　拖入图片并设置参数

提示

【柔光】：使颜色变亮或变暗具体取决于混合色，效果与发散的聚光灯照在图像上相似。如果混合色（光源）比 50% 灰色亮，则图像变亮就像被减淡了一样。如果混合色（光源）比 50% 灰色暗，则图像变暗就像加深了。用纯黑色或纯白色绘画会产生明显较暗或较亮的区域，但不会产生纯黑色或纯白色。

14 将当前时间设置为 00:00:10:11，选择【项目】面板中的"美甲 6.jpg"素材文件，将其拖至 V3 视频轨道中，使其开始处与时间线对齐，结尾处与 V2 视频轨道中"美甲 5.jpg"素材的结尾对齐。在【效果】面板中搜索【裁剪】特效，将其拖至 V3 视频轨道中的"美甲 4.jpg"素材上。选中素材，切换至【效果控件】面板中，将【运动】选项组中的【缩放】设置为10.9,【位置】设置为93、288,将【裁剪】选项组中的【左侧】设置为36%、【顶部】设置为0%、【右侧】设置为35%、【底部】设置为0%,如图3-355所示。

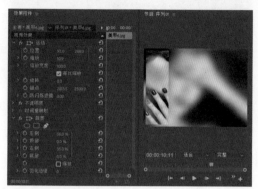

图3-355 拖入素材并设置参数

15 在【效果】面板中搜索【交叉溶解】特效,将其拖至V3视频轨道中"美甲6.jpg"素材的开始处,如图3-356所示。

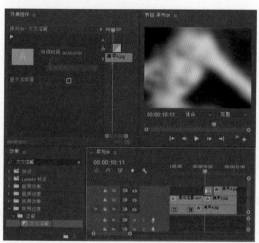

图3-356 添加特效

16 使用同样的方法将其他素材添加至轨道中,然后添加效果并设置参数,如图3-357所示。

图3-357 制作出其他效果

17 按Ctrl+M组合键打开【导出设置】对话框,单击【输出名称】右侧的蓝色文字,在

打开的对话框中选择保存位置并输入名称,单击【保存】按钮,然后单击【导出】按钮,如图3-358所示,视频即可导出。

图3-358 导出视频

3.3.5 制作时尚家居效果

家居短片重在体现家居装饰的效果。本案例设计的家居短片,通过新建字幕并进行设置,制作出主题名称,然后通过添加特效制作切换效果,如图3-359所示。

图3-359 时尚家居效果

素材	素材\Cha03\家居(1).jpg~家居(4).jpg、树.png
场景	场景\Cha03\制作时尚家居效果.prproj
视频	视频教学\Cha03\3.3.5 制作时尚家居效果.mp4

01 新建项目文件和DV-PAL选项组中的【标准48kHz】序列文件,在【项目】面板导入"素材\Cha03\家居(1).jpg、家居(2).jpg、家居(3).jpg、家居(4).jpg、树.png"素材文件,如图3-360所示。

02 在【项目】面板中右键单击,在快捷菜单中选择【新建项目】|【颜色遮罩】命令,如图3-361所示。

03 在打开的对话框中使用默认设置,单击【确定】按钮。在打开的【拾色器】对话框中，选择白色，单击【确定】按钮，如图 3-362 所示，然后在再次弹出的对话框中，再次单击【确定】按钮即可。

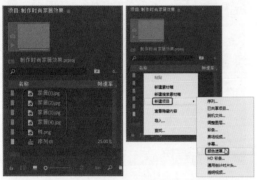

图 3-360　导入素材　图 3-361　新建颜色遮罩

图 3-362　设置彩色蒙版的颜色

04 在菜单栏中选择【文件】|【新建】|【旧版标题】命令，在弹出的【新建字幕】对话框中使用默认设置，单击【确定】按钮，进入【字幕编辑器】中。使用【矩形工具】■绘制矩形，在右侧将【属性】选项组中的【图形类型】设置为【矩形】，将【填充】选项组中的颜色设置为 #FF3E94，在【变换】下将【宽度】和【高度】分别设置为 788.7、577，将【X 位置】与【Y 位置】分别设置为 394.3、288，如图 3-363 所示。

05 在菜单栏中选择【文件】|【新建】|【旧版标题】命令，在弹出的【新建字幕】对话框中使用默认设置，单击【确定】按钮，进入【字幕编辑器】中。使用【文字工具】■输入文字，并选中文字，在右侧将【字体系列】设置为【汉仪竹节体简】，【字体大小】设置为 80，将【填充】选项组中的颜色设置为白色，在【变换】下将【X 位置】与【Y 位置】分别设置为

241.9、196.5，如图 3-364 所示。

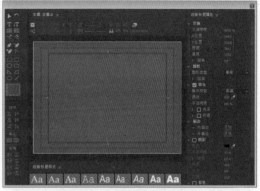

图 3-363　绘制矩形并设置参数

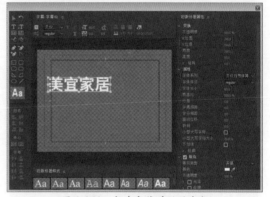

图 3-364　新建字幕并设置参数

06 根据前面介绍的方法，制作出其他字幕，制作完成后在【项目】面板中显示的效果如图 3-365 所示。

图 3-365　制作其他字幕

07 确认当前时间为 00:00:00:00，在【项目】面板中将"颜色遮罩"拖至 V1 视频轨道中，然后在【项目】面板中选择"字幕 01"，将其拖至 V2 视频轨道中，选中该字幕将其持续时间设置为 00:00:08:18，如图 3-366

所示。

08 在【效果】面板中搜索【渐隐为白色】特效，将其拖至 V2 视频轨道中"字幕01"的开始处，在【效果控件】面板中将【持续时间】设置为 00:00:01:00，如图 3-367 所示。

图 3-366 向视频轨道中拖入字幕

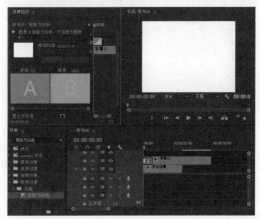

图 3-367 为字幕添加特效

09 在【项目】面板中，将"树.png"素材文件拖至 V3 视频轨道中，并选中该素材将其持续时间设置为 00:00:08:18。在【效果】面板中搜索【渐隐为白色】效果，将其拖至 V3 视频轨道中"树.png"的开始处。在【效果控件】面板中将【持续时间】设置为 00:00:01:00，将素材的【位置】设置为 532、288，将【缩放】设置为 18.5，如图 3-368 所示。

10 将当前时间设置为 00:00:01:00，在【项目】面板中将"字幕02"拖至 V4 视频轨道中，使其开始处与时间线对齐，并在轨道中选中该字幕，将其持续时间设置为 00:00:07:18。在【效果控件】面板中将【运动】选项组中的【位置】设置为 360、48，单击其左侧的【切换动画】按钮，将【不透明度】设置为 0%，如图 3-369 所示。

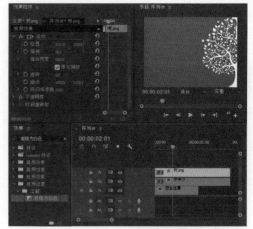

图 3-368 将素材拖至视频轨道中并添加特效

图 3-369 将字幕拖入轨道中并设置参数

11 将当前时间设置为 00:00:03:00，在【效果控件】面板中将【运动】选项组中的【位置】设置为 360、288，将【不透明度】设置为 100%，如图 3-370 所示。

图 3-370 更改时间设置参数

12 将当前时间设置为 00:00:01:00，在【项目】面板中将"字幕03"拖至 V5 视频轨道中，使其开始处与时间线对齐并在轨道中选中该字幕，将其持续时间设置为 00:00:07:18。在【效果控件】面板中将【运动】选项组中的【位置】设置为 360、437，单击其左侧的【切换动画】按钮，将【不透明度】设置为 0%，如图 3-371 所示。

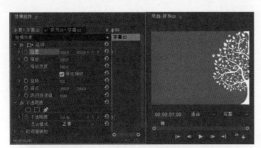

图 3-371 向轨道中添加字幕并设置参数

13 将当前时间设置为 00:00:03:00，在【效果控件】面板中将【运动】选项组中的【位置】设置为 360、288，将【不透明度】设置为 100%，如图 3-372 所示。

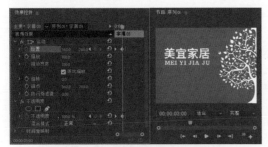

图 3-372 更改时间并设置参数

💬 提 示

【擦除】：移动擦除素材图像 A，从而显示下面的素材图像 B。

14 将当前时间设置为 00:00:03:05，在【项目】面板中将"字幕 04"拖至 V6 视频轨道中，使其开始处与时间线对齐，并在轨道中选中该字幕，将其持续时间设置为 00:00:05:13。在【效果】面板中搜索【划出】特效，将其拖至 V6 轨道中"字幕 04"的开始处，在【效果控件】面板中将【持续时间】设置为 00:00:01:00，如图 3-373 所示。

15 将当前时间设置为 00:00:08:18，在【项目】面板中将"家居（1）.jpg"拖至 V2 视频轨道中，使其开始处与时间线对齐，并在轨道中选中该字幕，将其持续时间设置为 00:00:03:20，将【缩放】设置为 77，如图 3-374 所示。

16 在【效果】面板中搜索【叠加溶解】特效，将其拖至 V2 视频轨道中"字幕 01"与"家居（1）.jpg"素材之间，在【效果控件】面板中将【持续时间】设置为 00:00:01:00，如图 3-375 所示。

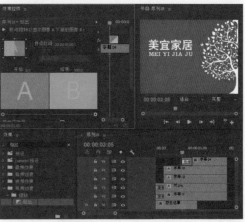

图 3-373 拖入字幕并添加特效

图 3-374 设置"家居（1）.jpg"素材的参数

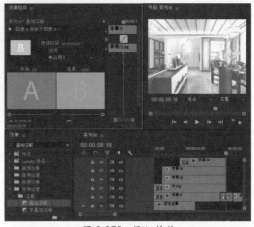

图 3-375 添加特效

17 使用同样的方法，将其他素材添加至轨道中，设置参数并在素材之间添加特效，效果如图 3-376 所示。

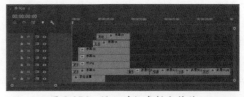

图 3-376 添加其他素材和特效

3.3.6 制作精美饰品

制作精美饰品动画，可以根据需要随意排列图片，并为图片添加特效，效果如图3-377所示。

图 3-377　精美饰品效果

素材	素材 \Cha03\ 饰品 1.jpg~ 饰品 5.jpg
场景	场景 \Cha03\ 制作精美饰品效果 .prproj
视频	视频教学 \Cha03\3.3.6　制作精美饰品效果 .mp4

01 新建项目文件和DV PAL 选项组中的【标准 48kHz】序列文件，在【项目】面板导入"素材 \Cha03\饰品 1.jpg、饰品 2.jpg、饰品 3.jpg、饰品 4.jpg、饰品 5.jpg"素材文件，如图 3-378 所示。

图 3-378　导入素材

02 在菜单栏中选择【文件】|【新建】|【旧版标题】命令，在打开的对话框中使用默认设置，单击【确定】按钮，进入【字幕编辑器】中，使用【文字工具】输入文字。选中输入的第一个文字，在右侧将【属性】选项组中的【字体系列】设置为【方正水柱简体】，【字体大小】设置为 75，将【填充】选项组中的【不透明度】设置为 0%，添加一个外描边，将【外描边】选项组中的大小设置为 20，【颜色】设置为 #E7AB4C。选中输入的第二个文字，其参数设置与第一个文字基本相同，只需将【外描边】选项组中的【颜色】设置为 # 7F4014。选中整个文本框，在【变换】下将【X 位置】与【Y 位置】分别设置为 630、140，如图 3-379 所示。

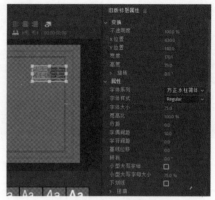

图 3-379　设置文字参数

03 根据前面介绍的方法输入其他文字，并设置参数，如图 3-380 所示。

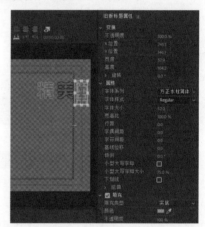

图 3-380　设置其他文字的参数

04 将当前时间设置为 00:00:00:00，在【项目】面板中，将"饰品 1.jpg"素材拖至 V1 视频轨道中，开始处与时间线对齐。选中轨道中的素材，将其持续时间设置为 00:00:09:12。切换至【效果控件】面板中，将【运动】选项组中的【缩放】设置为 50，【位置】设置为 360、182，如图 3-381 所示。

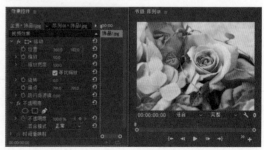

图 3-381　设置"饰品 1.jpg"素材的位置和缩放

05 将当前时间设置为00:00:00:00，在【项目】面板中，将"饰品2.jpg"素材拖至V2视频轨道中，开始处与时间线对齐。选中轨道中的素材，将其持续时间设置为00:00:10:00。将当前时间设置为00:00:01:12，切换至【效果控件】面板中，将【运动】选项组中的【缩放】设置为47.1，单击【位置】与【缩放】左侧的【切换动画】按钮◎记录动画，如图3-382所示。

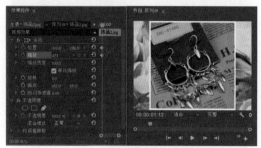

图 3-382 设置"饰品2.jpg"素材的位置和缩放

06 将当前时间设置为00:00:02:12，切换至【效果控件】面板中，将【运动】选项组中的【缩放】设置为25，【位置】设置为140、154，如图3-383所示。

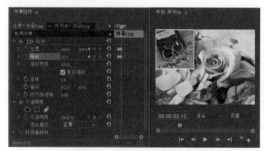

图 3-383 继续设置位置和缩放

07 在【效果】面板中，搜索【交叉划像】特效，将其拖至V2视频轨道中素材的开始处，在【效果控件】面板中将【持续时间】设置为00:00:01:00，如图3-384所示。

08 将当前时间设置为00:00:03:00，在【项目】面板中，将"饰品3.jpg"素材拖至V3视频轨道中，开始处与时间线对齐。选中轨道中的素材，将其持续时间设置为00:00:07:00。将当前时间设置为00:00:04:12，切换至【效果控件】面板中，将【运动】选项组中的【缩放】设置为47，单击【位置】与【缩放】左侧的【切换动画】按钮◎记录动画，如图3-385所示。

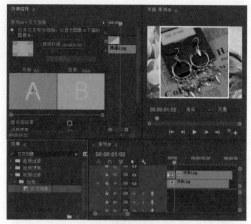

图 3-384 添加特效

图 3-385 设置"饰品3.jpg"素材的缩放和位置

09 将当前时间设置为00:00:05:12，切换至【效果控件】面板中，将【运动】选项组中的【缩放】设置为25，【位置】设置为580、424，如图3-386所示。

图 3-386 继续设置参数

10 在【效果】面板中，搜索【楔形擦除】特效，将其拖至V3视频轨道中素材的开始处，在【效果控件】面板中将【持续时间】设置为00:00:01:00，如图3-387所示。

11 将当前时间设置为00:00:06:00，在【项目】面板中，将"饰品4.jpg"素材拖至V4视频轨道中，开始处与时间线对齐。选中轨道中的素材，将其持续时间设置为00:00:04:00。将当前时间设置为00:00:07:12，切换至【效果控件】面板中，将【运动】选项组中的【缩放】设置为35.5，单击【缩放】左侧的【切换动画】按钮◙记录动画，如图3-387所示。

间】设置为00:00:01:00，如图3-391所示。

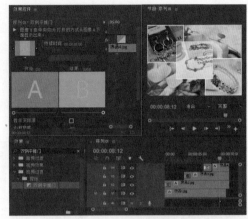

图3-387 添加特效

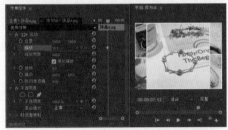

图3-388 设置"饰品4.jpg"素材的缩放

图3-390 添加【双侧平推门】特效

12 将当前时间设置为00:00:08:12，切换至【效果控件】面板中，将【运动】选项组中的【缩放】设置为19，如图3-389所示。

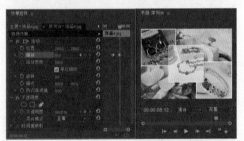

图3-389 继续设置缩放

图3-391 添加【油漆飞溅】特效

15 将当前时间设置为00:00:10:12，在【项目】面板中，将"字幕01"素材拖至V2视频轨道中，开始处与时间线对齐，将其持续时间设置为00:00:02:13。在【效果】面板中，搜索【楔形擦除】特效，将其拖至V2视频轨道中字幕的开始处，在【效果控件】面板中将【持续时间】设置为00:00:01:00，如图3-392所示。

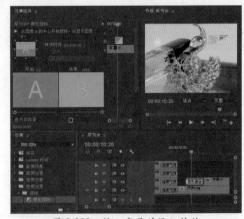

13 在【效果】面板中，搜索【双侧平推门】特效，将其拖至V4视频轨道中素材的开始处，在【效果控件】面板中将【持续时间】设置为00:00:01:00，效果如图3-390所示。

14 将当前时间设置为00:00:09:12，在【项目】面板中，将"饰品5.jpg"素材拖至V1视频轨道中，开始处与时间线对齐。选中轨道中的素材，将其持续时间设置为00:00:03:13。切换至【效果控件】面板中，将【运动】选项组中的【缩放】设置为33。在【效果】面板中，搜索【油漆飞溅】特效，将其拖至V1视频轨道中"饰品1.jpg"与"饰品5.jpg"两素材之间，并在V2、V3、V4视频轨道中素材的结尾处添加该特效，在【效果控件】面板中将【持续时

图3-392 拖入字幕并添加特效

➡ 3.4 思考与练习

1. 常用的过渡效果有哪些？
2. 如何改变过渡效果的切换设置？

第 **4** 章　影视短片类动画——视频效果的应用

本章将介绍如何在影片上添加视频特效，这对剪辑人员来说非常重要，对视频的好坏起着决定性的作用，巧妙地为影片添加各式各样的视频特效可以使影片具有很强的视觉感染力。

基础知识
- ➤ 认识关键帧
- ➤ 关键帧的创建

重点知识
- ➤ 【生成】视频特效
- ➤ 【过渡】视频特效

提高知识
- ➤ 【键控】视频特效
- ➤ 【颜色校正】视频特效

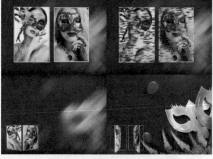

4.1 制作汽车广告短片——使用关键帧控制效果

汽车是现代工业的结晶,随着时代的飞速发展,汽车在人们的生活中也较为常见,很多汽车销售部门为了对汽车进行宣传,都会制作汽车广告短片,在制作时,需要注意建立短片与汽车产品的紧密联系,突出产品的专业化与个性化特点。本节将介绍如何制作汽车广告短片,效果如图4-1所示。

图4-1 汽车广告短片

素材	素材 \Cha04\ 汽车 .jpg
场景	场景 \Cha04\ 制作汽车广告短片——使用关键帧控制效果 .prproj
视频	视频教学 \Cha04\4.1 制作汽车广告短片——使用关键帧控制效果 .mp4

01 新建项目文件和DV-PAL下的【标准48kHz】序列文件,在【项目】面板导入"素材\Cha04\ 汽车 .jpg"素材文件,如图4-2所示。

图4-2 导入素材

02 选择【项目】面板中的"汽车 .jpg"文件,将其拖至V1视频轨道中,选择添加的素材文件,切换至【效果控件】面板,将【运

动】下的【缩放】设置为73,将【位置】设置为360、288,如图4-3所示。

图4-3 添加素材文件并设置参数

03 在菜单栏中选择【文件】|【新建】|【旧版标题】命令,在弹出的对话框中使用其默认设置,单击【确定】按钮。使用【文字工具】T输入文字,然后选中文字,在右侧将【字体系列】设置为【方正综艺简体】,将【字体大小】设置为48,将【填充】选项组中的【颜色】设置为#563703,在【描边】选项组中添加一个外描边,将【大小】设置为61,将【颜色】设置为白色,如图4-4所示。

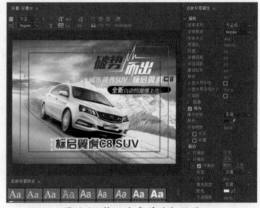

图4-4 输入文字并进行设置

04 在【变换】选项组中将【X 位置】与【Y 位置】分别设置为224.9、446.2,如图4-5所示。

05 在菜单栏中选择【文件】|【新建】|【旧版标题】命令,在弹出的对话框中使用其默认设置,单击【确定】按钮。使用【矩形工具】绘制一个矩形,在右侧将【宽度】、【高度】分别设置为401.6、42.9,将【X 位置】、【Y 位置】分别设置为230、504.3,将【颜色】设置

为 #FD9B00，如图 4-6 所示。

图 4-5　设置文字位置参数

图 4-6　绘制矩形并进行调整

06 在菜单栏中选择【文件】|【新建】|【旧版标题】命令，在弹出的对话框中使用默认设置，单击【确定】按钮。使用【文字工具】 T 输入文字，并选中文字，在右侧将【字体系列】设置为【方正综艺简体】，【字体大小】设置为 29，将【填充】选项组中的【颜色】设置为白色，在【变换】选项组中将【X 位置】与【Y 位置】分别设置为 229、507，如图 4-7 所示。

图 4-7　输入文字并进行设置

07 关闭【字幕编辑器】，在【项目】面板中将"字幕 01"拖至 V2 视频轨道中，在【效果】面板中搜索【块溶解】效果，将其拖至 V2 视频轨道中的字幕上。选中轨道中的字幕，确认当前时间为 00:00:00:00，在【效果控件】面板中将【块溶解】下的【过渡完成】设置为 100%，单击其左侧的【切换动画】按钮 ，如图 4-8 所示。

图 4-8　添加效果并进行设置

疑难解答　在制作动画效果时需要注意什么？

在为对象设置动画效果时，最重要的是将【切换动画】按钮打开，若未将该按钮选中，则无法记录动画效果和为对象添加关键帧。

08 将当前时间为设置 00:00:01:00，在【效果控件】面板中将【过渡完成】设置为 0%，如图 4-9 所示。

图 4-9　设置【过渡完成】参数

09 将当前时间设置为 00:00:01:12，在【项目】面板中将"字幕 02"拖至 V3 视频轨道中，开始处与时间线对齐，结尾处与"字幕 01"结尾处对齐。在【效果】面板中搜索【视频效果】中的【百叶窗】效果，拖至 V3 视频轨道中的字幕上。选中字幕，在【效果控件】面板中，将【百叶窗】下的【过渡完成】设置为 93%，并单击其左侧的【切换动画】按钮◎，如图4-10所示。

图4-10　添加效果并进行设置

　　[10] 将当前时间设置为00:00:02:00，在【效果控件】面板中将【过渡完成】设置为0%，如图4-11所示。

图4-11　设置【过渡完成】参数

　　[11] 将当前时间设置为00:00:02:12，在【项目】面板中将"字幕03"拖至V4视频轨道中，开始处与时间线对齐，结尾处与"字幕02"的结尾对齐。在【效果】面板中搜索【推】效果，拖至V4视频轨道中字幕的开始处，如图4-12所示。

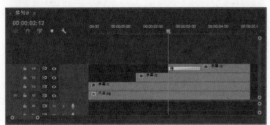
图4-12　添加【推】切换效果

4.1.1　认识关键帧

　　在制作动画的过程中，关键帧是必不可少

的，在3ds max、Animate中，动画都是由不同的关键帧组成的，为不同的关键帧设置不同的效果可以制作出丰富多彩的动画效果。

　　Premiere Pro通过关键帧创建和控制动画，即在不同的时间点设置不同的对象属性，而时间点间的变化则由计算机来完成。

　　当对一个图层的某个参数设置一个关键帧时，表示该层的此参数在当前时间有了一个固定值，而在另一个时间点设置了不同的数值后，在这一段时间中，该参数的值会由前一个关键帧向后一个关键帧变化。Premiere Pro通过计算会自动生成两个关键帧之间参数变化时的过渡画面，当这些画面连续播放时，就形成了视频动画的效果。

4.1.2　关键帧的创建

　　在Premiere Pro中，关键帧的创建是在【效果控件】面板中完成的，在可以设置关键帧参数的左侧都有一个【切换动画】按钮◎，单击该按钮，◎图标变为◎状态，这样就打开了关键帧记录，并在当前的时间位置设置了一个关键帧，如图4-13所示。

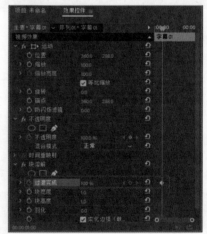
图4-13　打开动画关键帧记录

　　将时间轴移至一个新的时间位置，修改关键帧的属性，即可在当前的时间位置自动生成一个关键帧，如图4-14所示。

　　如果在一个新的时间位置，设置一个与前一关键帧参数相同的关键帧，可直接单击关键帧导航◀◎▶中的【添加/移除关键帧】按钮◎，当◎按钮转换为◎状态时，即可创建关键帧，如图 4-15 所示。其中，◀表示跳转到上一关键帧，▶表示跳转到下一关键帧。当关键帧导航显示为◀◇时，表示当前关键帧的左侧有关键帧；当关键帧导航显示为◇▶时，表示当前关键帧的右侧有关键帧；当关键帧导航显示为◀◇▶时，表示当前关键帧的左侧和右侧均有关键帧。

图 4-14　添加关键帧

图 4-15　创建关键帧

> **提　示**
>
> 当为多个关键帧赋予不同的值时，Premiere 会自动计算关键帧之间的值，这个处理过程称为"插补"。对于大多数标准效果，都可以在素材的整个时间长度中设置关键帧。对于固定效果，比如位置和缩放，也可以设置关键帧，使素材产生动画。可以移动、复制或删除关键帧和改变插补的模式。

▶ 4.2　制作青春毕业季短片——视频特效

毕业季，是对青春的美好向往，尤其是在中学生之间，经历了繁重的高考之后，放下厚的书本，摒弃一道道繁杂的习题，在湛蓝的天空下、幽静的小树林里、迷人的海滩等山水美景间尽享自然的乐趣，也是对三年高中生活最好的慰藉。本案例将介绍如何制作青春毕业季短片，效果如图 4-16 所示。

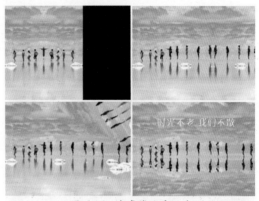

图 4-16　青春毕业季短片

素材	素材 \Cha04\ 青春素材 01.jpg、青春音乐 .mp3
场景	场景 \Cha04\ 制作青春毕业季短片——视频特效 .prproj
视频	视频教学 \Cha04\4.2　制作青春毕业季短片——视频特效 .mp4

01 新建项目和 DV-PAL |【标准 48kHz】序列。按 Crl+I 组合键打开【导入】对话框，在该对话框中选择"素材 \Cha04\ 青春素材 01.jpg"素材文件，如图 4-17 所示。

图 4-17　选择素材文件

02 单击【打开】按钮，在菜单栏中选择【文件】|【新建】|【旧版标题】命令，在弹出的对话框中使用默认设置，单击【确定】按钮，在打开的对话框中使用【文字工具】输入文字"时光不老 我们不散"。选择输入的文字，

在【属性】选项组中将【字体系列】设置为【迷你简中倩】,将【字体大小】设置为50,将【X位置】、【Y位置】分别设置为409.6、135,将【扭曲】下的X、Y分别设置为20%、−30%,将【填充】选项组中的【颜色】设置为白色,如图4-18所示。

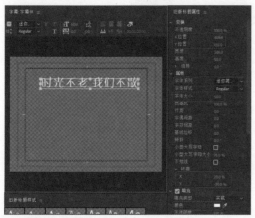

图4-18　输入文字并进行设置

03 文字设置完成后,将字幕编辑器关闭。将当前时间设置为00:00:00:00,将"青春素材01.jpg"素材文件拖曳至V1轨道中,将其开始位置与时间线对齐,将其持续时间设置为00:00:05:24,将【位置】设置为360、288,将【缩放】设置为120,如图4-19所示。

04 将当前时间设置为00:00:00:00,在【效果】面板中将【镜像】效果拖曳至V1轨道中的素材文件上。在【效果控件】面板中将【反射中心】设置为0、286.4,单击【反射中心】左侧的【切换动画】按钮◙,将【反射角度】设置为0,如图4-20所示。

疑难解答　【镜像】特效有什么作用?

【镜像】特效可以沿一条线拆分图像,然后将一侧反射到另一侧。反射角度决定哪一侧被反射到什么位置,可以随时改变镜像轴线和角度。

05 将当前时间设置为00:00:05:24,将【反射中心】设置为658、286.4。继续将"青春素材01.jpg"素材文件拖曳至V1视频轨道中,与V1视频轨道中的素材首尾相连,将该素材的持续时间设置为00:00:03:01。将【缩放】设置为120,将【镜像】视频特效拖曳至V1视频轨道中的第二段素材文件上,将【反射中心】设置为658、250,将【反射角度】设置为0。将当

前时间设置为00:00:07:00,单击其左侧的【切换动画】按钮◙,如图4-21所示。

图4-19　设置素材的参数

图4-20　设置镜像参数

图4-21　添加素材并设置参数

06 将当前时间设置为00:00:07:18,将【反射角度】设置为360,如图4-22所示。

07 将当前时间设置为00:00:08:12,将【反射角度】设置为0,如图4-23所示。

08 再次将"青春素材01.jpg"素材文件拖曳至V1轨道中,将其开始处与视频轨道中第二个素材文件的结尾处对齐,将【缩放】设置为120。为其添加【镜像】视频效果,将【反射中心】设置为658、289,将【反射角度】设置为90,如图4-24所示。

图 4-22　将【反射角度】设置为 360

图 4-23　将【反射角度】设置为 0

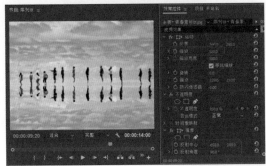

图 4-24　为素材添加【镜像】效果

置】设置为 360、280，如图 4-27 所示。

图 4-25　添加素材文件并进行设置

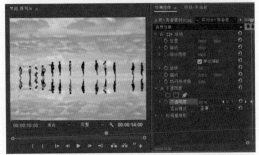

图 4-26　设置【不透明度】参数

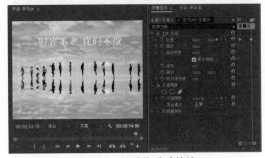

图 4-27　设置位置关键帧

09 将当前时间设置为 00:00:09:00，将"青春素材 01.jpg"素材文件拖曳至 V2 轨道中，将其开始位置与时间线对齐。将【缩放】设置为 120，单击【不透明度】右侧的【添加 / 移除关键帧】按钮■，如图 4-25 所示。

10 将当前时间设置为 00:00:10:00，将【不透明度】设置为 0，如图 4-26 所示。

11 将当前时间设置为 00:00:11:00，将"字幕 01"拖曳至 V3 视频轨道中，将其开始位置与时间线对齐，将其结尾处与 V2 轨道中的素材文件结尾对齐。将当前时间设置为 00:00:11:10，单击【位置】左侧的【切换动画】按钮■。将当前时间设置为 00:00:13:10，将【位

12 将"青春音乐 .mp3"素材文件导入【项目】面板中，将当前时间设置为 00:00:00:00，在【项目】面板中选择"青春音乐 .mp3"音频文件，按住鼠标将其拖曳至 A1 轨道中，将其开始处与时间线对齐，然后将当前时间设置为 00:00:13:24。在【工具】面板中单击【剃刀工具】，在时间线位置处对音频进行裁剪，如图 4-28 所示。

13 使用【选择工具】将裁剪掉的音频删除，将当前时间设置为 00:00:12:08，在【效果控件】面板中将【级别】设置为 1.2，如图 4-29 所示。

14 将当前时间设置为 00:00:14:00，将【级

别】设置为−999，如图4-30所示。

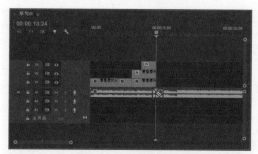

图4-28　对音频进行裁剪

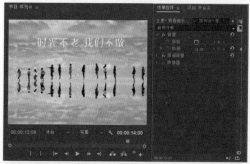

图4-29　删除音频并设置【级别】参数

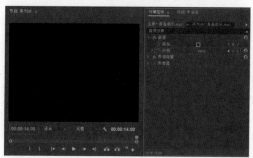

图4-30　设置【级别】参数

4.2.1　【变换】视频特效

本节将讲解【变换】文件夹中的【垂直翻转】、【水平翻转】、【羽化边缘】和【裁剪】视频效果。

1.【垂直翻转】特效

【垂直翻转】特效可以使素材上下翻转，该特效的选项组如图4-31所示。应用效果如图4-32所示。

2.【水平翻转】特效

【水平翻转】特效可以使素材水平翻转，该特效的选项组如图4-33所示。应用效果如图4-34所示。

图4-31　【垂直翻转】特效选项组

图4-32　添加【垂直翻转】后的效果

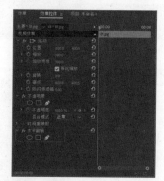

图4-33　【水平翻转】特效选项组

图4-34　添加【水平翻转】特效后的效果

3.【羽化边缘】特效

【羽化边缘】特效用于对素材片段的边缘进行羽化，该特效的选项组如图4-35所示。应用效果如图4-36所示。

4.【裁剪】特效

【裁剪】特效可以将素材边缘的像素剪掉，通过修改左侧、顶部、右侧、底部等参数可以修剪素材个别边缘，还可以通过勾选【缩放】复选框自动将修剪的尺寸大小缩放到原始大小。该特效的选项组如图 4-37 所示。应用效果如图 4-38 所示。

图 4-35 【羽化边缘】特效选项组

图 4-36 羽化边缘后的效果

图 4-37 【裁剪】特效选项组

图 4-38 添加【裁剪】特效后的效果

4.2.2 【图像控制】视频特效

本节将讲解【图像控制】文件夹中的【灰度系数校正】、【颜色平衡 (RGB)】、【颜色替换】、【颜色过滤】和【黑白】视频效果。

1.【灰度系数校正】特效

【灰度系数校正】特效可以使素材渐渐变

亮或变暗。下面通过案例来讲解【灰度系数校正】特效的使用方法，其应用效果如图 4-39 所示。

图 4-39 【灰度系数校正】特效应用效果

[01] 新建项目和 DV-PAL |【标准 48kHz】序列。在【项目】面板中双击鼠标，弹出【导入】对话框，选择"素材 \Cha04\02.jpg"素材文件，如图 4-40 所示。

图 4-40 选择素材文件

[02] 单击【打开】按钮，在【项目】面板中选择 02.jpg 素材文件，将其添加至时间轴中的 V1 轨道上，如图 4-41 所示。

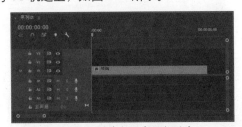

图 4-41 将素材拖曳至轨道中

[03] 在轨道中选择 02.jpg 素材文件，将【缩放】设置为 105，如图 4-42 所示。

图 4-42 设置【缩放】参数

04 切换至【效果】面板，打开【视频效果】文件夹，选择【图像控制】|【灰度系数校正】特效，如图4-43所示。

图4-43 选择【灰度系数校正】特效

05 选择特效后，按住鼠标将其拖至时间轴中的素材文件上，如图4-44所示。

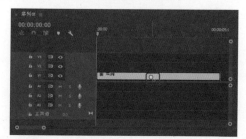

图4-44 添加特效

06 打开【效果控件】面板，将【灰度系数校正】特效下的【灰度系数】设置为6，如图4-45所示。

图4-45 设置【灰度系数】参数

2.【颜色平衡（RGB）】特效

【颜色平衡（RGB）】特效可以按RGB颜色模式调节素材的颜色，达到校色的目的，其应用效果如图4-46所示。

01 新建项目和序列文件，将序列设置为

DV-PAL|【标准48kHz】。在【项目】面板中的空白处双击鼠标，弹出【导入】对话框，选择"素材\Cha04\03.jpg"素材文件，如图4-47所示。

图4-46 【颜色平衡（RGB）】特效应用效果

图4-47 选择素材文件

02 单击【打开】按钮，在【项目】面板中选择03.jpg素材文件，将其添加至V1视频轨道上，在【效果控件】面板中将【缩放】设置为36，如图4-48所示。

图4-48 拖入素材并设置【缩放】参数

03 切换至【效果】面板，打开【视频效果】文件夹，选择【图像控制】|【颜色平衡（RGB）】特效，将其拖曳至时间轴中的03.jpg素材文件上，如图4-49所示。

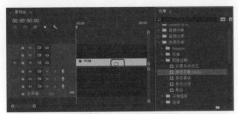

图 4-49　添加【颜色平衡（RGB）】特效

04 在【效果控件】面板中将【颜色平衡
（RGB）】下的【红色】、【绿色】、【蓝色】分别
设置为110、105、127，如图4-50所示。

图 4-50　设置【颜色平衡（RGB）】参数

3.【颜色替换】特效

【颜色替换】特效可以将选择的颜色替换
成一个新的颜色，同时保留灰色阶。使用此特
效可以更改图像中对象的颜色，其方法是选择
对象的【目标颜色】，然后调整【相似性】与【替
换颜色】参数来替换成新的颜色。该特效的选
项组如图4-51所示。应用效果如图4-52所示。

图 4-51　【颜色替换】特效选项组

图 4-52　【颜色替换】特效应用效果

4.【颜色过滤】特效

【颜色过滤】特效可以将素材只保留一个
指定颜色的区域，除了指定的颜色区域外，其
他区域将转变为灰度，使用该特效可以突出素
材的某个特殊区域。该特效的选项组如图4-53
所示。应用效果如图4-54所示。

图 4-53　【颜色过滤】特效选项组

图 4-54　【颜色过滤】特效应用效果

5.【黑白】特效

【黑白】特效可以将任何彩色素材变成灰
度图，也就是说，颜色用灰度的明暗来表示。
该特效的选项组如图4-55所示。应用效果如
图4-56所示。

图 4-55　【黑白】特效选项组

图 4-56　【黑白】特效应用效果

4.2.3 【实用程序】视频特效

在【实用程序】文件夹下，只有1个视频效果。

下面将通过简单的操作步骤来介绍如何使用【Cineon 转换器】特效，应用效果如图4-57所示。

图 4-57 【Cineon 转换器】特效应用效果

01 新建项目和序列文件，将序列设置为 DV-PAL |【标准 48kHz】。在【项目】面板中双击鼠标，弹出【导入】对话框，选择"素材\Cha04\05.jpg"素材文件，如图4-58所示。

图 4-58 选择素材文件

02 单击【打开】按钮，选择导入的素材文件，将其拖曳至 V1 视频轨道上，在【效果控件】面板中将【缩放】设置为 72，如图4-59所示。

图 4-59 设置【缩放】参数

03 切换至【效果】面板，打开【视频效果】文件夹，选择【实用程序】|【Cineon 转换器】特效，如图4-60所示。

图 4-60 选择【Cineon 转换器】特效

04 将特效拖曳至 V1 视频轨道中的素材文件上，将【转换类型】设置为【线性到对数】，将【10 位黑场】、【内部黑场】、【10 位白场】、【内部白场】、【灰度系数】、【高光滤除】分别设置为 363、0、1001、1、5、0，如图4-61所示。

图 4-61 添加特效并设置其参数

【Cineon 转换器】特效选项组中的各项参数说明如下。

- 【转换类型】：指定 Cineon 文件如何被转换。
- 【10 位黑场】：为转换为 10Bit 对数的 Cineon 层指定黑点（最小密度）。
- 【内部黑场】：指定黑点在层中如何使用。
- 【10 位白场】：为转换为 10Bit 对数的 Cineon 层指定白点（最大密度）。
- 【内部白场】：指定白点在层中如何使用。
- 【灰度系数】：指定中间色调值。
- 【高光滤除】：指定输出值校正高亮区域的亮度。

4.2.4 【扭曲】视频特效

本节将讲解【扭曲】文件夹中的【位移】、【变形稳定器 VFX】、【变换】、【放大】、【旋转】、【果冻效应修复】、【波形变形】、【球面化】、【紊乱置换】、【边角定位】、【镜像】和【镜头扭曲】视频效果。

1. 【位移】特效

【位移】特效是将原来的图像进行偏移复制，并通过调整【与原始图像混合】参数来控制位移图像在原始图像上显示的效果。该特效的选项组如图 4-62 所示。应用效果如图 4-63 所示。

图 4-62　【位移】特效选项组

图 4-63　添加【位移】特效后的效果

2. 【变形稳定器 VFX】特效

添加【变形稳定器 VFX】效果之后，会在后台立即开始分析剪辑。当分析开始时，【项目】面板中会显示第一个栏（共两个），指示正在进行分析。当分析完成时，第二个栏会显示正在进行稳定的消息。该特效的选项组如图 4-64 所示。应用效果如图 4-65 所示。

- 【稳定化】：可调整稳定过程。
- 【结果】：控制素材的预期效果，有【平滑运动】和【不运动】两个选项。
  - 平滑运动（默认）：选中后，会启用【平滑度】来控制摄像机移动的平滑程度。

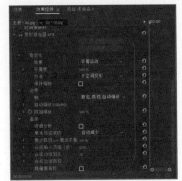

图 4-64　【变形稳定器 VFX】特效选项组

图 4-65　添加【变形稳定器 VFX】特效后的效果

- 不运动：选中后，将在【高级】部分中禁用【更少裁切更多平滑】功能。
- 【平滑度】：选择稳定摄像机原运动的程度。值越低越接近摄像机原来的运动，值越高越平滑。如果值在 100 以上，则需要对图像进行更多裁切。在【结果】设置为【平滑运动】时启用。
- 方法：指定变形稳定器为稳定素材而对其执行的最复杂的操作。
- 位置：稳定仅基于位置数据，且这是稳定素材的最基本方式。
- 位置，缩放，旋转：稳定基于位置、缩放以及旋转数据。如果没有足够的区域用于跟踪，变形稳定器将选择上个类型（位置）。
- 透视：使用将整个帧边角有效固定的稳定类型。如果没有足够的区域用于跟踪，变形稳定器将选择上个类型（位置、缩放、旋转）。
- 子空间变形（默认）：尝试以不同的方式将帧的各个部分变形以稳定整个帧。如果没有足够的区域用于跟踪，变形稳定器将选择上个类型（透视）。在任何给定帧上使用该方法时，根据跟踪的精度，剪辑中会发生一系列相应的变化。

● 【边界】：可以为被稳定的素材设置处理边界的方式。

◆ 【帧】：控制边缘在稳定结果中如何显示。

◆ 仅稳定：显示整个帧，包括运动的边缘。【仅稳定】显示为稳定图像而需要完成的工作量。使用【仅稳定】将允许使用其他方法裁切素材。选择此选项后，【自动缩放】部分和【更少裁切 <-> 更多平滑】属性将处于禁用状态。

◆ 稳定、裁切：裁切运动的边缘而不缩放。【稳定、裁切】等同于使用【稳定、裁切、自动缩放】并将【最大缩放】设置为100%。启用此选项后，【自动缩放】部分将处于禁用状态，但【更少裁切 <-> 更多平滑】属性仍处于启用状态。

◆ 稳定、裁切、自动缩放（默认）：裁切运动的边缘，并扩大图像以重新填充帧。自动缩放由【自动缩放】部分的各个属性控制。

◆ 稳定、人工合成边缘：使用时间上稍早或稍晚的帧中的内容填充由运动边缘创建的空白区域（通过【高级】部分的【合成输入范围】进行控制）。选择此选项后，【自动缩放】部分和【更少裁切 <-> 更多平滑】将处于禁用状态。

提 示

当在帧的边缘存在与摄像机移动无关的移动时，可能会出现伪像。

◆ 【自动缩放】：显示当前的自动缩放量，并允许对自动缩放量进行设置。通过将【帧】设为【稳定、裁切、自动缩放】可启用自动缩放。

◆ 最大缩放：限制为实现稳定而按比例增加剪辑的最大量。

◆ 动作安全边距：如果为非零值，

则会在预计不可见的图像的边缘指定边界。因此，自动缩放不会试图填充它。

◆ 【附加缩放】：使用与在【变换】下使用【缩放】属性相同的结果放大剪辑，但是避免对图像进行额外的重新取样。

● 【高级】：包括【详细分析】、【果冻效应波纹】、【更少裁切 <-> 更多平滑】、【合成输入范围】、【合成边缘羽化】、【合成边缘裁切】、【隐藏警告栏】选项。

◆ 【详细分析】：当设置为开启时，会让下一个分析阶段执行额外的工作来查找要跟踪的元素。启用该选项时，生成的数据（作为效果的一部分存储在项目中）会更大且速度慢。

◆ 【果冻效应波纹】：稳定器会自动消除与被稳定的果冻效应素材相关的波纹。【自动减小】是默认值。如果素材包含更大的波纹，要使用【增强减小】。要使用任一方法，请将【方法】设置为【子空间变形】或【透明】。

◆ 【更少裁切 <-> 更多平滑】：在裁切时，控制当裁切矩形在被稳定的图像上方移动时，该裁切矩形的平滑度与缩放之间的折中。但是，较低值可实现平滑，并且可以查看图像的更多区域。设置为100%时，结果与用于手动裁剪的【仅稳定】选项相同。

◆ 【合成输入范围（秒）】：控制合成进程在时间上向后或向前走多远来填充任何缺少的像素。

◆ 【合成边缘羽化】：为合成的片段选择羽化量。仅在使用【稳定、人工合成边缘】取景时，才会启用该选项。使用羽化控制可平滑合成像素与原始帧连接在一起的边缘。

◆ 【合成边缘裁切】：当使用【稳定、

人工合成边缘】取景选项时，在将每个帧与其他帧进行组合之前对其边缘进行修剪。使用裁剪控制可剪掉在模拟视频捕获或低质量光学镜头中常见的多余边缘。默认情况下，所有边缘均设为零像素。

◆ 【隐藏警告栏】：如果有警告栏指出必须对素材进行重新分析，但您不希望对其进行重新分析，则使用此选项。

🏷 提 示

Premiere Pro 中的变形稳定器效果要求剪辑尺寸与序列设置相匹配。如果剪辑与序列设置不匹配，可以嵌套剪辑，然后对嵌套应用变形稳定器效果。

3.【变换】特效

【变换】特效是指对素材应用二维几何转换效果。使用【变换】特效可以沿任何轴向使素材歪斜，该特效的选项组如图 4-66 所示。应用效果如图 4-67 所示。

图 4-66 【变换】特效选项组

图 4-67 添加【变换】特效后的效果

4.【放大】特效

【放大】特效可以使图像局部呈圆形或方形放大，可以将放大的部分进行【羽化】、【透明】等设置，该特效的选项组如图 4-68 所示。应用效果如图 4-69 所示。

图 4-68 【放大】特效选项组

图 4-69 添中【放大】特效后的效果

5.【旋转】特效

【旋转】特效可以使素材围绕它的中心旋转，形成一个漩涡，该特效的选项组如图 4-70 所示。应用效果如图 4-71 所示。

图 4-70 【旋转】特效选项组

图 4-71 添加【旋转】特效后的效果

6.【果冻效应修复】特效

DSLR 及其他基于 CMOS 传感器的摄像机都有一个常见问题：在视频的扫描线之间通常有一个延迟时间。由于扫描之间的时间延迟，无法准确地同时记录图像的所有部分，导致果冻效应扭曲。如果摄像机或拍摄对象移动就会发生这些扭曲。

利用 Premiere Pro 中的果冻效应修复效果来去除这些扭曲伪像。

- 果冻效应比率：指定帧速率（扫描时间）的百分比。DSLR 在 50% ~ 70% 范围内，而 iPhone 接近 100%。调整【果冻效应比率】的值，直至扭曲的线变为竖直。
- 扫描方向：指定发生果冻效应扫描的方向。大多数摄像机从顶部到底部扫描传感器。对于智能手机，可颠倒或旋转式操作摄像机，这样可能需要不同的扫描方向。
- 方法：指示是否使用光流分析和像素运动重定时来生成变形的帧（像素运动），或者是否应该使用稀疏点跟踪以及变形方法（变形）。
- 详细分析：在变形中执行更为详细的点分析。在使用【变形】方法时可用。
- 像素运动细节：指定光流矢量场计算的详细程度。在使用【像素移动】方法时可用。

7.【波形变形】特效

【波形变形】特效可以使素材变形为波浪的形状，该特效的选项组如图 4-72 所示。应用效果如图 4-73 所示。

8.【球面化】特效

【球面化】特效将素材包裹在球形上，可以赋予物体和文字三维效果，该特效的选项组如图 4-74 所示。应用效果如图 4-75 所示。

图 4-73　添加【波形变形】特效后的效果

图 4-74　【球面化】选项组

图 4-75　添加【球面化】特效后的效果

9.【紊乱置换】特效

【紊乱置换】特效可以使图片中的图像变形，该特效的选项组如图 4-76 所示。添加特效后的效果如图 4-77 所示。

图 4-76　【紊乱置换】选项组

图 4-72　【波形变形】选项组

图 4-77 添加【紊乱置换】特效后的效果

10.【边角定位】特效

【边角定位】特效是通过改变 4 个顶点的位置来扭曲图像。使用此特效可拉伸、伸缩、倾斜或扭曲图像。该特效的选项组如图 4-78 所示。添加特效后的效果如图 4-79 所示。

图 4-78 【边角定位】选项组

图 4-79 添加【边角定位】特效后的效果

11.【镜像】特效

【镜像】特效是将图像沿一条线裂开并将其中一边反射到另一边。反射角度决定哪一边被反射到什么位置，可以随时间改变镜像轴线和角度。下面将介绍如何应用【镜像】特效，效果如图 4-80 所示。

图 4-80 【镜像】效果

01 新建项目和序列文件，将【序列】设

置为 DV-PAL|【标准 48kHz】。在【项目】面板中的空白处双击鼠标，在弹出的对话框中选择"素材\Cha04\07.jpg"素材文件，如图 4-81 所示。

图 4-81 选择素材文件

02 单击【打开】按钮，在【项目】面板中选择 07.jpg 素材文件，将其拖曳至 V1 视频轨道上，在【效果控件】面板中将【缩放】设置为 59，如图 4-82 所示。

图 4-82 设置【缩放】参数

03 在时间轴中选择 07.jpg 素材文件，切换至【效果】面板，搜索【镜像】特效，选择该特效，将其添加到 V1 视频轨道中的素材文件上，如图 4-83 所示。

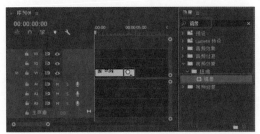

图 4-83 添加特效

04 切换至【效果控件】面板，将【镜像】下的【反射中心】设置为811、500，如图4-84所示。

图 4-84　设置【镜像】参数

12.【镜头扭曲】特效

【镜头扭曲】特效可以模拟通过变形透镜观看素材的效果。该特效的选项组如图4-85所示。应用效果如图4-86所示。

图 4-85　【镜头扭曲】选项组

图 4-86　添加特效后的效果

4.2.5　【时间】视频特效

本节将讲解【时间】文件夹下的【抽帧时间】和【残影】特效。

1.【抽帧时间】特效

使用该特效后，素材将被锁定在一个指定

的帧率，以跳帧播放产生动画效果，能够生成抽帧的效果。

2.【残影】特效

【残影】特效可以混合一个素材中很多不同的时间帧。它的用处很多，可以使一个普通的视频产生动感效果，在这里我们需要使用视频文件，读者可以自己找一个视频文件对其进行设置。该特效的选项组如图4-87所示，应用效果如图4-88所示。

图 4-87　【残影】选项组

图 4-88　添加【残影】特效后的效果

4.2.6　【杂波与颗粒】视频特效

本节将讲解【杂波与颗粒】文件夹下的【中间值】、【杂色】、【杂色 Alpha】、【杂色 HLS】、【杂色 HLS 自动】以及【蒙尘与划痕】特效。

1.【中间值】特效

【中间值】特效可以替换指定半径内的相邻像素，当【半径】参数值较低时，可减少杂色；当【半径】参数值较高时，可使图像产生绘画风格。

下面将介绍如何应用【中间值】特效，效果如图4-89所示。

01 新建项目和序列文件，将【序列】设置为 DV-PAL |【标准 48kHz】。在【项目】面板的空白处双击鼠标，弹出【导入】对话框，在

弹出的对话框中选择"素材\Cha04\09.jpg"素材文件，如图 4-90 所示。

图 4-89 【中间值】特效

图 4-90 选择素材文件

02 单击【打开】按钮，选择刚刚导入的素材文件，将其拖曳至 V1 视频轨道中，在【效果控件】面板中将【缩放】设置为 85，如图 4-91 所示。

图 4-91 设置【缩放】参数

03 打开【效果】面板，选择【视频效果】|【杂色与颗粒】|【中间值】特效，双击该特效，在【效果控件】面板中展开【中间值】选项，将【半径】设置为 8，效果如图 4-92 所示。

【中间值】特效选项组中的各项说明如下。

- 【半径】：指定使用中间值效果的像素数量。

- 【在 Alpha 通道上操作】：对素材的 Alpha 通道应用该效果。

图 4-92 设置【中间值】特效

2.【杂色】特效

【杂色】特效可以随机更改整个图像中的像素值。该特效的选项组如图 4-93 所示，应用效果如图 4-94 所示。

图 4-93 【杂色】选项组

图 4-94 添加【杂色】特效后的效果

3.【杂色 Alpha】特效

【杂色 Alpha】特效可以将杂色添加到 Alpha 通道。该特效的选项组如图 4-95 所示，应用效果如图 4-96 所示。

图 4-95　【杂色 Alpha】选项组

图 4-96　添加【杂色 Alpha】特效后的效果

【杂色 Alpha】特效选项组中的各项说明如下。

- 【杂色】：指定效果使用的杂色的类型。
- 【数量】：指定添加到图像中杂色的数量。
- 【原始 Alpha】：指定如何应用杂色到图像的 Alpha 通道中。
- 【溢出】：用于设置如何重新映射位于 0~255 灰度范围之外的值。
- 【随机植入】：指定杂色的随机值。
- 【杂色选项（动画）】：指定杂色的动画效果。

4.【杂色 HLS】特效

【杂色 HLS】特效：可以为指定的色度、亮度、饱和度添加噪波，调整杂波色的尺寸和相位。该特效的选项组如图 4-97 所示，应用效果如图 4-98 所示。

5.【杂色 HLS 自动】特效

【杂色 HLS 自动】特效与【杂色 HLS】特效相似，效果如图 4-99 所示。

图 4-97　【杂色 HLS】选项组

图 4-98　添加【杂色 HLS】特效后的效果

图 4-99　【杂色 HLS 自动】特效

6.【蒙尘与划痕】特效

【蒙尘与划痕】特效：通过改变不同的像素减少噪波。调试不同的范围组合和阈值设置，达到锐化图像和隐藏缺点之间的平衡的目的。该特效的选项组如图 4-100 所示，应用效果如图 4-101 所示。

图 4-100　【蒙尘与划痕】选项组

图 4-101 添加【蒙尘与划痕】特效后的效果

4.2.7 【模糊和锐化】视频特效

本节将讲解【模糊和锐化】文件夹中的【复合模糊】、【方向模糊】、【相机模糊】、【通道模糊】、【钝化蒙版】、【锐化】和【高斯模糊】视频效果。

1.【复合模糊】特效

【复合模糊】特效可以通过调整【最大模糊】参数使图像变得模糊。该特效的选项组如图 4-102 所示，应用效果如图 4-103 所示。

图 4-102 【复合模糊】选项组

图 4-103 添加【复合模糊】特效后的效果

2.【方向模糊】特效

【方向模糊】特效是使图像产生有方向性的

模糊，为素材添加运动感觉。该特效的选项组如图 4-104 所示，应用效果如图 4-105 所示。

图 4-104 【方向模糊】选项组

图 4-105 添加【方向模糊】特效后的效果

3.【相机模糊】特效

【相机模糊】特效可以模拟离开相机焦点范围的图像，使图像变得模糊。该特效的选项组如图 4-106 所示，应用效果如图 4-107 所示。

图 4-106 【相机模糊】选项组

图 4-107　添加【相机模糊】特效后的效果

4.【通道模糊】特效

【通道模糊】特效可以分别对素材的红、绿、蓝和 Alpha 通道进行模糊，可以指定模糊的方向是水平、垂直或双向。使用【通道模糊】特效可以创建辉光效果或控制一个图层的边缘附近变得不透明。该特效的选项组如图 4-108 所示，添加特效后的效果如图 4-109 所示。

图 4-108　【通道模糊】选项组

图 4-109　添加【通道模糊】特效后的效果

5.【钝化蒙版】特效

【钝化蒙版】特效能够将图片中模糊的地方变亮。该特效的选项组如图 4-110 所示，添加特效后的效果如图 4-111 所示。

6.【锐化】特效

【锐化】特效可以通过增加相邻像素之间

的对比度来聚焦模糊的图像，使图像变得更加清晰。该特效的选项组如图 4-112 所示，添加特效后的效果如图 4-113 所示。

图 4-110　【钝化蒙版】选项组

图 4-111　添加【钝化蒙版】特效后的效果

图 4-112　【锐化】选项组

图 4-113　添加【锐化】特效后的效果

7.【高斯模糊】特效

【高斯模糊】特效能够模糊和柔化图像并能消除噪波，可以指定模糊的方向为水平、垂直或双向。该特效的选项组如图 4-114 所示，应用效果如图 4-115 所示。

图 4-114　【高斯模糊】选项组

图 4-115　添加【高斯模糊】特效后的效果

4.2.8　【生成】视频特效

本节将讲解【生成】文件夹中的【书写】、【单元格图案】、【吸管填充】、【四色渐变】、【圆形】、【棋盘】、【椭圆】、【油漆桶】、【渐变】、【网格】、【镜头光晕】和【闪电】视频效果。

1.【书写】特效

【书写】特效可以使图像产生书写的效果，通过为特效设置关键点并不断地调整笔触的位置，可以产生水彩笔书写的效果。图 4-116 所示为【书写】特效设置的面板参数，应用效果如图 4-117 所示。

2.【单元格图案】特效

【单元格图案】特效在噪波的基础上可产生蜂巢的图案。使用【单元格图案】特效可产

生静态或移动的背景纹理和图案，可用于做原素材的替换图片。该特效的选项组如图 4-118 所示，应用效果如图 4-119 所示。

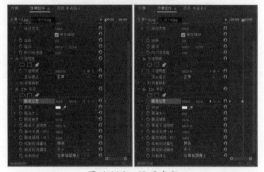

图 4-116　设置参数

图 4-117　添加【书写】特效后的效果

图 4-118　【单元格图案】选项组

图 4-119　添加【单元格图案】特效后的效果

3.【吸管填充】特效

【吸管填充】特效通过调节采样点的位置，用采样点所在位置的颜色覆盖整个图像。这个特效有利于在最初素材的一个点上很快地采集一种纯色或从一个素材上采集一种颜色并利用混合方式应用到第二个素材上。该特效的选项

组如图 4-120 所示，应用效果如图 4-121 所示。

图 4-120　【吸管填充】特效

图 4-121　添加【吸管填充】特效后的效果

4.【四色渐变】特效

【四色渐变】特效可以使图像产生 4 种混合渐变颜色。该特效的选项组如图 4-122 所示，应用效果如图 4-123 所示。

图 4-122　【四色渐变】选项组

图 4-123　添加【四色渐变】特效后的效果

5.【圆形】特效

【圆形】特效可任意创造一个实心圆或圆环，通过设置它的混合模式来形成素材轨道之间的区域混合的效果。下面介绍应用【圆形】特效的具体操作步骤，效果如图 4-124 所示。

图 4-124　【圆形】特效

01 新建项目和序列文件，将【序列】设置为 DV-PAL |【标准 48kHz】。在【项目】面板中的空白处双击鼠标，在弹出的对话框中选择"素材 \Cha04\13.jpg、14.jpg"文件，如图 4-125 所示。

图 4-125　选择素材文件

02 单击【打开】按钮，在【项目】面板中选择 13.jpg 素材文件，将其添加至 V1 视频轨道上，将 14.jpg 素材文件添加至【序列】面板中的 V2 视频轨道上，如图 4-126 所示。

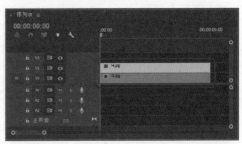

图 4-126　将素材文件拖入 V1 视频轨道

03 在【效果控件】面板中将两个素材文

件的【缩放】设置为62，在V2视频轨道中选择14.jpg，打开【效果】面板，选择【视频效果】|【生成】|【圆形】特效，按住鼠标将其拖曳至选中的素材上。打开【效果控件】面板，展开【圆形】选项，将当前时间设置为00:00:00:00，将【半径】设置为0，单击其左侧的【切换动画】按钮 ，将【混合模式】设置为【模板 Alpha】，如图4-127所示。

图 4-127 设置参数

04 将当前时间设置为00:00:04:00，将【半径】设置为790，效果如图4-128所示。

图 4-128 添加特效后的效果

6.【棋盘】特效

【棋盘】特效可以创造国际跳棋棋盘式的长方形图案，它有一半的方格是透明的，通过它自身提供的参数可以进一步设置。该特效的选项组如图4-129所示，应用效果如图4-130所示。

7.【椭圆】特效

【椭圆】特效可以创造一个实心椭圆或椭圆环。该特效的选项组如图4-131所示，应用效果如图4-132所示。

图 4-129 【棋盘】选项组

图 4-130 添加【棋盘】特效后的效果

图 4-131 【椭圆】选项组

图 4-132 添加【椭圆】特效后的效果

8.【油漆桶】特效

【油漆桶】特效可以将一种纯色填充到一个区域，很像在 Adobe Photoshop 里使用油漆桶工具。在一个图像上使用油漆桶工具可将一个区域的颜色替换为其他颜色。该特效的选项组如图4-133所示，应用效果如图4-134所示。

图 4-133 【油漆桶】选项组

图 4-134 添加【油漆桶】特效后的效果

9.【渐变】特效

【渐变】特效能够产生一个颜色渐变，并能够与源图像内容混合。可以创建线性或放射状渐变，并可以随着时间的变化而改变渐变的位置和颜色。该特效的选项组如图 4-135 所示，应用效果如图 4-136 所示。

图 4-135 【渐变】选项组

图 4-136 添加【渐变】特效后的效果

10.【网格】特效

【网格】特效可以创造一组可任意改变的

网格，可以为网格的边缘调节大小和进行羽化，或作为一个可调节透明度的蒙版用于源素材上。此特效有利于设计图案，还有其他的实用效果，其效果如图 4-137 所示。

图 4-137 【网格】特效

01 新建项目和序列文件，将【序列】设置为 DV-PAL |【标准48kHz】。在【项目】面板中的空白处双击鼠标，在弹出的对话框中选择"素材 \Cha04\16.jpg"素材文件，如图 4-138 所示。

图 4-138 选择素材文件

02 单击【打开】按钮，在【项目】面板中选择 16.jpg 素材文件，将其添加至 V1 视频轨道中，如图 4-139 所示。

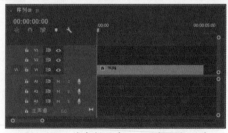

图 4-139 将素材拖曳至V1视频轨道中

03 在时间轴中选择 16.jpg 素材文件，切换至【效果控件】面板，将【运动】下的【缩放】设置为54，如图 4-140 所示。

04 切换至【效果】面板，打开【视频效

果】文件夹，在该文件夹下选择【生成】|【网格】特效，如图 4-141 所示。将该特效添加至 V1 视频轨道中的 16.jpg 素材文件上。

图 4-140 设置【缩放】参数

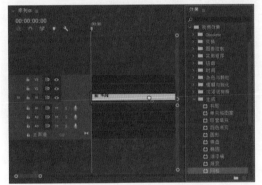

图 4-141 添加【网格】特效

05 将当前时间设置为 00:00:00:00，切换至【效果控件】面板，将【混合模式】设置为【相加】，将【边框】设置为 100，单击其左侧的【切换动画】按钮，如图 4-142 所示。

06 将当前时间设置为 00:00:04:10，在【效果控件】面板中将【边框】设置为 0，如图 4-143 所示。

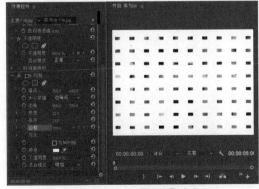

图 4-142 设置【网格】参数

图 4-143 设置【切换动画】参数

11.【镜头光晕】特效

【镜头光晕】特效能够产生镜头光斑效果，是通过模拟亮光透过摄像机镜头时的折射效果而产生的。其效果如图 4-144 所示。

01 新建项目和序列文件，将【序列】设置为 DV-PAL|【标准 48kHz】。在【项目】面板中的空白处双击鼠标，在弹出的对话框中选择"素材 \Cha04\17.jpg"素材文件，如图 4-145 所示。

图 4-144 【镜头光晕】特效

图 4-145 选择素材文件

02 单击【打开】按钮，在【项目】面板中选择 17.jpg 素材文件，将其添加至 V1 视频轨道中，如图 4-146 所示。

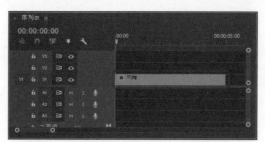

图 4-146　将素材添加至 V1 视频轨道中

03 在时间轴中选择 17.jpg 素材文件，切换至【效果控件】面板，将【缩放】设置为 58，如图 4-147 所示。

图 4-147　设置【缩放】参数

04 切换至【效果】面板，打开【视频效果】文件夹，在该文件夹下选择【生成】|【镜头光晕】特效，如图 4-148 所示。

图 4-148　选择【镜头光晕】特效

05 将【镜头光晕】特效添加至 V1 视频轨道中的 17.jpg 素材文件上，如图 4-149 所示。

06 切换至【效果控件】面板，将【镜头光晕】下的【光晕中心】设置为 1315.6、66.8，

将【光晕亮度】设置为 135，如图 4-150 所示。

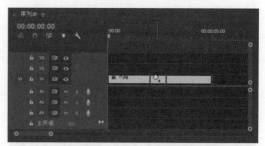

图 4-149　添加特效

图 4-150　设置【镜头光晕】参数

12.【闪电】特效

【闪电】特效用于产生闪电和其他类似放电的效果，不用关键帧就可以自动产生动画。该特效的选项组如图 4-151 所示，应用效果如图 4-152 所示。

图 4-151　【闪电】选项组

图 4-152　添加【闪电】特效后的效果

4.2.9 【视频】视频特效

本节将讲解【视频】文件夹中的【SDR 遵从情况】、【剪辑名称】、【时间码】与【简单文本】特效。

1.【SDR 遵从情况】特效

【SDR 遵从情况】特效可以将 HDR 媒体转换为 SDR。该特效的选项组如图 4-153 所示，添加该特效后的效果如图 4-154 所示。

图 4-153　【SDR 遵从情况】选项组

图 4-154　添加【SDR 遵从情况】特效后的效果

2.【剪辑名称】特效

【剪辑名称】特效可以根据效果控件中指定的位置、大小和透明度渲染节目中的剪辑名称。该特效的选项组如图 4-155 所示，添加该特效后的效果如图 4-156 所示。

3.【时间码】特效

【时间码】特效可以在素材文件上叠加时间码显示，其该特效的选项组如图 4-157 所示。添加特效后的效果如图 4-158 所示。

图 4-155　【剪辑名称】选项组

图 4-156　添加【剪辑名称】特效后的效果

图 4-157　【时间码】选项组

图 4-158　添加【时间码】特效后的效果

4.【简单文本】特效

【简单文本】特效可以在素材文件上添加简单文字，用户可以设置其位置、对齐方式以及大小等。该特效的选项组如图4-159所示，添加特效后的效果如图4-160所示。

图 4-159　【简单文本】选项组

图 4-160　添加【简单文本】特效后的效果

4.2.10　【调整】视频特效

本节将讲解【调整】文件夹中的 ProcAmp、【光照效果】、【卷积内核】、【提取】和【色阶】特效。

1. ProcAmp 特效

ProcAmp 特效可以分别调整影片的亮度、对比度、色相和饱和度。该特效的选项组如图 4-161 所示，应用效果如图 4-162 所示。

图 4-161　ProcAmp 选项组

图 4-162　添加特效后的效果

- 【亮度】：控制图像亮度。
- 【对比度】：控制图像对比度。
- 【色相】：控制图像色相。
- 【饱和度】：控制图像颜色的饱和度。
- 【拆分百分比】：该参数被激活后，可以调整范围，对比调节前后的效果。

2.【光照效果】特效

【光照效果】特效可以在一个素材上同时添加 5 个灯光特效，并可以调节它们的属性，包括灯光类型、照明颜色、中心、主半径、次要半径、角度、强度、聚焦，还可以控制表面光泽和表面材质，也可引用其他视频片段的光泽和材质。该特效的选项组如图 4-163 所示，添加特效前后的对比效果如图 4-164 所示。

图 4-163　【光照效果】选项组

图 4-164　添加特效前后对比效果

3.【卷积内核】特效

【卷积内核】特效可以根据卷积数字运算来更改剪辑中每个像素的亮度值,该特效的选项组如图 4-165 所示,添加特效后的对比效果如图 4-166 所示。

图 4-165　【卷积内核】选项组

图 4-166　添加特效前后对比效果

4.【提取】特效

【提取】特效可从视频片段中析取颜色,然后通过设置灰色的范围控制影像的显示。单击选项组中【提取】右侧的【设置…】按钮,弹出【提取设置】对话框,如图 4-167 所示。添加特效前后的对比效果如图 4-168 所示。

图 4-167　【提取设置】对话框

图 4-168　添加特效前后对比效果

【提取设置】对话框中的各项参数介绍如下。

- 【输入范围】:对话框中的柱状图用于显示当前画面中每个亮度值上的像素数目。拖动其下的两个滑块,可以设置将被转为白色或黑色的像素范围。
- 【柔和度】:拖动【柔和度】滑块在被转换为白色的像素中加入灰色。
- 【反相】:选中【反相】选项可以反转图像效果。

5.【色阶】特效

【色阶】特效可以控制影视素材片段的亮度和对比度。单击选项组中【色阶】右侧的【设置…】按钮,弹出【色阶设置】对话框,如图 4-169 所示。

图 4-169　【色阶设置】对话框

- 【通道选择】下拉列表框:可以选择调节影视素材片段的 R 通道、G 通道、B 通道及统一的 RGB 通道。
- 【输入色阶】:当前画面帧的输入灰度级显示为柱状图。柱状图的横向 X 轴代表亮度数值,从左边的最黑(0)到右边的最亮(255);纵向 Y 轴代表在某一亮度数值上总的像素数目。将柱状图下的黑三角形滑块向右拖动，使影片变暗，向左拖动白色滑块增加亮度，拖动灰色滑块可以控制中间色调。

- 【输出色阶】：向右拖动黑色滑块可以减少影视素材片段中的黑色数值；向左拖动白色滑块可以减少影视素材片段中的亮度数值。

如图 4-170 所示为应用该特效前后的图像效果对比。

图 4-170 【色阶】特效添加前后对比效果

4.2.11 【过时】视频特效

本节将讲解【过时】文件夹中的【RGB 曲线】、【RGB 颜色校正器】、【三向颜色校正器】等特效。

1.【RGB 曲线】特效

针对每个颜色通道使用曲线来调整剪辑的颜色。在整个图像的色调范围内每条曲线允许调整多达 16 个不同的点。通过使用【辅助颜色校正】控件，还可以指定要校正的颜色范围。该特效的选项组如图 4-171 所示，添加特效前后的效果如图 4-172 所示。

图 4-171 【RGB 曲线】选项组

图 4-172 添加特效前后的效果

2.【RGB 颜色校正器】特效

RGB 颜色校正器效果可以调整高光、中间调和阴影定义的色调范围，从而调整图像的颜色。此效果可分别对每个颜色通道进行色调调整。通过使用【辅助颜色校正】控件，还可以指定要校正的颜色范围。该特效的选项组如图 4-173 所示，添加特效前后的效果如图 4-174 所示。

图 4-173 【RGB 颜色校正器】选项组

图 4-174 添加特效前后的效果

3.【三向颜色校正器】特效

三向颜色校正器效果可针对阴影、中间调和高光调整剪辑的色相、饱和度和亮度，从而进行精细校正。通过使用【辅助颜色校正】控件指定要校正的颜色范围，可以进一步精细调整。该特效的选项组如图 4-175 所示，添加特效前后的效果如图 4-176 所示。

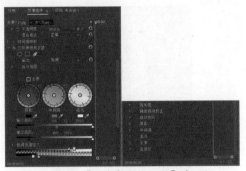

图 4-175 【三向颜色校正器】选项组

图 4-176 添加特效前后的效果

4.【亮度曲线】特效

亮度曲线效果使用曲线来调整剪辑的亮度和对比度。通过使用【辅助颜色校正】控件,还可以指定要校正的颜色范围。该特效的选项组如图 4-177 所示,添加特效前后的效果如图 4-178 所示。

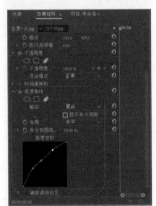

图 4-177 【亮度曲线】选项组

图 4-178 添加特效前后的效果

5.【亮度校正器】特效

亮度校正器效果可用于调整剪辑高光、中间调和阴影中的亮度和对比度。通过使用【辅助颜色校正】控件,还可以指定要校正的颜色范围。该特效的选项组如图 4-179 所示,添加特效前后的效果如图 4-180 所示。

图 4-179 【亮度校正器】选项组

图 4-180 添加特效前后的效果

6.【快速颜色校正器】特效

快速颜色校正器效果使用色相和饱和度控件来调整剪辑的颜色。此效果也有色阶控件,用于调整图像阴影、中间调和高光的强度。建议使用此效果执行在节目监视器中快速预览的简单颜色校正。该特效的选项组如图 4-181 所示,添加特效前后的效果如图 4-182 所示。

图 4-181 【快速颜色校正器】选项组

图 4-182　添加特效前后的效果

7.【自动对比度】特效

【自动对比度】可以在无须增加或消除偏色的情况下调整总体对比度和颜色混合。该特效的选项组如图 4-183 所示，添加特效前后的对比效果如图 4-184 所示。

图 4-183　【自动对比度】选项组

图 4-184　添加特效前后的效果

8.【自动色阶】特效

【自动色阶】特效可以自动校正高光和阴影。由于【自动色阶】单独调整每个颜色通道，因此可能会消除或增加偏色。该特效的选项组如图 4-185 所示，添加特效前后对比效果如图 4-186 所示。

9.【自动颜色】特效

【自动颜色】特效调节黑色和白色像素的对比度。该特效的选项组如图 4-187 所示，添加特效前后的对比效果如图 4-188 所示。

图 4-185　【自动色阶】选项组

图 4-186　添加特效前后的效果

图 4-187　【自动颜色】选项组

图 4-188　添加特效前后的效果

10.【阴影/高光】特效

【阴影/高光】特效可以使一个图像变亮并

具有阴影，还原图像的高光值。这个特效不会使整个图像变暗或变亮，它基于周围的环境像素独立地调整阴影和高光的数值；也可以调整一幅图像总的对比度，设置的默认值可解决图像的高光问题。该特效的选项组如图 4-189 所示，添加特效前后的效果如图 4-190 所示。

图 4-189 【阴影/高光】选项组

图 4-190 添加特效前后的效果

4.2.12 【过渡】视频特效

本节将讲解【过渡】文件夹中的【块溶解】、【径向擦除】、【渐变擦除】、【百叶窗】和【线性擦除】特效。

1.【块溶解】特效

【块溶解】特效可使素材随意地呈块状消失。块宽度和块高度可以设置溶解时块的大小，其效果如图 4-191 所示。

01 新建项目和序列文件，将【序列】设置为 DV-PAL |【标准 48kHz】。在【项目】面板中的空白处双击鼠标，在弹出的对话框中选择"素材 \Cha04\23.jpg、24.jpg"素材文件，如图 4-192 所示。

图 4-191 【块溶解】特效

图 4-192 选择素材文件

02 单击【打开】按钮，在【项目】面板中选择 23.jpg 素材文件，将其添加至 V1 视频轨道中，将 24.jpg 添加至 V2 视频轨道中，如图 4-193 所示。

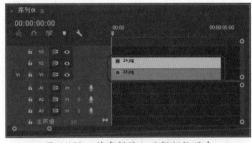

图 4-193 将素材添加至视频轨道中

03 将 23.jpg、24.jpg 素材文件的【缩放】参数设置为 58，如图 4-194 所示。

04 切换至【效果】面板，打开【视频效果】文件夹，在该文件夹下选择【过渡】|【块溶解】特效，如图 4-195 所示。将【块溶解】特效添加至 V2 视频轨道中的 24.jpg 素材文

件上。

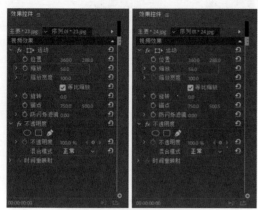

图 4-194　设置【缩放】参数

图 4-195　选择【块溶解】特效

05 将当前时间设置为 00:00:00:00,切换至【效果控件】面板,展开【块溶解】选项。单击【过渡完成】左侧的【切换动画】按钮,将【块宽度】、【块高度】设置为 30,取消勾选【柔滑边缘】复选框,如图 4-196 所示。

06 将当前时间设置为 00:00:04:04,切换至【效果控件】面板,将【过渡完成】设置为 100%,如图 4-197 所示。

图 4-196　设置【块溶解】参数

图 4-197　设置【过渡完成】参数

2.【径向擦除】特效

【径向擦除】特效是使素材以指定的点为中心进行旋转从而显示出下面的素材。其效果如图 4-198 所示。

图 4-198　【径向擦除】特效

01 新建项目和序列文件,将【序列】设置为 DV-PAL |【标准 48kHz】。在【项目】面板中的空白处双击鼠标,在弹出的对话框中选择"素材\Cha04\25.jpg、26.jpg"素材文件,如图 4-199 所示。

图 4-199　选择素材文件

02 单击【打开】按钮，在【项目】面板中选择25.jpg素材文件，将其添加至V1视频轨道中，将26.jpg添加至V2视频轨道中，如图4-200所示。

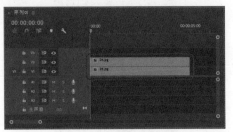

图4-200　将素材添加至视频轨道中

03 将25.jpg、26.jpg素材文件的【缩放】参数设置为58，如图4-201所示。

图4-201　设置【缩放】参数

04 切换至【效果】面板，打开【视频效果】文件夹，在该文件夹下选择【过渡】|【径向擦除】特效，如图4-202所示，将其添加至时间轴中的26.jpg素材文件上。

图4-202　选择【径向擦除】特效

05 将当前时间设置为00:00:00:00，切换至【效果控件】面板，展开【径向擦除】选项，单击【过渡完成】左侧的【切换动画】按钮，

如图4-203所示。

图4-203　设置【径向擦除】参数

06 将当前时间设置为00:00:04:04，切换至【效果控件】面板，将【过渡完成】设置为100%，如图4-204所示。

图4-204　设置【过渡完成】参数

3.【渐变擦除】特效

【渐变擦除】特效可以使剪辑中的素材像素根据另一个视频轨道（称为渐变图层）中像素的明亮度值产生透明效果。其效果如图4-205所示。

图4-205　【渐变擦除】特效

01 新建项目和序列文件，将【序列】设置为 DV-PAL|【标准 48kHz】。在【项目】面板中的空白处双击鼠标，在弹出的对话框中选择"素材\Cha04\27.jpg、28.jpg"素材文件，如图 4-206 所示。

图 4-206　选择素材文件

02 单击【打开】按钮，在【项目】面板中选择 27.jpg 素材文件，将其添加至 V1 视频轨道中，将 28.jpg 添加至 V2 视频轨道中，如图 4-207 所示。

图 4-207　将素材添加至视频轨道中

03 将 27.jpg 素材文件的【缩放】参数设置为 58，将 28.jpg 素材文件的【缩放】参数设置为 88，如图 4-208 所示。

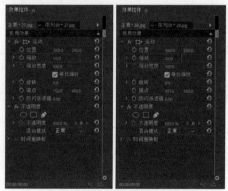

图 4-208　设置【缩放】参数

04 切换至【效果】面板，打开【视频效果】文件夹，在该文件夹下选择【过渡】|【渐变擦除】特效，如图 4-209 所示，将其添加至时间轴中的 28.jpg 素材文件上。

图 4-209　选择【渐变擦除】特效

05 将当前时间设置为 00:00:00:00，切换至【效果控件】面板，展开【渐变擦除】选项。单击【过渡完成】左侧的【切换动画】按钮，如图 4-210 所示。

图 4-210　单击【切换动画】按钮

06 将当前时间设置为 00:00:04:04，切换至【效果控件】面板，将【过渡完成】设置为 100%，如图 4-211 所示。

图 4-211　设置【过渡完成】参数

4.【百叶窗】特效

【百叶窗】特效可以将图像分割成类似百叶窗的长条状。【百叶窗】特效的选项组如图 4-212 所示,添加特效后的效果如图 4-213 所示。

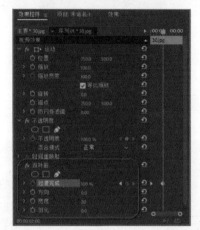

图 4-212 【百叶窗】特效

图 4-213 添加【百叶窗】特效后的效果

可以对【百叶窗】特效进行以下设置。

- 【过渡完成】:可以调整分割后图像之间的缝隙。
- 【方向】:通过调整方向的角度,可以调整百叶窗的角度。
- 【宽度】:可以调整图像被分割后的每一条的宽度。
- 【羽化】:通过调整羽化值,可以对图像的边缘进行不同程度的模糊。

5.【线性擦除】特效

【线性擦除】可以从图像的一侧向另一侧抹去,最后图像完全消失。【线形擦除】的选项组如图 4-214 所示,添加特效后的效果如图 4-215 所示。

可以对【线形擦除】特效进行以下设置。

- 【过渡完成】:可以调整图像中黑色区域的覆盖面积。

图 4-214 【线性擦除】特效

图 4-215 添加【线性擦除】特效后的效果

- 【擦除角度】:用来调整黑色区域的角度。
- 【羽化】:通过调整羽化值,可以对黑色区域与图像的交接处进行不同程度的模糊。

4.2.13 【透视】视频特效

本节将讲解【透视】文件夹中的【基本 3D】、【投影】、【放射阴影】、【斜角边】和【斜面 Alpha】特效。

1.【基本 3D】特效

【基本 3D】特效可以在一个虚拟的三维空间中操纵素材,可以围绕水平和垂直轴旋转图像。使用基本 3D 效果,还可以使一个旋转的表面产生镜面反射高光,而光源位置总是在观看者的左后上方,因为光来自上方,图像就必须向后倾斜才能看见反射。其效果如图 4-216 所示。

图 4-216 【基本 3D】特效

01 新建项目和 DV-PAL|【标准 48kHz】序列文件，在【项目】面板中的空白处双击鼠标，在弹出的对话框中选择"素材\Cha04\31.jpg"素材文件，单击【打开】按钮，如图 4-217 所示。

图 4-217　选择素材文件

02 在【项目】面板中选择 31.jpg 素材文件，将其添加至时间轴中的 V1 轨道，如图 4-218 所示。

图 4-218　将素材拖曳至轨道中

03 在时间轴面板中选择 31.jpg 素材文件，切换至【效果控件】面板，展开【运动】选项，将【缩放】设置为 90，如图 4-219 所示。

图 4-219　设置【缩放】参数

04 切换至【效果】面板，打开【视频效果】文件夹，在该文件夹下选择【透视】|【基本 3D】特效，如图 4-220 所示。

图 4-220　选择【基本 3D】特效

05 将【基本 3D】特效添加至时间轴面板中的 31.jpg 素材文件上，如图 4-221 所示。

图 4-221　添加特效

06 切换至【效果控件】面板，展开【基本 3D】选项，将【旋转】设置为 50.0°，将【倾斜】设置为 −15.0°，将【与图像的距离】设置为 30.0，如图 4-222 所示。

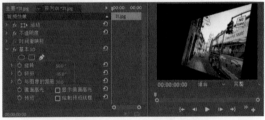

图 4-222　设置【基本 3D】参数

2.【投影】特效

【投影】特效用于给素材添加一个阴影效果。该特效的选项组如图 4-223 所示，添加特效前后的效果如图 4-224 所示。

3.【放射阴影】特效

【放射阴影】特效利用素材上方的电光源来形成阴影效果，而不是无限的光源投射。阴影通过原素材上的 Alpha 通道产生影响。该特效的选项组如图 4-225 所示，添加特效前后的效果如图 4-226 所示。

图 4-223　【投影】选项组

图 4-224　添加【投影】特效前后的效果

图 4-225　【放射阴影】选项组

图 4-226　添加【放射阴影】特效前后的效果

4.【斜角边】特效

　　【斜角边】特效能使图像边缘产生凿刻的高亮的三维效果。边缘的位置由源图像的 Alpha 通道来确定。与 Alpha 边框效果不同，该效果产生的边缘总是成直角的。该特效的选项组如图 4-227 所示，添加特效前后的效果如图 4-228 所示。

图 4-227　【斜角边】选项组

图 4-228　添加【斜角边】特效前后的效果

5.【斜面 Alpha】特效

　　【斜面 Alpha】特效能够产生倒角的边，而且图像的 Alpha 通道边界变亮。如果素材没有 Alpha 通道或它的 Alpha 通道是完全不透明的，那么这个效果就全应用到素材的边缘。该特效的选项组如图 4-229 所示，添加特效前后的效果如图 4-230 所示。

图 4-229　【斜面 Alpha】选项组

图 4-230　添加【斜面 Alpha】特效前后的效果

4.2.14　【通道】视频特效

　　本节将讲解【通道】文件夹中的【反转】、

【复合运算】、【混合】、【算术】、【纯色合成】、【计算】和【设置遮罩】特效。

1.【反转】特效

【反转】特效用于将图像的颜色信息反相。该特效的选项组如图4-231所示，添加该特效前后的效果如图4-232所示。

图4-231　【反转】选项组

图4-232　添加【反转】特效前后的效果

2.【复合运算】特效

【复合运算】特效的选项组如图4-233所示，添加特效前后的效果如图4-234所示。

图4-233　【复合运算】选项组

图4-234　添加【复合运算】特效前后的效果

3.【混合】特效

【混合】特效能够采用五种模式中的任意

一种来混合两个素材。首先打开35.jpg、36jpg素材文件，如图4-235所示，并将其分别拖入【序列】面板中的V1和V2轨道中。该特效的选项组如图4-236所示。

图4-235　打开素材文件

图4-236　【混合】选项组

添加【混合】特效后的效果如图4-237所示。

图4-237　添加【混合】特效后的效果

4.【算术】特效

【算术】特效可以对图像的红色、绿色、蓝色通道执行简单的数学运算。该特效的选项组如图4-238所示，添加特效前后的效果如图4-239所示。

图4-238　【算术】选项组

图 4-239　添加【算术】特效前后的效果

5.【纯色合成】特效

通过【纯色合成】特效可以在原始图像的后面快速创建纯色合成。该特效的选项组如图 4-240 所示，添加特效后的效果如图 4-241 所示。

6.【计算】特效

【计算】特效可以将一个素材的通道与另一个素材的通道结合在一起。该特效的选项组如图 4-242 所示，添加特效前后的效果如图 4-243 所示。

图 4-240　【纯色合成】选项组

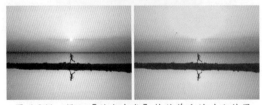

图 4-241　添加【纯色合成】特效前后的对比效果

7.【设置遮罩】特效

【设置遮罩】特效的选项组如图 4-244 所示，添加特效前后的对比效果如图 4-245 所示。

图 4-242　【计算】选项组

图 4-243　添加【计算】特效前后的效果

图 4-244　【设置遮罩】选项组

图 4-245　添加【设置遮罩】特效前后的效果

　【键控】视频特效

本节将讲解【键控】文件夹中的【Alpha 调整】、【亮度键】、【图像遮罩键】、【差值遮罩】、【移除遮罩】、【超级键】、【轨道遮罩键】、【非红色键】和【颜色键】特效。

1.【Alpha 调整】特效

【Alpha 调整】特效是通过控制素材的 Alpha 通道来实现抠像效果的，勾选【忽视 Alpha】复选框后会忽略素材的 Alpha 通道，而不让其产生透明。也可以勾选【反转 Alpha】复选框，这样可以反转键出效果。应用【Alpha 特效】的效果如图 4-246 所示。

图 4-246　【Alpha 调整】特效

[01] 新建项目和 DV-PAL |【标准 48kHz】序列文件，在【项目】面板中的空白处双击鼠标，

在弹出的对话框中选择"素材\Cha04\39.jpg"
素材文件,单击【打开】按钮,如图4-247
所示。

图4-247　选择素材文件

02 在【项目】面板中选择39.jpg素材文
件,将其添加至时间轴面板中的视频轨道上,
如图4-248所示。

图4-248　将素材拖曳至轨道中

03 在时间轴面板中选择39.jpg素材文
件,切换至【效果控件】面板,展开【运动】
选项,将【缩放】设置为75,如图4-249所示。

图4-249　设置【缩放】参数

04 切换至【效果】面板,打开【视频效
果】文件夹,在该文件夹下选择【键控】|【Alpha
调整】特效,如图4-250所示。

05 选择该特效,将其添加至时间轴面板
中的39.jpg素材文件上,如图4-251所示。

06 切换至【效果控件】面板中,展开

【Alpha调整】选项,将【不透明度】设置为
70%,如图4-252所示。

图4-250　选择【Alpha调整】特效

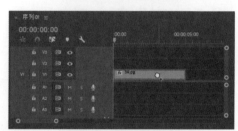

图4-251　添加特效

图4-252　设置【Alpha调整】参数

2.【亮度键】特效

【亮度键】特效可以在键出图像的灰度值
的同时保持它的色彩值。【亮度键】特效常用来
在纹理背景上附加影片,以使附加的影片覆盖
纹理背景,其效果如图4-253所示。

图4-253　【亮度键】特效

01 新建项目和DV-PAL|【标准48kHz】
序列文件,在【项目】面板中的空白处双击
鼠标,在弹出的对话框中选择"素材\Cha04\

40.jpg"素材文件,单击【打开】按钮,如图 4-254 所示。

图 4-254 选择素材文件

02 在【项目】面板中选择 40.jpg 素材文件,将其添加至时间轴面板中的视频轨道上,如图 4-255 所示。

图 4-255 将素材拖曳至轨道中

03 切换至【效果】面板,打开【视频效果】文件夹,在该文件夹下选择【键控】|【亮度键】特效,如图 4-256 所示。

图 4-256 选择【亮度键】特效

04 为素材添加特效,切换至【效果控件】面板,展开【亮度键】选项,将【阈值】设置为 50%,将【屏蔽度】设置为 10%,效果如

图 4-257 所示。

图 4-257 设置【亮度键】参数

3.【图像遮罩键】特效

【图像遮罩键】特效根据静止图像(充当遮罩)的明亮度值抠出剪辑图像的区域。透明区域显示下方轨道中的图像。可以指定项目中要充当遮罩的任何静止图像,其效果如图 4-258 所示。

图 4-258 【图像遮罩键】特效

01 新建项目和 DV-PAL|【标准 48kHz】序列文件,在【项目】面板中的空白处双击鼠标,在弹出的对话框中选择"素材\Cha04\41.jpg"素材文件,单击【打开】按钮,如图 4-259 所示。

图 4-259 选择素材文件

02 在【项目】面板中选择 41.jpg 素材文件,将其添加至时间轴面板中的视频轨道上,如图 4-260 所示。

03 切换至【效果】面板，打开【视频效果】文件夹，在该文件夹下选择【键控】|【图像遮罩键】特效，如图 4-261 所示。将该特效添加至时间轴面板中的 41.jpg 素材文件上。

图 4-260 将素材拖曳至轨道中

04 切换至【效果控件】面板，展开【图像遮罩键】选项，单击【设置】按钮，如图 4-262 所示。

图 4-261 设置【缩放】　图 4-262 单击【设置】
　　　　　参数　　　　　　　　　　按钮

05 打开【选择遮罩图像】对话框，将 42.jpg 素材文件复制桌面上，在该对话框中选择一张素材图像，单击【打开】按钮，如图 4-263 所示。

图 4-263 选择素材图像

06 在【效果控件】面板中将【合成使用】

设置为【亮度遮罩】选项，如图 4-264 所示。

图 4-264 设置【合成使用】参数

提　示

单击【设置】按钮，打开【选择遮罩图像】对话框，选择素材时，需要将所用素材文件放置在桌面上，本案例才会有效果。

4.【差值遮罩】特效

【差值遮罩】特效创建透明度的方法是将源图像和差值图像进行比较，然后在源图像中抠出与差值图像中的位置和颜色均匹配的像素。其效果如图 4-265 所示。

图 4-265 【差值遮罩】特效

01 新建项目和 DV-PAL |【标准 48kHz】序列文件，在【项目】面板中的空白处双击鼠标，在弹出的对话框中选择"素材 \Cha04\43.jpg、44.jpg"素材文件，单击【打开】按钮，如图 4-266 所示。

图 4-266 选择素材文件

02 在【项目】面板中选择 43.jpg 素材文件，将其添加至时间轴面板中的视频轨道 V1 上，如图 4-267 所示。使用同样的方法将 44.jpg 素材文件添加至时间轴面板中的视频轨道 V2 上。

图 4-267　将素材拖曳至序列轨道中

03 在时间轴面板中选择 44.jpg 素材文件，切换至【效果控件】面板，展开【运动】选项，将【缩放】设置为 75，如图 4-268 所示。

04 切换至【效果】面板，打开【视频效果】文件夹，在该文件夹下选择【键控】|【差值遮罩】特效，如图 4-269 所示。

图 4-268　设置【缩放】参数　图 4-269　选择【差值遮罩】特效

05 将特效添加至时间轴面板中的 44.jpg 素材文件上，如图 4-270 所示。

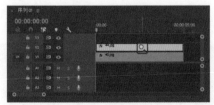

图 4-270　添加特效

06 切换至【效果控件】面板，展开【差值遮罩】选项，将【视图】设置为【仅限遮罩】，将【差值图层】设置为【视频 1】，将【如果图层大小不同】设置为【伸缩以适合】，将【匹配容差】设置为 5.0%，将【匹配柔和度】设

置为 3.0%，将【差值前模糊】设置为 4.0，如图 4-271 所示。

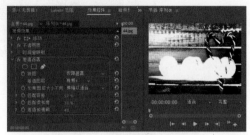

图 4-271　设置【差值遮罩】参数

5.【移除遮罩】特效

【移除遮罩】特效可以移动素材的颜色。如果从一个透明通道导入影片或者用 Premiere Pro 创建透明通道，需要除去图像的光晕。光晕是由图像色彩与背景或表面粗糙的色彩之间的差异引起的。除去或者改变表面粗糙的颜色能除去晕。

6.【超级键】特效

【超级键】特效可以快速、准确地在具有挑战性的素材上进行抠图，可以对 HD 高清素材进行实时抠图。该特效对于照明不均匀、背景不平滑的素材以及人物的卷发都有很好的抠图效果。该特效的选项组如图 4-272 所示，对比效果如图 4-273 所示。

7.【轨道遮罩键】特效

【轨道遮罩键】特效与【图像遮罩键】特效的工作原理相同，都是利用指定遮罩对当前抠像对象进行透明区域定义，但是【轨道遮罩键】特效更加灵活。由于使用序列中的对象作为遮罩，所以可以使用动画遮罩或者为遮罩设置运动。该特效的选项组如图 4-274 所示，添加特效前后的效果如图 4-275 所示。

图 4-272　【超级键】选项组

图 4-273　添加【超级键】特效前后的效果

图 4-274　【轨道遮罩键】选项组

图 4-275　添加【轨道遮罩键】特效前后的效果

> **提 示**
> 一般情况下，一个轨道的影片作为另一个轨道的影片的遮罩后，应该关闭该轨道显示。

8.【非红色键】特效

【非红色键】特效可以在蓝、绿色背景的画面上创建透明。类似于前面所讲到的【蓝屏键】，可以混合两素材片段或创建一些半透明的对象。它与绿背景配合工作时效果尤其好，可以用灰度图像作为屏蔽，其效果如图 4-276 所示。

图 4-276　【非红色键】特效

01 新建项目和 DV-PAL |【标准 48kHz】序列文件，在【项目】面板中的空白处双击

鼠标，在弹出的对话框中选择"素材\Cha04\48.jpg"素材文件，单击【打开】按钮，如图 4-277 所示。

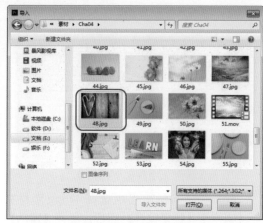

图 4-277　选择素材文件

02 在【项目】面板中选择 48.jpg 素材文件，将其添加至时间轴面板中的视频轨道上，如图 4-278 所示。

图 4-278　将素材拖曳至序列轨道中

03 在时间轴面板中选择 48.jpg 素材文件，切换至【效果控件】面板，展开【运动】选项，将【缩放】设置为 95，如图 4-279 所示。

04 切换至【效果】面板，打开【视频效果】文件夹，在该文件夹下选择【键控】|【非红色键】特效，如图 4-280 所示。

图 4-279　设置【缩放】参数

05 将特效添加至时间轴面板中的 48.jpg

素材文件上，如图 4-281 所示。

图 4-280 选择【非红色键】特效

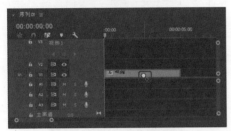

图 4-281 添加特效

06 切换至【效果控件】面板，展开【非红色键】选项，将【去边】设置为【绿色】，如图 4-282 所示。

图 4-282 设置【非红色键】参数

9.【颜色键】特效

【颜色键】特效可以去掉图像中指定颜色的像素，这种特效只会影响素材的 Alpha 通道。该特效的选项组如图 4-283 所示，对比效果如图 4-284 所示。

图 4-283 【颜色键】选项组

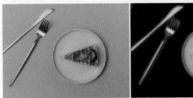

图 4-284 添加【颜色键】特效前后的效果

4.2.16 【颜色校正】视频特效

本节介绍【颜色校正】视频特效文件夹中的 ASC CDL、【Lumetri 颜色】、【亮度与对比度】、【分色】、【均衡】、【更改为颜色】、【更改颜色】、【色彩】、【视频限幅器】、【通道混合器】、【颜色平衡】和【颜色平衡 (HLS)】特效。

1. ASC CDL 特效

ASC CDL 特效是由美国电影摄影师协会技术委员会、制作 / 后期供应商和色彩科学家共同合作创建的，是一种用于标准化初级色彩调整的颜色决策表。就像 ASC EDL 携带的剪辑决策表一样，ASC CDL 携带了一组颜色校正数据。该特效的选项组如图 4-285 所示，添加特效前后的对比效果如图 4-286 所示。

图 4-285 ASC CDL 选项组

图 4-286 添加特效前后的效果

2.【Lumetri 颜色】特效

在 Premiere Pro 中，【Lumetri 颜色】特效可以应用 SpeedGrade 颜色校正，在【效果】面板中的 Lumetri Looks 文件夹为用户提供了许多预设 Lumetri Looks 库。用户可以为【序列】面板中的素材应用 SpeedGrade 颜色校正图层和预制的查询表（LUT），而不必退出应用程序。

3.【亮度与对比度】特效

【亮度与对比度】特效可以调节画面的亮度和对比度。该效果将同时调整所有像素的亮部区域、暗部区域和中间色区域，但不能对单一通道进行调节。该特效的选项组如图4-287所示，添加特效前后的对比效果如图4-288所示。

图 4-287 【亮度与对比度】选项组

图 4-288 添加【亮度与对比度】特效前后的效果

4.【分色】特效

【分色】特效用于将素材中除要保留的颜色以外的其他颜色进行分离，并对分离的颜色进行脱色处理。该特效的选项组如图4-289所示，添加特效前后的效果如图4-290所示。

图 4-289 【分色】选项组

图 4-290 添加【分色】特效前后的效果

5.【均衡】特效

【均衡】特效可以改变图像。与 Adobe Photoshop 中的【色调均化】命令类似。该特效的选项组如图4-291所示，添加特效前后的效果如图4-292所示。

图 4-291 【均衡】选项组

图 4-292 添加【均衡】特效前后的效果

6.【更改为颜色】特效

【更改为颜色】特效可以指定某种颜色，然后使用一种新的颜色替换指定的颜色。该特效的选项组如图4-293所示，添加特效前后的效果如图4-294所示。

图 4-293 【更改为颜色】选项组

图 4-294　添加【更改为颜色】特效前后的效果

7.【更改颜色】特效

【更改颜色】特效通过调整色相、亮度和饱和度，来改变色彩范围内的颜色。该特效的选项组如图 4-295 所示，添加特效前后的效果如图 4-296 所示。

图 4-295　【更改颜色】选项组

图 4-296　添加【更改颜色】特效前后的效果

8.【色彩】特效

【色彩】特效可以修改图像的颜色信息。该特效的选项组如图 4-297 所示，添加特效前后的效果如图 4-298 所示。

图 4-297　【色彩】选项组

图 4-298　添加【色彩】特效前后的效果

9.【视频限幅器】特效

【视频限幅器】特效用于限制剪辑中的明亮度和颜色，使它们位于定义的参数范围。该特效的选项组如图 4-299 所示

图 4-299　【视频限幅器】选项组

10.【通道混合器】特效

【通道混合器】特效通过为每个通道设置不同的颜色偏移量，来校正图像的色彩。

通过【通道混合器】选项组中各通道的滑块调节，可以调整各个通道的色彩信息。该特效的选项组如图 4-300 所示，添加特效前后的效果如图 4-301 所示。

图 4-300　【通道混合器】选项组

图 4-301　添加【通道混合器】特效前后的效果

11. 【颜色平衡】特效

【颜色平衡】特效可以设置图像在阴影、中值和高光下的红、绿、蓝三色的参数。该特效的选项组如图4-302所示，添加特效前后的效果如图4-303所示。

图4-302　【颜色平衡】选项组

图4-303　添加【颜色平衡】特效前后的效果

12. 【颜色平衡（HLS）】特效

【颜色平衡（HLS）】特效通过调整色调、饱和度和明亮度对颜色的平衡度进行调节。参数选项组如图4-304所示。添加特效前后的效果如图4-305所示。

图4-304　【颜色平衡（HLS）】选项组

图4-305　添加【颜色平衡（HLS）】特效前后的效果

4.2.17　【风格化】视频特效

本节将讲解【风格化】文件夹中的【Alpha发光】、【复制】、【彩色浮雕】、【抽帧】、【曝光过度】、【查找边缘】、【浮雕】、【画笔描边】、【粗糙边缘】、【纹理化】、【闪光灯】、【阈值】和【马赛克】特效。

1. 【Alpha发光】特效

【Alpha发光】特效可以对素材的Alpha通道起作用，从而产生一种辉光效果，如果素材拥有多个Alpha通道，那么仅对第一个Alpha通道起作用。该特效的选项组如图4-306所示，添加特效前后的对比效果如图4-307所示。

图4-306　【Alpha发光】选项组

图4-307　添加【Alpha发光】特效前后的效果

2. 【复制】特效

【复制】特效将分屏幕分块，并在每一块中都显示整个图像，用户可以通过拖动滑块设置每行或每列的分块数目。该特效的选项组如图4-308所示，添加特效后的效果如图4-309所示。

图4-308　【复制】选项组

图 4-309　添加【复制】特效后的效果

3.【彩色浮雕】特效

【彩色浮雕】特效用于锐化图像中物体的边缘并修改图像颜色。该特效的选项组如图 4-310 所示,添加特效前后的效果如图 4-311 所示。

图 4-310　【彩色浮雕】选项组

图 4-311　添加【彩色浮雕】特效前后的效果

4.【抽帧】特效

【抽帧】特效通过对色阶值进行调整可以控制影视素材片段的亮度和对比度,从而产生与海报类似的效果。该特效的选项组如图 4-312 所示,添加特效前后的效果如图 4-313 所示。

5.【曝光过度】特效

【曝光过度】特效可创建负像和正像之间的混合,导致图像看起来有光滑。该特效的选项组如图 4-314 所示,添加特效前后的效果如图 4-315 所示。

6.【查找边缘】特效

【查找边缘】特效用于识别图像中有显著变化和明显边缘,边缘可以显示为白色背景上的黑线和黑色背景上的彩色线。该特效的选项组如图 4-316 所示,添加特效前后的效果如图 4-317 所示。

图 4-312　【抽帧】选项组

图 4-313　添加【抽帧】特效前后的效果

图 4-314　【曝光过度】选项组

图 4-315　添加【曝光过度】特效前后的效果

图 4-316　【查找边缘】选项组

图 4-317　添加【查找边缘】特效前后的效果

7.【浮雕】特效

【浮雕】特效可以锐化图像中对象的边缘并抑制颜色。此特效从指定的角度使边缘产生高光。【浮雕】特效与【彩色浮雕】特效的原理相似，但【浮雕】特效会抑制图像的原始颜色。该特效的选项组如图 4-318 所示，添加特效前后的效果如图 4-319 所示。

图 4-318 【浮雕】选项组

图 4-319 添加【浮雕】特效前后的效果

8.【画笔描边】特效

【画笔描边】特效可以为图像添加一个粗略的着色效果，也可以通过设置该特效笔触的长短和密度制作出油画风格的图像。该特效的选项组如图 4-320 所示，添加特效前后的效果如图 4-321 所示。

图 4-320 【画笔描边】选项组

图 4-321 添加【画笔描边】特效前后的效果

9.【粗糙边缘】特效

【粗糙边缘】特效可以使图像的边缘产生粗糙效果，使图像边缘变得粗糙，在【边缘类型】下拉列表中可以选择图像的粗糙类型，如腐蚀、影印等。该特效的选项组如图 4-322 所示，添加特效前后的效果如图 4-323 所示。

图 4-322 【粗糙边缘】选项组

图 4-323 添加【粗糙边缘】特效前后的效果

10.【纹理化】特效

【纹理化】特效可使素材看起来具有其他素材的纹理效果。该特效的选项组如图 4-324 所示，添加特效后的效果如图 4-325 所示。

图 4-324 【纹理化】选项组

图 4-325 添加【纹理化】特效前后的效果

11.【闪光灯】特效

【闪光灯】特效用于模拟频闪或闪光灯效

果，随着片段的播放按一定的控制率隐掉一些视频帧。该特效的选项组如图 4-326 所示，添加特效前后的效果如图 4-327 所示。

12.【阈值】特效

【阈值】特效可将素材转换为黑、白两种色彩，通过调整电平值来影响素材的变化。当值为 0 时，素材为白色，当值为 255 时，素材为黑色，一般情况下可以取中间值。该特效的选项组如图 4-328 所示。添加特效前后的效果如图 4-329 所示。

图 4-326　【闪光灯】选项组

图 4-327　添加【闪光灯】特效前后的效果

图 4-328　【阈值】选项组

图 4-329　添加【阈值】特效前后的效果

13.【马赛克】特效

【马赛克】特效将使用大量的单色矩形填充一个图层。该特效的选项组如图 4-330 所示，添加特效前后的效果如图 4-331 所示。

图 4-330　【马赛克】选项组

图 4-331　添加【马赛克】特效前后的效果

4.3　上机练习

4.3.1　制作异域假面动画

本案例首先在序列中制作两张面具图片，并利用【基本 3D】特效设置旋转动画效果；然后新建一个的序列，添加背景图片和图片序列，并为背景图片设置【方向模糊】。在图片序列逐渐缩小时，背景图片逐渐清晰显示。案例效果如图 4-332 所示。

图 4-332　异域假面

素材	素材 \Cha04\ 假面 1.jpg、假面 2.jpg、假面 3.jpg
场景	场景 \Cha04\ 制作异域假面 .prproj
视频	视频教学 \Cha04\4.3.1　制作异域假面 .mp4

01 新建项目和序列，将【序列】设置为DV-24P|【标准48kHz】，按 Ctrl+I 组合键，在打开的对话框中选择"假面 1.jpg、假面 2.jpg、假面 3.jpg"素材文件，单击【打开】按钮。选择【文件】|【新建】|【旧版标题】命令，打开【新建字幕】对话框，在该对话框中保持默认设置，单击【确定】按钮。使用【矩形工具】绘制矩形，在【属性】选项组中将【图形类型】设置为【闭合贝塞尔曲线】，将【线宽】设置为5，在【变换】选项组中将【宽度】、【高度】分别设置为 269、401.3，将【X 位置】、【Y 位置】分别设置为 159.4、241，如图 4-333 所示。

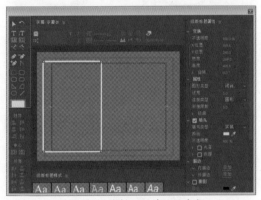

图 4-333　绘制矩形并设置参数

02 对绘制的矩形进行复制，然后调整复制矩形的位置，将【宽】、【高】分别设置为264、396.3，将【X 位置】、【Y 位置】分别设置为 453.8、241，如图 4-334 所示。

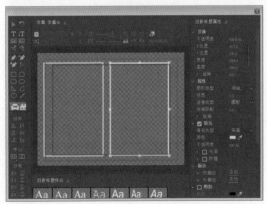

图 4-334　复制矩形并进行设置

03 将字幕编辑器关闭，将"假面 2.jpg"素材文件拖曳至 V1 轨道中，将其持续时间设置为 00:00:05:00，将【位置】设置为 175、240，将【缩放】设置为 63，如图 4-335 所示。

图 4-335　设置假面 2.jpg 素材的参数

04 在【效果】面板中将【基本 3D】视频特效拖曳至 V1 轨道中的素材文件上，将当前时间设置为 00:00:01:14，单击【旋转】左侧的【切换动画】按钮，将当前时间设置为 00:00:04:00，将【旋转】设置为 -1×0.0°，如图 4-336 所示。

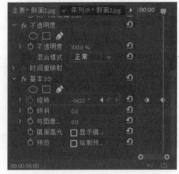

图 4-336　设置关键帧

05 将当前时间设置为 00:00:00:00，将"假面 3.jpg"素材文件拖曳至 V2 轨道中，将其开始位置与时间线对齐，将【位置】设置为 500、240，将【缩放】设置为 49，如图 4-337 所示。

图 4-337　设置假面 3.jpg 素材的参数

06 选择 V1 轨道中的素材文件，在"效果控件"面板中选择【基本 3D】视频特效，按Ctrl+C组合键进行复制。然后选择V2轨道中的素材文件，在【效果控件】面板中按Ctrl+V组合键进行粘贴。将当前时间设置为00:00:04:00，将【旋转】设置为1×0.0°，如图4-338所示。

图4-338　更改参数

07 将当前时间设置为00:00:00:00，将"字幕01"拖曳至V3轨道中，将其开始位置与时间线对齐。按Ctrl+N组合键打开【新建序列】对话框，在该对话框中切换到【序列预设】选项卡，在【可用预设】选项组选择DV-PAL|【标准48kHz】选项，如图4-339所示，并单击【确定】按钮。

图4-339　设置序列

08 将"假面1.jpg"素材文件拖曳至【序列02】面板中的V1轨道中，将当前时间设置为00:00:03:06，将【位置】设置为360、288，单击其左侧的【切换动画】按钮，将【缩放】设置为85，如图4-340所示。

09 将当前时间设置为00:00:04:20，将【位置】设置为395、288，将【效果】面板中

的【方向模糊】拖曳至V1轨道中的素材文件上，将【方向】设置为45°，将当前时间设置为00:00:02:16，将【模糊长度】设置为52，单击其左侧的【切换动画】按钮，如图4-341所示。

图4-340　设置关键帧

图4-341　设置【方向模糊】特效

10 将当前时间设置为00:00:03:06，将【模糊长度】设置为0。在【项目】面板中，将【序列01】拖曳至【序列02】面板中的V2轨道中，将其开始【位置】设置为00:00:00:00。将当前时间设置为00:00:01:14，单击【位置】、【缩放】左侧的【切换动画】按钮，将当前时间设置为00:00:02:15，将【位置】设置为150.3、454.2，将【缩放】设置为45，如图4-342所示。

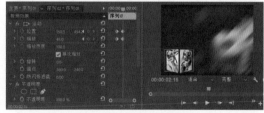

图4-342　设置关键帧

11 将当前时间设置为00:00:00:00，在【效果】面板中将【块溶解】拖曳至V2轨道中的素材文件上，将【过渡完成】设置为100，单击其左侧的【切换动画】按钮，将【块宽度】、【块高度】分别设置为20、5，如图4-343所示。

图 4-343　设置参数

12 将当前时间设置为00:00:01:00，将【过渡完成】设置为0。确定【序列02】面板处于激活状态，选择【文件】|【新建】|【旧版标题】命令，在打开的对话框中保持默认设置，单击【确定】按钮。使用【垂直文字工具】输入文字"异域假面"，在【旧版标题属性】面板中将【字体系列】设置为【华文新魏】，将【字体大小】设置为30，将【字符间距】设置为10，将【填充】选项组中的【颜色】设置为白色，将【变换】选项组中的【X位置】、【Y位置】设置为725.9、460.8，如图4-344所示。

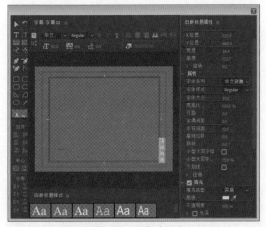

图 4-344　输入文字并进行设置

13 在【描边】选项组中单击【外描边】右侧的【添加】按钮，将【大小】设置为60，将【颜色】的RGB值设置为230、120、2，如图4-345所示。

14 将字幕编辑器关闭，将当前时间设置为00:00:00:00，将"字幕02"拖曳至V3视频轨道中，将其开始位置与时间线对齐。将【位置】设置为32、26，将【缩放】设置为200，如图4-346所示。

15 将当前时间设置为00:00:02:16，将【效果】面板中的【方向模糊】特效拖曳至V3轨道中的素材文件上，将【方向】设置为135，将【模糊长度】设置为50，单击【模糊长度】左侧的【切换动画】按钮，如图4-347所示。

图 4-345　设置描边

图 4-346　设置参数

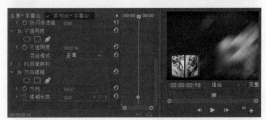

图 4-347　设置参数

16 将当前时间设置为00:00:03:15，将【模糊长度】设置为0，如图4-348所示。至此，异域假面场景就制作完成了，场景保存后将效果导出即可。

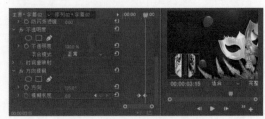

图 4-348　设置关键帧

4.3.2 制作猫咪欣赏动画

设计者可以根据需要对图片随意排列，并为图片添加特效，从而达到满意的效果。本案例将使用多个特效与素材制作动物欣赏动画，效果如图 4-349 所示。

图 4-349　猫咪欣赏短片

素材	素材 \Cha04\"猫"文件夹
场景	场景 \Cha04\ 制作猫咪欣赏 .prproj
视频	视频教学 \Cha04\4.3.2　制作猫咪欣赏 .mp4

01　新建项目文件和 DV PAL 选项组中的【标准 48kHz】序列文件，在项目面板导入"素材 \Cha04\ 猫"文件夹，如图 4-350 所示。

图 4-350　导入的素材

02　将当前时间设置为 00:00:00:00，选择【项目】面板中的 01.jpg 文件，将其拖至 V1 轨道中，使其开始处与时间线对齐，将其持续时间设置为 00:00:02:10。在【效果】面板中搜索【四色渐变】效果拖至 V1 视频轨道中的素材上，并选中该素材，切换至【效果控件】面板，将【运动】选项组中的【缩放】设置为 57，将【四色渐变】选项组中的混合模式设置为【滤色】，如图 4-351 所示。

图 4-351　设置添加效果

03　选择【项目】面板中的"点光 .avi"文件，将其拖至 V2 轨道中，使其开始处与时间线对齐，将其持续时间设置为 00:00:11:21。选中素材，切换至【效果控件】面板，将【运动】选项组中的【缩放】设置为 54，将【透明度】选项组中的混合模式设置为【滤色】，如图 4-352 所示。

图 4-352　设置缩放与透明度的混合模式

【滤色】：原理就是查看每个通道的颜色信息，并将混合色的互补色与基色复合。结果色总是较亮的颜色。用黑色过滤时颜色保持不变。用白色过滤时将产生白色。

04 在【效果】面板中，搜索【交叉溶解】效果，将其拖至 V1 视频轨道中素材的开始处，如图 4-353 所示。

图 4-353　添加【交叉溶解】效果

05 将当前时间设置为 00:00:02:10，在【项目】面板中，将 02.jpg 素材拖至 V1 视频轨道中，开始处与时间线对齐。选中轨道中的素材，将其持续时间设置为 00:00:02:10，切换至【效果控件】面板，将【运动】选项组中的【缩放】设置为 63，如图 4-354 所示。

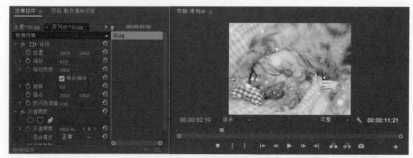

图 4-354　添加素材并设置缩放

06 在【效果】面板中，搜索【菱形划像】效果，将其拖至 V1 视频轨道中的 01.jpg 与 02.jpg 素材之间，如图 4-355 所示。

图 4-355　添加【菱形划像】效果

07 使用同样方法将其他素材拖至视频轨道中，并向素材之间添加效果，如图 4-356 所示。

图 4-356　制作其他效果

08 最后将场景保存，并将视频导出即可。

4.3.3　制作星星儿童短片

自闭症患儿被叫作"星星的孩子"，他们就像天上的星星，在遥远而漆黑的夜空中独自闪烁着。本案例将介绍制作星星儿童短片，效果如图 4-357 所示。

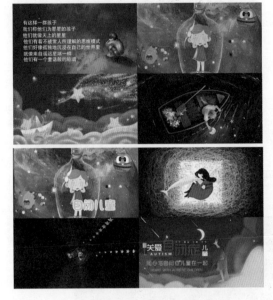

图 4-357　星星儿童短片

素材	素材 \Cha04\ "星星儿童"文件夹
场景	场景 \Cha04\ 制作星星儿童短片 .prproj
视频	视频教学 \Cha04\4.3.3　制作星星儿童短片 .mp4

01 新建项目文件和 DV-PAL 选项组中的【标准 48kHz】序列文件，在【项目】面板导入"素材 \Cha04\ 星星儿童"文件夹，如图 4-358 所示。

图 4-358　导入素材

02 选择【文件】|【新建】|【旧版标题】命令，弹出【新建字幕】对话框，使用默认设置，单击【确定】按钮，进入【字幕编辑器】中。使用【文字工具】T 输入"有这样一群孩子"，选中文字，在右侧将【字体系列】设置为【汉仪中黑简】，【字体大小】设置为 35，将【填充】选项组中的颜色设置为白色，在【变换】下设置【X 位置】、【Y 位置】分别为 179.5、156.5，如图 4-359 所示。

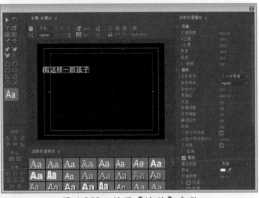

图 4-359　设置【缩放】参数

03 使用同样方法，制作出其他相同设置的字幕，制作后的效果如图 4-360 所示。

图 4-360　设置字幕

04 再次选择【文件】|【新建】|【旧版标题】命令，打开【新建字幕】对话框，单击【确定】按钮，进入【字幕编辑器】。使用【文字工具】T 输入文字"自闭儿童"，在右侧将【字体系列】设置为【苏新诗卵石体】，【字体大小】设置为 78，将【填充】选项组中的颜色设置 RGB 为 254、223、2，添加一个外描边，将类型设置为【边缘】，大小设置为 46，颜色设置为白色，如图 4-361 所示。

05 在【变换】下设置【X 位置】、【Y 位置】分别为 539.9、476，如图 4-362 所示。

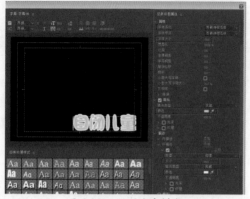
图 4-361　设置文字样式

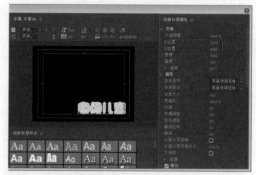
图 4-362　设置文字位置

06 关闭字幕编辑器，确认当前的时间为 00:00:00:00，在【项目】面板中，将 01.jpg 素材拖至 V1 轨道中，然后在【效果控件】面板中将缩放设置为 70。在【效果】面板中搜索【亮度与对比度】效果，拖至 V1 视频轨道中的 01.jpg 素材上，并选择添加的素材文件，将其持续时间设置为 00:00:14:06。切换至【效果控件】面板，将【亮度与对比度】选项组中的亮度值设为 −4，将对比度设置为 33，如图 4-363 所示。

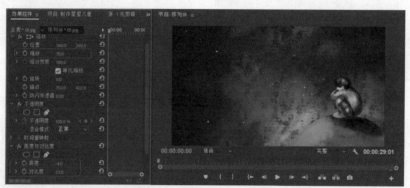
图 4-363　拖入素材并添加效果

🏷️ **提 示**

　　【亮度与对比度】：该特效可以调节画面的亮度和对比度，也可以同时调整所有像素的亮部区域、暗部区域和中间区域，但不能对单一通道进行调节。

07 在【效果】面板中，搜索【交叉溶解（标准）】效果，拖至 V1 视频轨道中素材的开始处，如图 4-364 所示。

图 4-364　为素材添加效果

08 将当前时间设置为 00:00:01:12，在【项目】面板中将"字幕 01"拖至 V2 视频轨道中，使其开始处与时间线对齐，结尾处与轨道 1 中的素材结尾对齐。选中字幕，切换至【效果控件】

面板中，将【透明度】选项组中的【透明度】设置为 0，如图 4-365 所示。

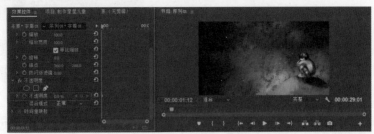

图 4-365　设置透明度

09 将当前时间设置为 00:00:02:12，在【效果控件】面板中将【不透明度】选项组中的【不透明度】设置为 100%，如图 4-366 所示。

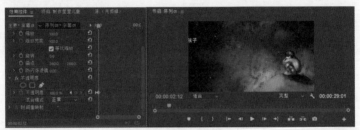

图 4-366　继续设置不透明度

10 在【效果】面板中，搜索【滑动】效果，拖至 V2 视频轨道中"字幕 01"的开始处，如图 4-367 所示。

💬 提　示

【滑动】：该特效可以使图像 B 滑动到素材图像 A 的上方。

图 4-367　为字幕添加效果

11 将当前时间设置为 00:00:02:24，在【项目】面板中将"字幕 02"拖曳至 V3 视频轨道中，使其开始处与时间线对齐，结尾处与轨道 2 中的字幕结尾处对齐，在【效果】面板中，搜索【交叉溶解】效果，拖至 V3 视频轨道中"字幕 02"的开始处，如图 4-368 所示。

图 4-368　在轨道中拖入素材添加效果

12 使用同样的方法，将其他字幕拖至视频轨道中并添加效果，效果如图 4-369 所示。

13 将当前时间设置为 00:00:14:06，在【项目】面板中将 02.jpg 拖至 V1 视频轨道中，使其开始处与时间线对齐，切换至【效果控件】面板，将【运动】选项组中的【缩放】设置为70，如图 4-370 所示。

图 4-369　拖入其他字幕中添加效果

图 4-370　拖入素材并设置缩放

14 在【效果】面板中，搜索【交叉溶解】效果，拖至 V1 视频轨道中 01.jpg 与 02.jpg 素材之间，如图 4-371 所示。

图 4-371　添加【交叉溶解】效果

💬 提　示

【附加叠化】：该特效可以使图像 A 渐隐于图像 B，其效果和【抖动溶解】特效相似。

15 将 02.jpg 素材文件的持续时间设置为 00:00:04:01，将当前时间设置为 00:00:14:06，在【项目】面板中将"字幕 08"拖至 V2 视频轨道中，使其开始处与时间线对齐，将持续时间设置为00:00:03:01，在【效果】面板中，搜索【交叉缩放】效果，拖至 V2 视频轨道中"字幕 08"的开始处，如图 4-372 所示。

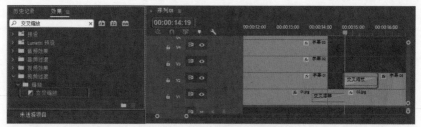

图 4-372　拖入素材并添加效果

16 将当前时间设置为 00:00:18:07，在【项目】面板中将 03.jpg 拖至 V1 视频轨道中，使其开始处与时间线对齐，将其持续时间设置为 00:00:01:21，然后切换至【效果控件】面板中，将【运动】选项组中的【缩放】设置为 70，如图 4-373 所示。

图 4-373 拖入素材并设置缩放

17 在【效果】面板中，搜索【渐隐为黑色】效果，拖至 V1 视频轨道中 02.jpg 与 03.jpg 素材之间，如图 4-374 所示。

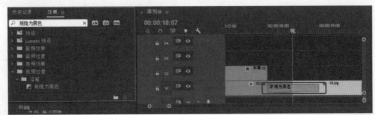

图 4-374 为素材之间添加效果

18 使用同样方法，将其他素材拖至 V1 视频轨道中，并添加效果，效果如图 4-375 所示。

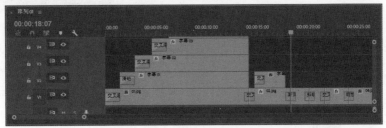

图 4-375 将其他素材拖入轨道并添加效果

19 将当前时间设置为 00:00:24:16，在【项目】面板中将 07.png 拖至 V2 视频轨道中，使其开始处与时间线对齐，将其持续时间设置为 00:00:04:10。在【效果】面板中，搜索【交叉缩放】效果，拖至 V2 视频轨道中的 07.jpg 素材文件的开始处，如图 4-376 所示。

20 将当前时间设置为 00:00:00:00，在【项目】面板中选择"闪烁粒子.mp4"素材文件，按住鼠标将其拖曳至 V8 视频轨道的上方，在【效果控件】面板中将【混合模式】设置为【滤色】，对完成后的场景进行保存即可。

图 4-376 拖入字幕并添加效果

4.3.4 制作浪漫婚礼短片

本案例将介绍如何制作浪漫婚礼短片，效果如图 4-377 所示。

图 4-377　浪漫婚礼短片

素材	素材 \Cha04\ "浪漫婚礼短片" 文件夹
场景	场景 \Cha04\ 制作浪漫婚礼短片 .prproj
视频	视频教学 \Cha04\4.3.4　制作浪漫婚礼短片 .mp4

1. 制作开场动画效果

下面将介绍如何制作开场动画效果，其操作步骤如下。

01 新建项目和序列，将【序列】设置为 DV-PAL |【标准 48kHz】。按 Ctrl+I 组合键，在弹出的对话框中选择 "素材 \Cha04\ 浪漫婚礼短片" 文件夹，如图 4-378 所示。

图 4-378　选择素材文件夹

02 单击【导入文件夹】按钮，在【项目】面板中选择 "倒计时 .mp4" 素材文件，按住鼠标将其拖至 V1 视频轨道中，在弹出的对话框中单击【保持现有设置】按钮，在【效果控件】面板中将【缩放】设置为 56，如图 4-379 所示。

03 将当前时间设置为 00:00:07:11，在【项目】面板中选择照片 01.jpg 素材文件，按住鼠标将其拖至 V2 视频轨道中，并将其开始处与时间线对齐。选中新添加的素材文件，右击鼠标，在弹出的快捷菜单中选择【速度 / 持续时间】命令，在弹出的对话框中将【持续时间】

设置为 00:00:07:16，如图 4-380 所示。

图 4-379　添加素材并设置其参数

图 4-380　设置素材持续时间

04 设置完成后，单击【确定】按钮。确认当前时间为 00:00:07:11，在【效果控件】面板中将【缩放】设置为 300，单击其左侧的【切换动画】按钮，将【不透明度】设置为 0，如图 4-381 所示。

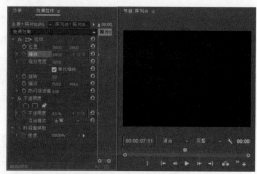

图 4-381　设置【缩放】与【不透明度】参数

05 将当前时间设置为 00:00:08:11，在【效果控件】面板中单击【位置】左侧的【切换动画】按钮，将【缩放】设置为 80，将【不透明度】设置为 100，如图 4-382 所示。

06 将当前时间设置为 00:00:10:02，将【位置】设置为 421、307.1，如图 4-383 所示。

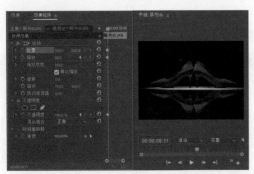

图 4-382 设置运动参数

图 4-383 设置【位置】参数

07 将当前时间设置为 00:00:12:02，将【位置】设置为 328.6、282.3，如图 4-384 所示。

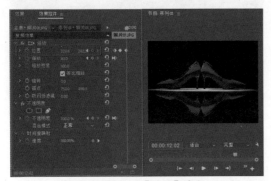

图 4-384 设置【位置】参数

08 在【效果】面板中选择【视频效果】|【生成】|【四色渐变】特效，按住鼠标将其拖曳至 "照片 01.jpg" 素材文件上，在【效果控件】面板中将【四色渐变】下的【不透明度】设置为 64%，将【混合模式】设置为【滤色】，如图 4-385 所示。

▲ 疑难解答 如何可以快速添加视频效果？

在视频轨道中选择要添加视频效果的素材文件，然后在【效果】面板中选择要添加的视频效果，双击鼠标，即可为选中的素材文件添加该效果。

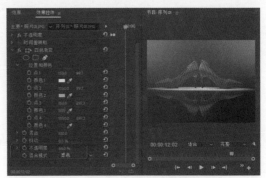

图 4-385 设置【四色渐变】参数

09 将当前时间设置为 00:00:07:02，在【项目】面板中选择 "树叶视频 .avi" 素材文件，按住鼠标将其拖曳至 V3 视频轨道中，将其开始处与时间线对齐。在【效果控件】面板中将【缩放】设置为 54，将【混合模式】设置为【滤色】，如图 4-386 所示。

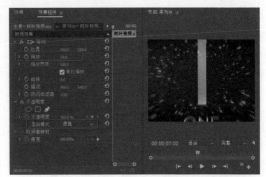

图 4-386 设置【缩放】与【混合模式】参数

10 将当前时间设置为 00:00:12:11，在【项目】面板中选择 "照片 02.jpg" 素材文件，按住鼠标将其拖曳至 V3 视频轨道的上方，软件将自动新建一个视频轨道。选中该素材文件，右击鼠标，在弹出的快捷菜单中选择【速度/持续时间】命令，在弹出的对话框中将【持续时间】设置为 00:00:08:09，如图 4-387 所示。

图 4-387 设置【持续时间】参数

11 设置完成后,单击【确定】按钮。确认当前时间为00:00:12:11,在【效果控件】面板中将【缩放】设置为230,单击其左侧的【切换动画】按钮,将【不透明度】设置为0,如图4-388所示。

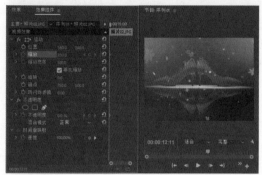

图4-388 设置【缩放】与【不透明度】参数

12 将当前时间设置为00:00:13:11,单击【位置】左侧的【切换动画】按钮,将【缩放】设置为65,将【不透明度】设置为100%,如图4-389所示。

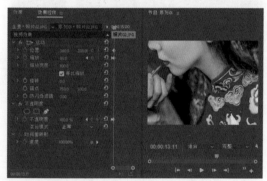

图4-389 添加关键帧并设置参数

13 将当前时间设置为00:00:16:03,将【位置】设置为438、288,如图4-390所示。

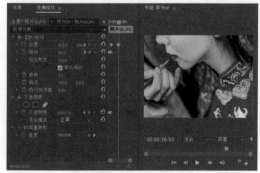

图4-390 设置【位置】参数

14 将当前时间设置为00:00:19:03,将【位置】设置为284、288,如图4-391所示。

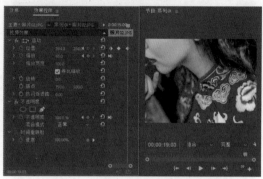

图4-391 在其他时间设置【位置】参数

15 在【效果】面板中选择【视频效果】|【生成】|【四色渐变】特效,按住鼠标将其拖曳至"照片02.jpg"素材文件上。在【效果控件】面板中将【四色渐变】下的【不透明度】设置为64%,将【混合模式】设置为【滤色】,如图4-392所示。

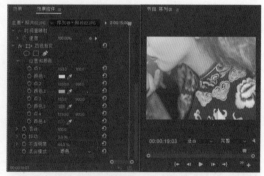

图4-392 设置【四色渐变】参数

16 将当前时间设置为00:00:12:20,在【项目】面板中选择"树叶视频.avi"素材文件,按住鼠标将其拖曳至V4视频轨道的上方,将其开始处与时间线对齐,在【效果控件】面板中将【混合模式】设置为【滤色】,如图4-393所示。

2. 制作婚礼照片欣赏效果

制作完成开场动画效果后,接下来学习制作婚礼照片欣赏效果,操作步骤如下。

01 按Ctrl+N组合键,在弹出的对话框中使用其默认设置,单击【确定】按钮。在【项目】面板中选择"照片03.jpg"素材文件,按住鼠标将其拖曳至V1视频轨道中,选中视频轨道中的素材文件，右击鼠标，在弹出的快捷菜单中选择【速度／持续时间】命令，在弹出的对话框中将【持续时间】设置为 00:00:06:10，如图 4-394 所示。

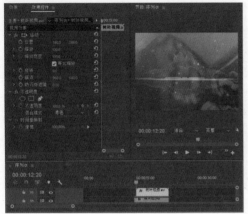

图 4-393　添加素材文件并进行设置

图 4-394　设置持续时间

02 单击【确定】按钮，继续选中视频轨道中的文件，在【效果控件】面板中将【缩放】设置为 59，如图 4-395 所示。

图 4-395　设置素材大小

03 在菜单栏中选择【文件】|【新建】|【旧版标题】命令，在弹出的对话框中将【名称】设置为"遇到的人成千上万"，如图 4-396 所示。

04 单击【确定】按钮，在弹出的对话框

中单击【垂直文字工具】，输入文字"遇到的人成千上万"，将【字体系列】设置为【微软雅黑】，将【字体大小】设置为 26，将【填充】下的【颜色】设置为白色，将【X 位置】、【Y 位置】分别设置为 684.4、191.7，如图 4-397 所示。

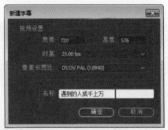

图 4-396　设置【新建字幕】参数

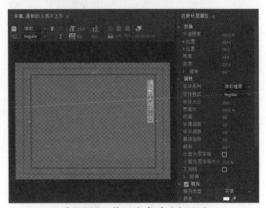

图 4-397　输入文字并进行设置

05 在字幕编辑器中单击【基于当前字幕新建字幕】按钮，在弹出的对话框中将【名称】设置为"但最后只剩你"，单击【确定】按钮，将文字更改为"但最后只剩你"，将【X 位置】、【Y 位置】分别设置为 639.8、189.7，如图 4-398 所示。

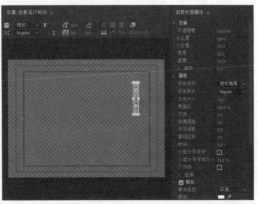

图 4-398　新建字幕并进行修改

06 在字幕编辑器中单击【基于当前字幕
新建字幕】按钮，在弹出的对话框中将【名
称】设置为"与我相伴"，单击【确定】按钮，
将文字更改为"与我相伴"，将【X位置】、
【Y位置】分别设置为596.1、143.3，如图4-399
所示。

00:00:00:00，在【效果控件】面板中，将【位
置】设置为–300、210，并单击其左侧的【切
换动画】按钮，打开动画关键帧记录，将【不
透明度】设置为0，如图4-403所示。

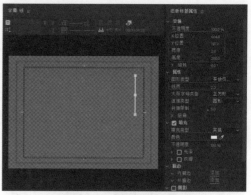

图 4-401　绘制直线并进行设置

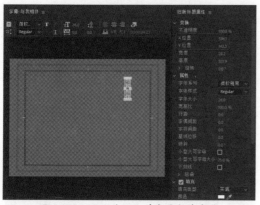

图 4-399　再次基于当前字幕新建字幕

07 在菜单栏中选择【文件】|【新建】|【旧
版标题】命令，在弹出的对话框中将【名称】
设置为"线"，如图4-400所示。

图 4-400　设置名称

08 设置完成后，单击【确定】按钮。单
击【直线工具】，按住Shift键绘制一条垂直
线，将【线宽】设置为2，将【填充】下的【颜
色】设置为白色，将【宽度】、【高度】分别设
置为2、200，将【X位置】、【Y位置】分别设
置为664.8、197.7，如图4-401所示。

09 设置完成后，关闭字幕编辑器。将
字幕"遇到的人成千上万"拖至V2视频轨
道中，并在素材文件上单击鼠标右键，在弹
出的快捷菜单中选择【速度/持续时间】命
令，在弹出的对话框中将【持续时间】设置为
00:00:05:22，如图4-402所示。

10 单击【确定】按钮，选中"遇到的
人成千上万"字幕对象，确认当前时间为

图 4-402　设置持续时间

图 4-403　设置字幕对象参数

11 将当前时间设置为00:00:00:24，在【效
果控件】面板中，将【位置】设置为–100、
221，将【不透明度】设为100%，如图4-404
所示。

12 将当前时间设置为00:00:00:00，将
"线"拖至V3视频轨道中，与时间线对齐，
将其结束处与V2视频轨道中的字幕"遇到的
人成千上万"结尾处对齐，将【位置】设置为

−98、219，并为其添加【裁剪】特效。将当前时间设置为00:00:01:05，将【底部】和【羽化边缘】分别设置为84、0，并单击【底部】和【羽化边缘】左侧的【切换动画】按钮，如图4-405所示。

中将【位置】设置为−94、288，将当前时间设置为00:00:01:22，将【不透明度】设置为0，如图4-407所示。

图 4-404　设置【位置】与【不透明度】参数

图 4-407　添加字幕对象并进行设置

15 将当前时间设置为00:00:02:07，将【不透明度】设置为100，如图4-408所示。

图 4-405　添加素材文件并进行设置

13 将当前时间设置为00:00:01:17，将【底部】和【羽化边缘】分别设置为63、90，效果如图4-406所示。

图 4-408　设置【不透明度】参数

16 将"线"素材拖曳至V4视频轨道的上方，将其结尾处与"但最后只剩你"的结尾处对齐，为其添加【裁剪】特效。将当前时间设置为00:00:02:12，在【效果控件】面板中将【位置】设置为−131、306，将【底部】、【羽化边缘】分别设置为84、0，然后单击其左侧的【切换动画】按钮，如图4-409所示。

图 4-406　设置【底部】与【羽化边缘】参数

14 将当前时间设置为00:00:00:00，将"但最后只剩你"字幕对象拖至V3视频轨道上方，与时间线对齐，将其结束处与V3视频轨道中的"线"的结束处对齐。在【效果控件】面板

图 4-409　添加【裁剪】特效并进行设置

17 将当前时间设置为00:00:02:24，将【底部】、【羽化边缘】分别设置为63、90，如图4-410所示。

"照片03.jpg"和"照片04.jpg"文件之间，如图4-415所示。

图4-410 改变进间点并设置裁剪参数

图4-412 设置【不透明度】参数

18 将当前时间设置为00:00:00:00，将字幕"与我相伴"拖至V5视频轨道的上方，与时间线对齐，将其结束处与V5轨道中的"线"的结束处对齐。将当前时间设置为00:00:03:04，在【效果控件】面板中将【位置】设置为−89、394，将【不透明度】设置为0，如图4-411所示。

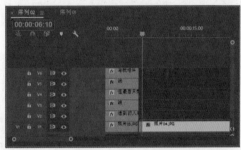

图4-413 添加"照片04.jpg"素材文件

图4-411 添加文件并进行设置

19 将当前时间设置为00:00:03:14，将【不透明度】设置为100，如图4-412所示。

20 将当前时间设置为00:00:06:10，将"照片04.jpg"素材文件拖至V1视频轨道中，与时间线对齐，并将其持续时间设置为00:00:16:06，效果如图4-413所示。

21 选中素材文件"照片04.jpg"，在【效果控件】面板中，将【缩放】设置为68，如图4-414所示。

图4-414 设置【缩放】参数

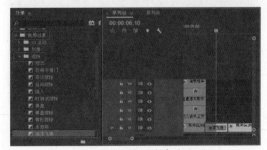

图4-415 添加过渡效果

22 在【效果】面板中，展开【视频过渡】文件夹，选择【擦除】文件夹下的【油漆飞溅】过渡效果，将其拖至序列面板中的

23 将当前时间设置为00:00:06:23，将"吊牌.png"素材文件拖至V2视频轨道中，与时

间线对齐，如图 4-416 所示。

图 4-416 添加素材文件

24 选中素材文件"吊牌 .png"，确认当前时间为 00:00:06:23，在【效果控件】面板中，将【位置】设置为 125、–181，并单击其左侧的【切换动画】按钮◎，打开动画关键帧记录，如图 4-417 所示。

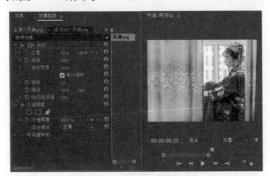

图 4-417 设置【位置】参数

25 将当前时间设置为 00:00:07:23，在【效果控件】面板中，将【位置】设置为 125、170，如图 4-418 所示。

图 4-418 在其他时间设置【位置】参数

26 将当前时间设置为 00:00:08:08，在【效果控件】面板中，将【位置】设置为 125、130，如图 4-419 所示。

27 将当前时间设置为 00:00:08:18，在【效果控件】面板中，将【位置】设置为 125、170，如图 4-420 所示。

图 4-419 设置【位置】关键帧

图 4-420 设置【位置】参数

28 将当前时间设置为 00:00:09:23，在【效果控件】面板中，单击【位置】右侧的【添加 / 移除关键帧】按钮◎，添加关键帧，如图 4-421 所示。

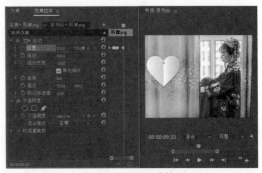

图 4-421 添加关键帧

29 将当前时间设置为 00:00:10:23，在【效果控件】面板中，将【位置】设置为 125、–181，如图 4-422 所示。

30 新建一个【名称】为"标语"的字幕，在【字幕编辑器】中使用【文字工具】输入文字"挽君之手 愿与君此生共"。选中输入的文字，将【字体系列】设置为【方正新舒体简体】，将【字体大小】设置为 14，将【行距】设置为 17.4，将【填充】下的【颜色】设置为黑色，将【X位置】、【Y位置】分别设置为107.5、244，如图4-423所示。

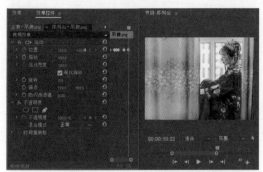

图4-422　设置【位置】参数

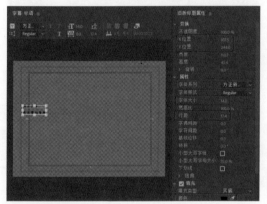

图4-423　输入文字并进行设置

31 使用【文字工具】输入文字"白头"，选中输入的文字，将【字体系列】设置为【方正新舒体简体】，将【字体大小】设置为18，将【行距】设置为0，将【填充】下的【颜色】设置为164、0、0，将【X位置】、【Y位置】分别设置为191.6、259，如图4-424所示。

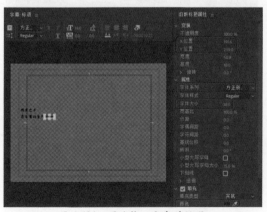

图4-424　再次输入文字并设置

32 设置完成后，关闭【字幕编辑器】，

将当前时间设置为00:00:06:23，选中字幕"标语"，按住鼠标将其拖曳至V3视频轨道中，将其与时间线对齐。在【效果控件】面板中将【位置】设置为360、−34，并单击其左侧的【切换动画】按钮，打开动画关键帧记录，如图4-425所示。

图4-425　设置【位置】动画

33 将当前时间设置为00:00:07:23，在【效果控件】面板中，将【位置】设置为360、288，如图4-426所示。

图4-426　设置【位置】参数

34 将当前时间设置为00:00:08:08，在【效果控件】面板中，将【位置】设置为360、255，如图4-427所示。

35 将当前时间设置为00:00:08:18，在【效果控件】面板中，将【位置】设置为360、288，如图4-428所示。

36 将当前时间设置为00:00:09:23，在【效果控件】面板中，单击【位置】右侧的【添加/移除关键帧】按钮，添加关键帧，如图4-429所示。

37 将当前时间设置为00:00:10:23，在【效果控件】面板中，将【位置】设置为360、

-34，如图 4-430 所示。

图 4-427 在其他时间设置【位置】参数

图 4-428 设置【位置】参数

图 4-429 添加关键帧

图 4-430 设置【位置】参数

38 将当前时间设置为 00:00:06:10，将"照

片 04.jpg"添加至 V4 视频轨道中，将其与时间线对齐，将其持续时间设置为 00:00:16:06，为其添加【黑白】特效。将当前时间设置为 00:00:10:23，在【效果控件】面板中将【缩放】设置为 68，将【不透明度】设置为 0，如图 4-431 所示。

图 4-431 添加素材并进行设置

39 将当前时间设置为 00:00:12:03，将【不透明度】设置为 100，如图 4-432 所示。

图 4-432 设置【不透明度】参数

40 将当前时间设置为 00:00:11:05，将"透明矩形 .png"素材文件拖至 V5 视频轨道中，将其开始处与时间线对齐，并将其持续时间设置为 00:00:06:11。选中素材文件"透明矩形 .png"，在【效果控件】面板中将【位置】设置为 361、471，取消勾选【等比缩放】复选框，将【缩放高度】和【缩放宽度】分别设置为 28、214，如图 4-433 所示。

41 在【效果】面板中选择【百叶窗】过渡效果，将其拖至 V5 视频轨道中"透明矩形 .png"素材文件的开始处，选中添加的【百叶窗】过渡效果，在【效果控件】面板中单击【自东向西】按钮，效果如图 4-434 所示。

图 4-433　添加素材文件并进行设置

图 4-434　添加过渡效果

42 将当前时间设置为 00:00:12:16,将 "照片 05.jpg" 素材文件拖至 V6 视频轨道中, 与时间线对齐,将其结束处与 V5 视频轨道中 的 "透明矩形 .png" 文件的结尾处对齐,如 图 4-435 所示。

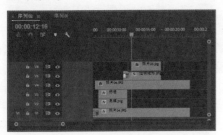

图 4-435　添加素材文件

43 选中素材文件 "照片 05.jpg",确定当 前时间为 00:00:12:16,在【效果控件】面板中, 将【位置】设置为 -176、473,并单击其左侧 的【切换动画】按钮,打开动画关键帧记录, 将【缩放】设置为 24,如图 4-436 所示。

44 将当前时间设置为 00:00:14:00,在【效

果控件】面板中将【位置】设置为 130、473, 将【不透明度】设置为 50,如图 4-437 所示。

图 4-436　设置动画效果

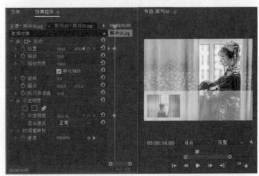

图 4-437　设置【位置】与【不透明度】参数

45 将当前时间设置为 00:00:14:01,在 【效果控件】面板中,将【不透明度】设置为 100,如图 4-438 所示。

图 4-438　设置【不透明度】参数

46 将当前时间设置为 00:00:14:00,将 "照 片 06.jpg" 素材文件拖至 V6 视频轨道的上方, 将其开始处与时间线对齐,将其结束处与 V6 视频轨道中的 "照片 05.jpg" 文件的结束处对 齐,效果如图 4-439 所示。

47 选中素材文件 "照片 06.jpg",将当前 时间设置为 00:00:14:00,在【效果控件】面板

中将【位置】设置为130、473，并单击其左侧的【切换动画】按钮，打开动画关键帧记录，将【缩放】设置为24，将【不透明度】设置为0，如图4-440所示。

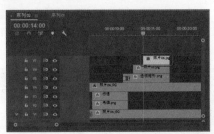

图4-439　添加素材文件

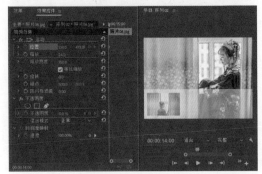

图4-440　设置动画效果

48　将当前时间设置为00:00:14:11，在【效果控件】面板中将【位置】设置为361、473，将【不透明度】设置为100，如图4-441所示。

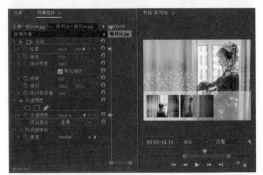

图4-441　设置【位置】与【不透明度】参数

49　将当前时间设置为00:00:15:05，将"照片07.jpg"素材文件拖至V7视频轨道的上方，将其开始处与时间线对齐，将其结束处与V7视频轨道中的"照片06.jpg"文件的结束处对齐。选中素材文件"照片07.jpg"，将当前时间设置为00:00:15:16，在【效果控件】面板中将【位置】设置为361、473，并单击其左侧的【切

换动画】按钮，打开动画关键帧记录，将【缩放】设置为50，将【不透明度】设置为0，如图4-442所示。

图4-442　设置动画效果

50　将当前时间设置为00:00:16:16，在【效果控件】面板中，将【位置】设置为590、473，将【不透明度】设置为100，如图4-443所示。

图4-443　设置【位置】与【不透明度】参数

51　新建一个【名称】为"标语2"的字幕，在【字幕编辑器】中单击【文字工具】，输入文字"余生　我们一起走~"，将【字体系列】设置为【方正新舒体简体】，将【字体大小】设置为20，将【行距】设置为17.4，将"余生"的填充颜色设置为219、0、67，将"我们一起走~"的填充颜色设置为0、0、0，继续选中文字，将【X位置】、【Y位置】分别设置为137.4、223.4，如图4-444所示。

52　设置完成后，关闭【字幕编辑器】，在V3和V2视频轨道中选择"标语"和"吊牌"素材文件，按住Alt键拖曳至"透明矩形"的结尾处。在【项目】面板中选择"标语2"，选择V6视频轨道中的"标语 复制01"，右击鼠标，在弹出的快捷菜单中选择【使用剪辑替换】|

【从素材箱】命令，如图 4-445 所示。

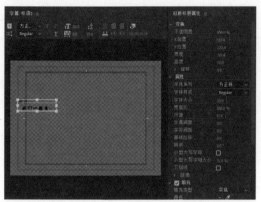

图 4-444　新建字幕并进行设置

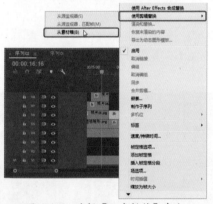

图 4-445　选择【从素材箱】命令

53　执行上述操作后，即可替换素材。将当前时间设置为 00:00:22:16，将"照片 08.jpg"拖曳至 V1 视频轨道中，将其与时间线对齐，并将其持续时间设置为 00:00:12:18，在【效果控件】面板中将【缩放】设置为 60，效果如图 4-446 所示。

图 4-446　添加素材文件并进行设置

54　将当前时间设置为 00:00:23:15，选择"气泡 01.png"素材文件，将其添加至 V2 视频轨道中，将其持续时间设置为 00:00:09:00，确认当前时间为 00:00:23:15，在【效果控件】面板中，将【位置】设置为 −53、345，并单击其左侧的【切换动画】按钮，打开动画关键帧记录，如图 4-447 所示。

图 4-447　添加素材文件并设置【位置】参数

55　将当前时间设置为 00:00:24:15，在【效果控件】面板中，将【位置】设置为 149、345，将【缩放】设置为 40，并单击其左侧的【切换动画】按钮，打开动画关键帧记录，如图 4-448 所示。

图 4-448　设置【位置】与【缩放】参数

56　将当前时间设置为 00:00:25:02，在【效果控件】面板中，将【缩放】设置为 55，如图 4-449 所示。

57　将当前时间设置为 00:00:25:15，在【效果控件】面板中，将【缩放】设置为 40，如图 4-450 所示。

58　将当前时间设置为 00:00:26:02，在【效果控件】面板中，将【缩放】设置为 55，如图 4-451 所示。

59　将当前时间设置为 00:00:26:15，在【效果控件】面板中，将【缩放】设置为40，如图 4-452 所示。

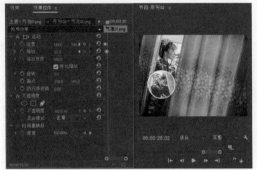

图 4-449　将【缩放】设置为 55

图 4-450　将【缩放】设置为 40

图 4-451　将【缩放】设置为 55

图 4-452　将【缩放】设置为 40

60 使用同样的方法，继续设置【缩放】关键帧，效果如图 4-453 所示。

图 4-453　添加其他关键帧后的效果

61 将当前时间设置为 00:00:29:15，在【效果控件】面板中，单击【位置】右侧的【添加/移除关键帧】按钮，添加关键帧，如图 4-454 所示。

图 4-454　添加关键帧

62 将当前时间设置为 00:00:30:10，在【效果控件】面板中，将【位置】设置为 420、360，将【缩放】设为 0，如图 4-455 所示。

图 4-455　设置【位置】与【缩放】参数

63 使用相同的方法在 V3 至 V5 视频轨道中分别添加"气泡02、气泡03、气泡04"素材，并对其进行相应的设置，效果如

图 4-456 所示。

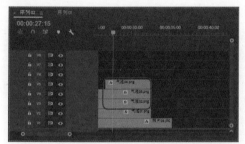

图 4-456　创建其他气泡动画

64　将当前时间设置为 00:00:30:10，将"心 .png"素材文件拖至 V6 视频轨道中，与时间线对齐，并将其持续时间设置为 00:00:04:22，效果如图 4-457 所示。

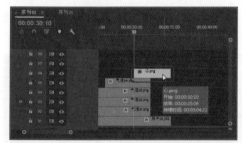

图 4-457　添加素材文件

65　选择"心 .png"素材文件，确认当前时间为 00:00:30:10，在【效果控件】面板中将【位置】设置为 361、344，将【缩放】设置为 0，并单击其左侧的【切换动画】按钮，打开动画关键帧记录，如图 4-458 所示。

图 4-458　设置【位置】与【缩放】参数

66　将当前时间设置为 00:00:32:10，在【效果控件】面板中将【缩放】设置为 50，如图 4-459 所示。

67　选择 V1 视频轨道中的"照片 08.jpg"素材文件，在【效果】面板中双击【视频效果】|【模糊与锐化】|【高斯模糊】特效，为选中的素材文件添加该特效，将当前时间设置为 00:00:30:10，单击【模糊度】左侧的【切换动画】按钮，如图 4-460 所示。

图 4-459　设置【缩放】参数

图 4-460　添加【模糊度】关键帧

68　将当前时间设置为 00:00:31:23，在【效果控件】面板中将【模糊度】设置为 61，如图 4-461 所示。

图 4-461　设置【模糊度】参数

3. 制作结尾动画效果

下面学习制作结尾动画效果，操作步骤如下。

01　将当前时间设置为 00:00:34:21，在【项目】面板中选择"气球 .avi"素材文件，按住鼠标将其拖曳至V3视频轨道中，将其开始处与时间线对齐。将当前时间设置为 00:00:38:20，在工具箱中单击【剃刀工具】，在时间线处单击鼠标，对"气球 .avi"素材文件进行裁剪，如图 4-462 所示。

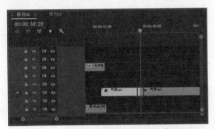

图 4-462 对气球对象进行裁剪

02 在工具箱中单击【选择工具】，选择时间线右侧的视频，按Delete键将其删除，再次选中V3视频轨道中的"气球 .avi"素材文件，在【效果控件】面板中将【位置】设置为445、288，将【缩放】设置为53.5，如图 4-463 所示。

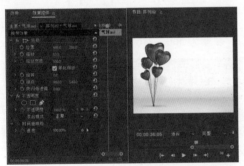

图 4-463 设置【位置】与【缩放】参数

03 在V3视频轨道中选择"气球 .avi"素材文件，按住Alt键将其向右拖动，对其进行复制，效果如图 4-464 所示。

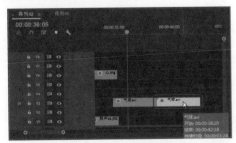

图 4-464 复制视频文件

04 在【效果】面板中选择【交叉溶解】视频过渡效果，按住鼠标将其拖曳至V3视频

轨道上的第一个"气球 .avi"素材文件的开始处，效果如图 4-465 所示。

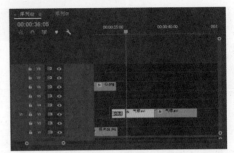

图 4-465 添加视频过渡效果

05 将当前时间设置为 00:00:35:21，在【项目】面板中选择"日期 .png"素材文件，按住鼠标将其拖曳至V4视频轨道中，将其开始处与时间线对齐，将其持续时间设置为00:00:06:23，如图 4-466 所示。

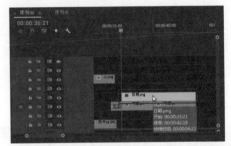

图 4-466 添加素材文件并设置其持续时间

06 确认当前时间为 00:00:35:21，在【效果控件】面板中将【位置】设置为498.3、192.6，将【缩放】设置为0，单击其左侧的【切换动画】按钮，单击【旋转】左侧的【切换动画】按钮，将【不透明度】设置为0，如图 4-467 所示。

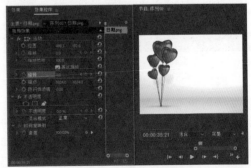

图 4-467 设置动画效果

07 将当前时间设置为 00:00:36:21，在【效果控件】面板中将【缩放】设置为31，将【旋

转】设置为 1×0.0，将【不透明度】设置为 100，如图 4-468 所示。

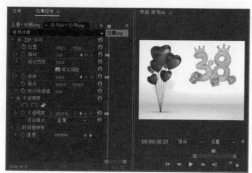

图 4-468　设置动画参数

08 新建一个【名称】为"标题"的字幕，在【字幕编辑器】中单击【文字工具】，输入文字 We're married，在【旧版标题属性】面板中选择 Times New Roman Regular red glow 样式，将【字体系列】设置为 DYLOVASTUFF，将【字体大小】设置为 65，勾选【小型大写字母】复选框，将【填充类型】设置为【实底】，将【颜色】设置为 255、255、255，将【X 位置】、【Y 位置】分别设置为 497.1、404.5，如图 4-469 所示。

图 4-469　输入文字并进行设置

09 设置完成后，关闭【字幕编辑器】，将当前时间设置为 00:00:35:21，在【项目】面板中选择"标题"字幕文件，按住鼠标将其拖曳至 V5 视频轨道中，将其开始处与时间线对齐，将其结尾处与 V4 视频轨道中的"日期.png"素材文件的结尾对齐，如图 4-470 所示。

10 将当前时间设置为 00:00:36:24，将【位置】设置为 360、555，单击其左侧的【切换动画】按钮，如图 4-471 所示。

图 4-470　添加素材文件并进行调整

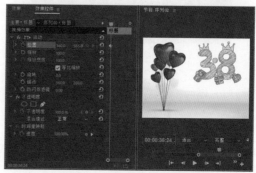

图 4-471　设置【位置】参数

11 将当前时间设置为 00:00:37:24，将【位置】设置为 360、276，如图 4-472 所示。

图 4-472　再次设置【位置】参数

12 将当前时间设置为 00:00:00:00，在【项目】面板中选择"闪光粒子.mp4"素材文件，按住鼠标将其拖曳至 V8 视频轨道的上方，将其开始处与时间线对齐，选中该素材文件并右击鼠标，在弹出的快捷菜单中选择【速度/持续时间】命令，在弹出的对话框中将【持续时间】设置为 00:00:22:15，如图 4-473 所示。

13 设置完成后，单击【确定】按钮。在【效果控件】面板中将【缩放】设置为 53.5，将【不透明度】设置为 50，将【混合模式】设置为【滤色】，如图 4-474 所示。

图 4-473　设置【持续时间】参数

图 4-474　设置素材参数

14 将当前时间设置为 00:00:22:15，在【项目】面板中选择"金色闪光粒子 .mp4"，按住鼠标将其拖曳至 V9 视频轨道中，将其开始处与时间线对齐。将当前时间设置为 00:00:42:18，在工具箱中单击【剃刀工具】，在"金色闪光粒子 .mp4"素材文件上的时间线位置处单击鼠标，对齐进行裁剪，如图 4-475 所示。

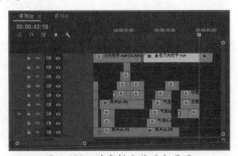

图 4-475　对素材文件进行裁剪

15 使用【选择工具】将裁剪的多余对象删除，在 V9 视频轨道中选择"金色闪光粒子 .mp4"素材文件，在【效果控件】面板中将【缩放】设置为 54，将【混合模式】设置为【滤色】，如图 4-476 所示。

16 切换至"序列 01"序列文件中，将当

前时间设置为 00:00:20:20，在【项目】面板中选择"序列 02"，按住鼠标将其拖曳至 V3 视频轨道中，将其开始处与时间线对齐，如图 4-477 所示。

图 4-476　设置【缩放】与【混合模式】参数

图 4-477　添加序列文件

17 使用前面介绍的方法添加音频文件，并对其进行相应的设置，效果如图 4-478 所示。

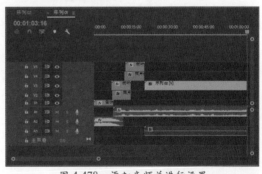

图 4-478　添加音频并进行设置

4.4　思考与练习

1.【颜色平衡（RGB）】特效有什么作用？

2.【书写】特效可以产生什么效果？

3.【网格】特效可以产生什么效果？

第 5 章 常用的影视字幕——字幕的创建与实现

在各种影视节目中，字幕是不可缺少的。字幕可以起到解释画面、补充内容等作用。作为专业处理影视节目的 Premiere Pro CC 来说，也必然包括字幕的制作和处理。这里所讲的字幕，包括文字、图形等内容。字幕本身是静止的，但是利用 Premiere Pro CC 可以制作出各种各样的动画效果。

基础知识
- ➤ 字幕属性
- ➤ 背景设置

重点知识
- ➤ 建立文字对象
- ➤ 建立图形物体

提高知识
- ➤ 应用风格化效果
- ➤ 创建样式效果

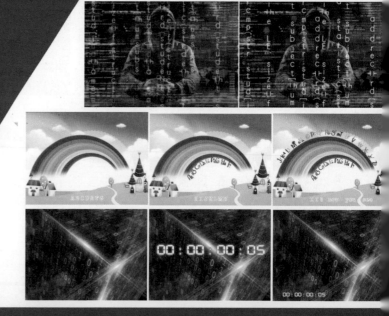

5.1　制作电影字幕——建立字幕

在播放电影画面的同时，画面的底部都会有与当前画面中人物所讲话语吻合的文字，这就是电影字幕。本案例将介绍字幕的制作方法，效果如图 5-1 所示。

图 5-1　电影字幕

素材	素材 \Cha05\ 荧幕封面 .png、电影院 .jpg
场景	场景 \Cha05\ 制作电影字幕——建立字幕 .prproj
视频	视频教学 \Cha05\5.1　制作电影字幕——建立字幕 .mp4

01 新建项目文件和 DV-PAL 选项组下的【标准 48kHz】序列文件，在【项目】面板导入"素材 \Cha05\ 荧幕封面 .png、电影院 .jpg"文件，如图 5-2 所示。

知识链接：电影

电影，是由活动照相术和幻灯放映术结合发展起来的一种连续画面，也是一门可以容纳悲喜剧与文学戏剧、摄影、绘画、音乐、舞蹈、文字、雕塑、建筑等多种艺术的综合艺术。电影在艺术表现力上不但具有其他各种艺术的特征，又因可以运用蒙太奇这种艺术性突跃的电影组接技巧，具有超越其他一切艺术的表现手段，而且影片可以大量复制放映。随着现代社会的发展，电影已深入人类社会生活的方方面面，是人们不可或缺的一项娱乐活动。

02 选择【项目】面板中的"电影院 .jpg"文件，将其拖至 V1 轨道中，将其持续时间设置为 00:00:10:17。选择添加的素材文件，切换到【效果控件】面板，将当前时间设置为 00:00:00:00，将【运动】选项组下的【缩放】设置为 121.5，【位置】设置为 366.3、369.9，单击【位置】与【缩放】左侧的【切换动画】按钮，如图 5-3 所示。

图 5-2　导入的素材　　图 5-3　设置【缩放】参数

03 设置完成后，将当前时间设置为 00:00:03:00，将【缩放】设置为 101，将【位置】设置为 366.3、335.9，如图 5-4 所示。

图 5-4　设置位置与缩放参数

04 选择【文件】|【新建】|【旧版标题】命令，在弹出的【新建字幕】对话框中，使用默认设置，单击【确定】按钮。进入字幕编辑器，使用【输入工具】输入文字"千与千寻"。选中文字，在【属性】选项组中，将【字体系列】设置为【汉仪大隶书简】，将【字体样式】设置为 regular 样式，【字体大小】设置为 40，将【填充】选项组下的【填充类型】设置为斜面，【高光颜色】设置为红色，【高光不透明度】设置为 100%，【阴影颜色】设置为黄色，在【变换】下将【X 位置】、【Y 位置】分别设置为 394.9、181.5，【宽度】设置为 382.2，【高度】设置为 40，如图 5-5 所示。

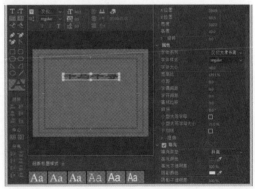

图 5-5　设置字幕

05 关闭字幕编辑器，将当前时间设置为00:00:00:00，在【项目】面板中将"荧幕封面.png"拖至V2视频轨道中，使其结尾处与V1轨道中的素材结尾对齐。选中素材，切换至【效果控件】面板中，在【运动】选项组下，将【缩放】设置为59，单击其左侧的【切换动画】按钮，将【位置】设置为377.6、182.4，将当前时间设置为00:00:03:00，将【缩放】设置为50，如图5-6所示。

图5-6　设置素材参数

06 在【效果】面板中搜索【镜头光晕】，将其拖至V2视频轨道中的素材上，将当前时间设置为00:00:02:23，在【效果控件】面板中展开【镜头光晕】，将【光晕亮度】设置为0，单击其左侧的【切换动画】按钮，如图5-7所示。

07 将当前时间设置为00:00:03:00，在【效果控件】面板中展开【镜头光晕】，单击其左侧的【切换动画】按钮，将【光晕中心】设置为154.8、251.9，将【光晕亮度】设置为100，如图5-8所示。

图5-7　设置【光晕亮度】　图5-8　设置镜头
　　动画　　　　　　　　　光晕参数

08 将当前时间设置为00:00:05:00，在【效果控件】面板中展开【镜头光晕】，将【光晕中心】设置为1200、251.9，如图5-9所示。

09 将当前时间设置为00:00:00:00，在【项目】面板中将"字幕01"拖至V3视频轨道中，使其结尾处与V2轨道中的素材结尾对齐。选中素材，切换至【效果控件】面板，将【运动】下的【位置】设置为368、292，【缩放】设置

为0，如图5-10所示。

10 将当前时间设置为00:00:02:07，在【效果控件】面板中将【缩放】设置为0，并单击【缩放】左侧的【切换动画】按钮，添加关键帧，将当前时间设置为00:00:03:00，将【缩放】设置为100，如图5-11所示。

图5-9　继续设置动画

图5-10　设置字幕参数　　图5-11　继续设置动画

11 设置完成后将文件导出即可。

▶▶ 知识链接：字幕工具

下面介绍字幕工具箱中的工具。

- 【选择工具】▶：使用此工具可选择一个物体或文字。按住Shift键使用选择工具可以选择多个物体，直接拖动对象控制手柄以改变对象区域和大小。对于Bezier曲线，还可以使用选择工具编辑节点。
- 【旋转工具】○：使用此工具可以旋转对象。
- 【文字工具】Ｔ：使用此工具可以建立并编辑文字。
- 【垂直文字工具】ⅠＴ：该工具用于建立竖排文本。
- 【区域文字工具】▦：使用此工具可以建立段落文本。区域文本工具与普通文字工具的不同在于，它建立文本的时候，首先要限定一个范围框，调整文本属性，范围框不受影响。
- 【垂直文字工具】▦：此工具用于建立竖排段落文本。
- 【路径文字工具】⤳：此工具可以建立一段沿路径排列的文本。
- 【垂直路径文字工具】⤴：此工具的功能与路径文字工具相同。不同之处在于，⤴工具创建垂直于路径的文本，⤳工具创建平行于路径的文本。
- 【钢笔工具】✎：使用此工具可以创建复杂的曲线。
- 【添加锚点工具】✚：使用此工具可以在线段上增加控制点。
- 【删除锚点工具】✖：使用此工具可以在线段上减少控制点。

- 【转换锚点工具】 ：使用此工具可以产生一个尖角或调整曲线的圆滑程度。
- 【矩形工具】 ：此工具可用来绘制矩形。
- 【切角矩形工具】 ：使用此工具可以绘制一个切角矩形，并对使用矩形的边界进行剪裁控制。
- 【圆角矩形工具】 ：使用此工具可以绘制一个带有圆角的矩形。
- 【圆矩形工具】 ：使用此工具可以绘制一个偏圆的矩形。
- 【三角形工具】 ：使用此工具可以绘制一个三角形。
- 【圆弧工具】 ：使用此工具可绘制一个圆弧。
- 【椭圆工具】 ：使用此工具可以绘制椭圆。在拖动鼠标绘制图形的同时按住 Shift 键可绘制一个正圆。
- 【直线工具】 ：使用此工具可以绘制一条直线。

5.1.1　字幕窗口主要设置

下面对【旧版标题属性】面板中的各个功能属性参数进行讲解。

1. 字幕属性

使用不同的工具创建不同的对象时，字幕属性参数栏也略有不同。图 5-12 所示为使用【文字工具】 创建文字对象时的属性栏。

图 5-13 所示为使用【矩形工具】 创建形状对象时的属性栏。两者比较，不同的对象有着不一样的属性设置。

图 5-12　文字属性栏　　图 5-13　形状属性栏

下面以文本为例，讲解有关的字体设置。

- 【字体系列】：在该下拉列表中，显示系统中安装的所有字体，可以在其中选择需要的字体。
- 【字体样式】：Bold（粗体）、Bold Italic（粗体 倾斜）、Italic（倾斜）、Regular（常规）、Semibold（半粗体）、Semibold Italic（半粗体 倾斜）。
- 【字体大小】：设置字体的大小。
- 【宽高比】：设置字体的长宽比。
- 【行距】：设置行与行之间的行间距。
- 【字偶间距】：设置光标位置处左右字符之间的距离，可在光标位置处形成两段有一定距离的字符。
- 【字符间距】：设置所有字符或者所选字符的间距，调整的是字符间的距离。
- 【基线位移】：设置所有字符基线的位置。通过改变该选项的值，可以方便地设置上标和下标。
- 【倾斜】：设置字符的倾斜效果。
- 【小型大写字母】：激活该选项，可以输入大写字母，或者将已有的小写字母改为大写字母，如图 5-14 所示。

图 5-14　勾选【小型大写字母】复选框前后的效果对比

- 【小型大写字母大小】：小写字母改为大写字母后，可以利用该选项来调整大小。
- 【下划线】：激活该选项，可以在文本

下方添加下划线，如图 5-15 所示。

图 5-15　添加下划线

● 【扭曲】：在该参数栏中可以对文本进行扭曲设置。调节【扭曲】参数栏下的 X 和 Y 值，可以产生变化多端的文本形状，如图 5-16 所示。

图 5-16　设置扭曲

对于图形对象，【属性】设置栏中又有不同的参数，在后面会结合不同的图形对象进行具体的学习。

2. 填充设置

在【填充】选项组中，可以指定文本或者图形的填充状态，即使用颜色或者纹理来填充对象。

（1）【填充类型】。

在【填充类型】下拉列表中选择一种选项，可以决定使用何种方式填充对象，如图 5-17 所示。默认情况下以实底填充颜色，可单击【颜色】右侧的颜色缩略图，在弹出的【颜色拾取】对话框中设置颜色。

下面介绍各种填充类型的使用方法。

● 【实底】：该选项为默认选项。

● 【线性渐变】：当选择【线性渐变】进行填充时，此时出现如图 5-18 所示的渐变颜色栏。可以单击两个颜色滑块，在弹出的对话框中选择渐变开始和渐变结束的颜色。按住鼠标左键可以拖块滑块改变位置，以决定该颜色在整个渐变色中所占的比例，效果如图 5-19 所示。

图 5-17　填充类型　　　图 5-18　线性渐变

图 5-19　设置渐变比例

● 【色彩到不透明】：设置该参数则可以控制颜色的不透明度。这样，就可以产生一个有透明效果的渐变。通过调整【角度】数值，可以控制渐变的角度。

● 【重复】：这项参数可以为渐变设置重复值，效果如图 5-20 所示。

图 5-20　设置重复值

● 【径向渐变】:【径向渐变】同【线性渐变】相似,唯一不同的是,【线性渐变】是由一条直线发射出去,而【径向渐变】是由一个点向周围渐变,呈放射状,如图 5-21 所示。

图 5-21　径向渐变

● 【四色渐变】:与上面两种渐变类似,但是四个角上的颜色块允许重新定义,如图 5-22 所示。

图 5-22　四色渐变效果

● 【斜面】:可以为对象产生立体的浮雕效果。选择【斜面】后,首先需要在【高亮颜色】中指定立体字的受光面颜色,然后在【阴影颜色】中指定立体字的背光面颜色,还可以分别在各自的不透明度栏中指定不透明度;【平衡】参数用于调整明暗对比度,数值越高,明暗对比越强;【大小】参数可以调整浮雕的尺寸;激活【变亮】选项,可以在【光照角度】选项中调整数值,让浮雕对象产生光线照射效果;【光照强度】选项可以调整灯光强度;激活【管状】选项,可在明暗交接线上勾边,产生管状效果。使用【斜面】的效果如图 5-23 所示。

● 【消除】:在【消除】模式下,无法看到对象。如果为对象设置了阴影或者

描边,就可以清楚地看到效果。对象被阴影减去部分,呈现镂空状态,如图 5-24 所示。需要注意的是,在【消除】模式下,阴影的尺寸必须大于对象,如果相同的话,同尺寸相减后是不会出现镂空效果的。

图 5-23　设置斜面参数后的效果

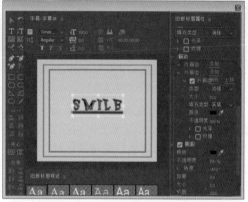

图 5-24　设置消除参数后的效果

● 【重影】:在重影模式下,隐藏了对象,却保留了阴影。这与【消除】模式类似,但是对象和阴影没有相减,而是完整地显现阴影,如图 5-25 所示。

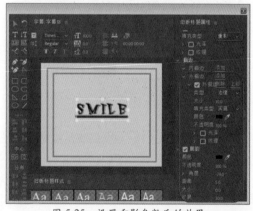

图 5-25　设置重影参数后的效果

（2）【光泽】和【纹理】。

在【光泽】区域中，可以为对象添加光晕，产生金属光泽等一些迷人的效果。【颜色】参数一般用于指定光泽的颜色，【不透明度】参数控制光泽的不透明度；【大小】参数用来控制光泽的扩散范围；【角度】参数用于调整光泽的方向；【偏移】参数用于对光泽位置产生偏移，如图5-26所示。

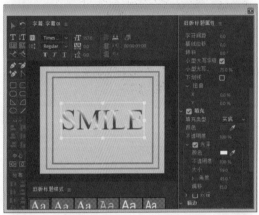

图5-26 设置光泽参数后的效果

除了指定不同的填充模式外，还可以为对象填充纹理。为对象应用纹理的前提是，颜色填充的类型不是【消除】和【重影】。

为对象填充纹理的具体操作步骤如下。

01 在字幕编辑器中创建一个矩形，展开【填充】选项，在该选项下勾选【纹理】复选框，单击右侧的纹理缩略图，如图5-27所示。

图5-27 创建矩形

02 在弹出的【选择纹理图像】对话框中随意选择一幅图像，如图5-28所示。

03 单击【打开】按钮，即可将选择的图像填充到矩形框中，如图5-29所示。

图5-28 【选择纹理图像】对话框

图5-29 填充后的效果

勾选【随对象翻转】和【随对象旋转】后，当对象移动和旋转时，纹理也会跟着一起动。在【缩放】栏可以对纹理进行缩放，在【水平】和【垂直】栏可以水平或垂直缩放纹理图。

【平铺】参数被选择的话，如果纹理小于对象，则会平铺填满对象。【校准】栏主要用于对齐纹理，调整纹理的位置。【融合】参数栏用于调整纹理和原始填充效果的混合程度。

3. 描边设置

在【描边】选项组中可以为对象设置一个描边效果。Premiere Pro CC提供了两种描边形式。用户可以选择使用【内描边】或【外描边】，或者两者一起使用。要应用描边效果，首先必须单击【添加】按钮，添加需要的描边效果，如图5-30所示。两种描边效果的参数设置基本相同。

图 5-30 添加描边后的效果

应用描边效果后，可以在【类型】下拉列表中选择描边模式，有【边缘】、【深度】、【凹进】三个选项，下面将依次进行讲解。

- 【边缘】：在【边缘】模式下，对象产生一个厚度，呈现立体字的效果。可调整【大小】参数可以改变透视效果，如图 5-31 所示。

图 5-31 设置边缘参数后的效果

- 【深度】：选择【深度】选项，可以用【大小】参数设置边缘宽度，用【颜色】参数指定边缘颜色，用【不透明度】参数控制描边的不透明度，用【填充类型】控制描边的填充方式。深度模式的效果如图 5-32 所示。
- 【凹进】：在【凹进】模式下，对象产生一个分离的面，类似于产生透视的投影，效果如图 5-33 所示。可以在【强度】设置栏控制强度，在【角度】参数中调整分离面的角度。

4. 阴影设置

勾选【阴影】复选框，可以为字幕设置一个投影，如图 5-34 所示。【阴影】选项组中各参数的讲解如下。

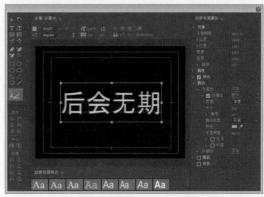

图 5-32 设置深度参数后的效果

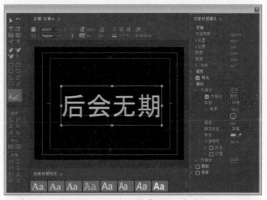

图 5-33 设置凹进参数后的效果

图 5-34 设置阴影的效果

- 【颜色】：可以指定投影的颜色。
- 【不透明度】：控制投影的不透明度。
- 【角度】：控制投影角度。
- 【距离】：控制投影距离对象的远近。
- 【大小】：控制投影的大小。
- 【扩展】：制作投影的柔度，较高的参数产生柔和的投影。

5. 背景设置

勾选【背景】参数复选框，可以为对象设置一个背景，【背景】选项组中的所有选项与上述【填充】选项组中的选项用法一样。

5.1.2 建立文字对象

在 Premiere Pro CC 中可以使用【字幕编辑器】为影片或图形添加文字，即创建字幕。

【字幕编辑器】能识别每一个作为对象所创建的文字和图形，可以对这些对象应用各种各样的风格和提高字幕的可欣赏性。

1. 使用文字工具创建文字对象

【字幕编辑器】中包括几个创建文字对象的工具，使用这些工具，可以创建出水平或垂直排列的文字，或沿路径行走的文字，以及水平或垂直范围文字（段落文字）。

● 创建水平或垂直排列文字

创建水平或垂直排列文字的具体操作步骤如下。

01 新建一个字幕，在工具箱中选择【文字工具】▼或【垂直文字工具】▼。

02 将鼠标放置在字幕编辑器中并单击，激活文本框后，输入文字即可，如图 5-35 所示。

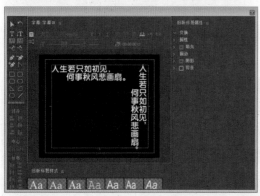

图 5-35　创建水平或垂直排列文字

● 创建范围文字

创建范围文字的具体操作步骤如下。

01 在工具箱中选择【区域文字工具】▣或【垂直区域文字工具】▣。

02 将鼠标放置在字幕编辑器中单击并拖曳出文本区域，然后输入文字即可，如图 5-36 所示。

● 创建路径文字

创建路径文字的具体操作步骤如下。

01 在工具箱中选择【路径文字工具】▼或【垂直路径文字工具】▼。

02 将鼠标移动至字幕编辑器中，此时，

鼠标将会处于钢笔状态，在文字的开始位置单击，然后在另一个位置单击创建一个路径，如图 5-37 所示。

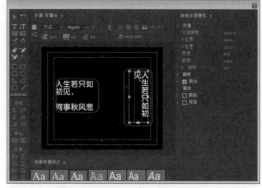

图 5-36　创建范围文字

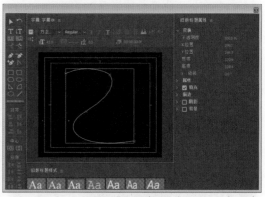

图 5-37　创建路径

03 创建完路径后，输入文本内容，如图 5-38 所示。

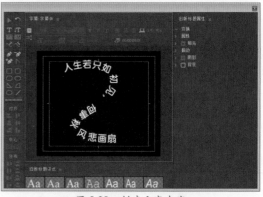

图 5-38　创建文字内容

2. 文字对象的编辑

● 文字对象的选择与移动

选择与移动文字对象的操作步骤如下。

01 在工具箱中选择【选择工具】▶，单击文本对象即可将其选择。

02 在文字对象处于选中状态下，单击并移动鼠标即可实现对文字对象的移动操作。也可以使用键盘上的方向键对其进行移动操作。

● 文字对象的缩放与旋转

缩放与旋转文字对象的具体操作步骤如下。

01 在工具箱中选择【选择工具】▶，在字幕编辑器中单击使用文字工具或垂直文字工具创建的文字对象将其选择。

02 被选择的文字对象周围会出现八个控制点，将鼠标指针放置在控制点上，当指针变为双向箭头时，按住鼠标并拖曳鼠标即可对其实现缩放操作，如图 5-39 所示。

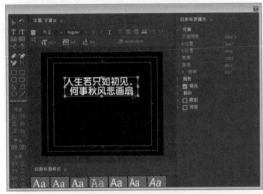

图 5-39　缩放操作

03 在文字对象处于选中状态下，在工具箱中选择【旋转工具】↻，将鼠标移动到编辑器中，按住鼠标左键并拖曳，即可对其实现旋转操作，如图 5-40 所示。

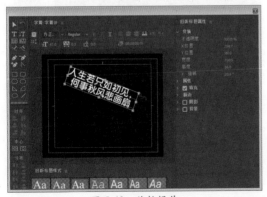

图 5-40　旋转操作

● 改变文字对象的方向

改变文字对象方向的具体操作步骤如下。

01 在工具箱中选择【选择工具】▶，在字幕编辑器中单击文字对象将其选择。

02 在文字对象被选择的情况下，单击鼠标右键，在弹出的快捷菜单中选择【位置】命令，选择【水平居中对齐】、【垂直居中对齐】或【下方三分之一处】命令，可以改变文字对象的方向，如图 5-41 所示。

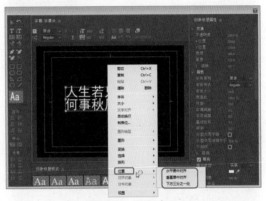

图 5-41　选择命令

● 范围文字框的缩放与旋转

缩放与旋转范围文字框的具体操作步骤如下。

01 在工具箱中选择【选择工具】▶，在字幕编辑器中选择范围文字框。

02 将鼠标移动至四周的控制点上，当鼠标指针变为双向箭头时，拖动这个控制点，就可以缩放范围文本框了。

03 如果想要旋转范围文本框，可以使用前面讲到的旋转工具，或者将鼠标指针移动到控制点上，当指针变为可旋转的双向箭头时，就可以对其进行旋转操作。

● 设置文字对象的字体与大小

设置文字对象的字体与大小的具体操作步骤如下。

01 使用【选择工具】▶，在字幕编辑器中选择文字对象。

02 在文本对象处于被选择的状态下，在文字对象上单击鼠标右键，在弹出的快捷菜单中选择【字体】或【大小】命令，在其弹出的子菜单中选择一个命令，如图 5-42 所示。

图 5-42　选择命令

● 设置文字的对齐方式

设置文字对齐方式的具体操作步骤如下。

01 使用【选择工具】，在字幕编辑器中将多个文本对象框选。

02 选择字幕编辑器左侧的对齐命令，如图 5-43 所示。

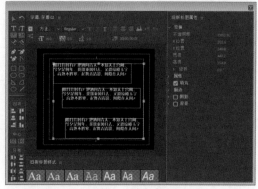

图 5-43　对齐命令

03 也可以在字幕编辑器中单击【左对齐】、【居中】、【右对齐】按钮，将文本对齐，如图 5-44 所示。

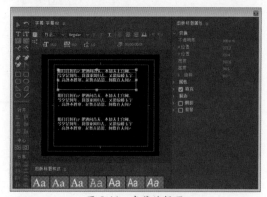

图 5-44　字幕编辑器

5.1.3　建立图形物体

字幕编辑器的工具箱中除了文本创建工具外，还包括各种图形创建工具，能够建立直线、矩形、椭圆、多边形等。有了这些工具，在影视节目的编辑过程中可以方便地绘制一些简单的图形。

下面通过一个具体的实例介绍这些常用工具的使用方法。

1. 使用形状工具绘制图形

01 在工具箱中选择任意一个绘图工具，在此选择【矩形工具】。

02 将鼠标移动至字幕编辑器中，单击鼠标并拖曳，即可创建一个矩形。

2. 改变图形的形状

在【字幕编辑器】窗口中绘制的形状图形，它们之间可以相互转换。

改变图形形状的具体操作步骤如下。

01 在字幕编辑器中选择一个绘制的图形。

02 在右侧属性面板中单击【属性】左侧的三角按钮，将其展开。

03 单击【图形类型】下拉按钮，即可弹出一个下拉列表，如图 5-45 所示。

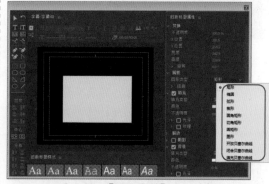

图 5-45　【图形类型】下拉列表

04 在该列表中选择一种绘图类型，所选择的图形即可转换为所选绘图类型的形状，如图 5-46 所示。

3. 使用钢笔工具创建自由图形

钢笔工具是 Premiere Pro CC 中最为有效的图形创建工具，可以用它建立任意形状的图形。

钢笔工具通过建立贝塞尔曲线创建图形，

通过调整曲线路径控制点可以修改路径形状。

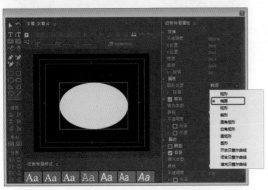

图 5-46 改变后的图形

🏷 提 示

通过路径创建图形时，路径上的控制点越多，图形形状越精细，但过多的控制点不利于后期的修改。建议使路径上的控制点在不影响效果的情况下，尽量减少。

下面利用钢笔工具来绘制一个简单的图形。

01 在菜单栏中选择【文件】|【新建】|【旧版标题】命令，打开一个新的字幕编辑器，如图 5-47 所示。

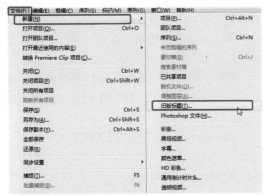

图 5-47 选择【旧版标题】命令

02 在工具箱中选择【钢笔工具】，在字幕编辑器中创建一个闭合的图形，如图 5-48 所示。

03 在工具箱中选择【转换锚点工具】，调整曲线上的每一个控制点，使曲线变得圆滑，如图 5-49 所示。

04 确认曲线处于编辑状态，在【属性】选项组中将【图形类型】设置为【填充贝塞尔曲线】选项，如图 5-50 所示。

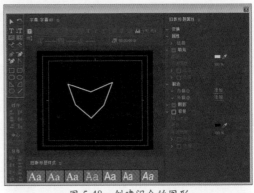

图 5-48 创建闭合的图形

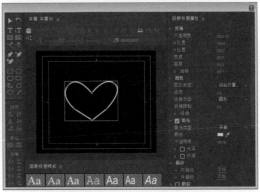

图 5-49 调整控制点后的效果

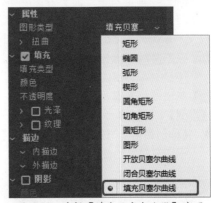

图 5-50 选择【填充贝塞尔曲线】选项

05 将【填充类型】设置为实底，将填充颜色设置为白色，如图 5-51 所示。

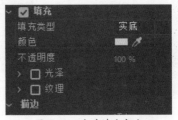

图 5-51 为其填充颜色

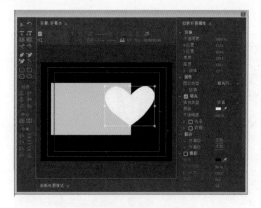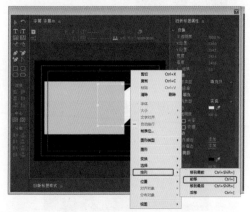

至此，圆形就制作完成了，用户可使用类似的方法制作其他图形。

Premiere Pro CC 可以通过移动、增加或减少遮罩路径上的控制点，以及对线段的曲率进行调整来改变遮罩的形状。

使用【钢笔工具】绘制圆形，需要【添加锚点工具】、【删除锚点工具】、【转换锚点工具】进行调整，下面进行简单介绍。

- 【添加锚点工具】：在图形上需要增加控制点的位置单击即可增加新的控制点。
- 【删除锚点工具】：在图形上单击控制点可以删除该点。
- 【转换锚点工具】：单击控制点，可以在尖角和圆角间进行转换，也可拖动出控制手柄对曲线进行调节。

更多的时候，可能需要创建一些规则的图形，这时，使用钢笔工具来创建非常方便。

4. 改变对象的排列顺序

在默认情况下，字幕编辑器中的对象是按创建的顺序分层放置的，新创建的对象总是处于上方，挡住下面的对象。为了方便编辑，也可以改变对象的排列顺序。

改变对象排列顺序的具体操作步骤如下。

01 在字幕编辑器中选择需要改变顺序的对象。

02 单击鼠标右键，在弹出的快捷菜单中选择【排列】|【前移】命令，如图 5-52 所示。

- 【移到最前】：该命令将选择的对象置于所有对象的最顶层。

图 5-52　改变顺序后的效果

图 5-52　改变顺序后的效果（续）

- 【前移】：该命令将当前对象的排列顺序提前。
- 【移到最底】：该命令将选择的对象置于所有对象的最底层。
- 【后移】：该命令将当前对象的排列顺序置后一层。

5.1.4 插入图形

在制作节目的过程中，经常需要在影片中插入图形，Premiere Pro CC 也提供了这一功能。

插入图形的具体操作步骤如下。

01 在字幕编辑器中单击鼠标右键，在弹出的快捷菜单中选择【图形】|【插入图形】命令，如图 5-53 所示。

02 在弹出的【导入图形】对话框中，选择要导入的图像，单击【打开】按钮，如图 5-54 所示。

Premiere Pro CC 支持以下格式的文件：AI File、Bitmap、EPS File、PCX、Targa、TIFF、PSD 及 Windows Metafile。

图 5-53　选择【插入图形】命令

图 5-54 【导入图形】对话框

5.2 制作辉光字幕效果——应用与创建字幕样式效果

通常我们编辑完字幕总觉得不是特别理想，所以我们还可以在字幕样式中应用预设的风格化效果。如果我们对应用的风格化效果很满意，也可以创建样式效果将其保存，效果如图 5-55 所示。

图 5-55 辉光文字

素材	素材 \Cha05\ 背景图 .jpg
场景	场景 \Cha05\ 制作辉光字幕效果——应用与创建字幕样式效果 .prproj
视频	视频教学 \Cha05\5.2 制作辉光字幕效果——应用与创建字幕样式效果 .mp4

01 运行 Premiere Pro CC，新建项目文件和序列，然后在【项目】面板中双击，选择"素材 \Cha05\ 背景图 .jpg"素材文件，如图 5-56 所示，单击【打开】按钮。

02 将导入的素材拖曳至 V1 轨道中，将【持续时间】设置为 00:00:05:05. 如图 5-57 所示。

图 5-56 选择素材

图 5-57 设置素材的持续时间

03 选择【文件】|【新建】|【旧版标题】命令，在弹出的【新建字幕】对话框中使用默认命名，单击【确定】按钮，进入字幕编辑器。使用【文字工具】输入中文"青春毕业季"。选中"青春毕业季"，在下方字体样式面板中选择 Regular 样式，在右侧字幕属性面板中将【字体系列】设置为【创艺简老宋】，将【字体大小】设置为 100，将【填充】选项组下的【颜色】的 RGB 值设置为 255、255、255，将【阴影】选项组下的【颜色】的 RGB 值设置为 0、148、238，将【不透明度】设置为 89，如图 5-58 所示。

图 5-58 设置文字的样式

04 设置完成后调整文字的位置，关闭该窗口，然后在【项目】面板中将"字幕01"拖曳至V2视频轨道中，在【节目】面板中查看效果。

5.2.1 应用风格化效果

如果要为一个对象应用预设的风格化效果，只需要选择该对象，然后在编辑器下方单击字幕样式面板中的样式即可，如图5-59所示。

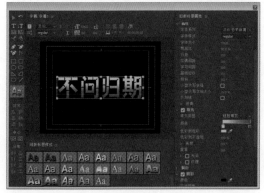

图5-59 字幕样式效果

> **知识链接：菜单栏**

选择一个样式后，单击【旧版标题样式】栏右侧的菜单按钮，可以弹出下拉菜单，如图5-60所示，该菜单栏中各选项的具体讲解如下。

- 【新建样式】：新建一个风格化效果。
- 【应用样式】：使用当前所显示的样式。
- 【应用带字体大小的样式】：只适用于应用样式的字号。
- 【仅应用样式颜色】：在使用样式应用样式的当前色彩。
- 【复制样式】：复制一个风格化效果。
- 【删除样式】：删除选定的风格化效果。
- 【重命名样式】：给选定的风格化另设一个名称。
- 【重置样式库】：用默认样式替换当前样式。
- 【追加样式库】：读取风格化效果库。
- 【保存样式库】：可以把定制的风格化效果存储到硬盘上，产生一个Prsl文件，以供随时调用。
- 【替换样式库】：替换当前风格化效果库。
- 【仅文本】：在风格化效果库中仅显示名称。
- 【小缩览图】：用小图标显示样式效果。
- 【大缩览图】：用大图标显示样式效果。

图5-60 【字幕样式】下拉菜单

5.2.2 创建样式效果

当我们费尽心思为一个对象制定了满意的效果后，一定希望可以把这个效果保存下来，以便随时使用。为此，Premiere Pro CC提供了定制风格化效果的功能。

定制风格化效果的方法如下。

01 选择完成风格化设置的对象。

02 单击【旧版标题样式】栏右侧的菜单按钮，在弹出的下拉菜单中选择【新建样式】命令，如图5-61所示。

03 执行上述命令后，即可在弹出的对话框中输入新样式效果的名称，然后单击【确定】按钮即可，如图5-62所示。至此，新建的样式就会出现在【旧版标题样式】面板中。

图5-61 选择【新建 图5-62 【新建样式】
样式】命令 对话框

5.3　上机练习

5.3.1　制作文字雨

文字雨效果是一种带有神秘科技感的字幕效果，在一些影视作品中会用到。本案例将介绍文字雨效果的制作方法，如图 5-63 所示。

图 5-63　文字雨效果

素材	素材 \Cha05\ 代码背景 .jpg
场景	场景 \Cha05\ 制作文字雨 .prproj
视频	视频教学 \Cha05\5.3.1　制作文字雨 .mp4

01 新建项目和序列，将序列设置为 DV-PAL|【标准 48kHz】。在【项目】面板的空白处双击鼠标，在弹出的对话框中选择"代码背景 .jpg"素材文件，如图 5-64 所示。

图 5-64　选择素材文件

02 选择【文件】|【新建】|【旧版标题】命令，在打开的对话框中保持默认设置，单击【确定】按钮。在弹出的【字幕编辑器】中，使用【垂直文字工具】输入英文字母，在【属性】选项组中将【字体系列】设置为 AcadEref，将【字体大小】设置为 50；在【填充】选项组中，将【颜色】设置为白色，将【X 位置】、【Y 位置】分别设置为 184.6、603.2，如图 5-65 所示。

03 使用同样的方法输入其他文字，并进行相应的设置，完成后的效果如图 5-66 所示。

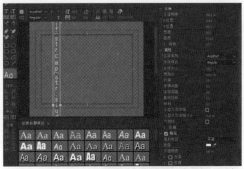

图 5-65　输入垂直文字并进行设置

图 5-66　输入其他文字

04 选择所有的文字，单击【滚动 / 游动选项】按钮，在弹出的对话框中选择【滚动】选项，勾选【开始于屏幕外】和【结束于屏幕外】复选框，如图 5-67 所示。

图 5-67　设置【滚动 / 游动选项】

05 将字幕编辑器关闭，将"字幕 01"拖曳至 V1 视频轨道中。按 Ctrl+N 组合键打开【新建序列】对话框，在该对话框中切换到【序列预设】选项卡，选择 DV-PAL 文件夹下的【标准 48kHz】选项，如图 5-68 所示。

图 5-68　新建序列

06 单击【确定】按钮，将"代码背景"拖曳至【序列 2】面板中的 V1 轨道中，在素材上单击鼠标右键，在弹出的快捷菜单中选择【缩放为帧大小】命令，如图 5-69 所示。

图 5-69　选择【缩放为帧大小】命令

07 将"序列 01"拖曳至"序列 02"中的 V2 轨道中。在【效果控件】面板中，将【位置】设置为 232、288，将【不透明度】设置为 70%，将【残影】视频特效添加至 V2 轨道中的素材文件上，将【残影时间（秒）】设置为 −0.333，将【衰减】设置为 0.4，如图 5-70 所示。

图 5-70　为素材添加残影效果

08 在 V2 轨道中的素材上单击鼠标右键，在弹出的快捷菜单中选择【速度/持续时间】命令，在弹出的对话框中勾选【倒放速度】复选框，如图 5-71 所示。

图 5-71　勾选【倒放速度】复选框

09 将【项目】面板中的"序列 01"拖曳至 V3 视频轨道中。

10 按住 Alt 键将 V2、V3 视频轨道中的序列拖曳到 V4、V5 轨道上，如图 5-72 所示。

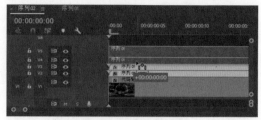

图 5-72　复制素材

11 至此，文字雨效果就制作完成了，效果导出后将场景进行保存即可。

5.3.2　制作数字化字幕

本案例将制作数字化字幕，文字字幕需要创建多个，制作的最终效果如图 5-73 所示。

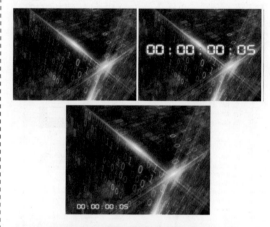

图 5-73　数字化字幕

素材	素材 \Cha05\ 数据背景 .jpg
场景	场景 \Cha05\ 制作数字化字幕 .prproj
视频	视频教学 \Cha05\5.3.2　制作数字化字幕 .mp4

01 新建项目文件和 DV-PAL 选项组下的【标准 48kHz】序列文件，在【项目】面板中双击，在打开的对话框中选择"素材 \Cha05\ 数据背景 .jpg"素材文件，如图 5-74 所示，单击【导入】按钮。

02 选择【项目】面板中的"数据背景 .jpg"文件，将其拖至 V1 轨道中，将【持续时间】设置为 00:00:07:15。选择添加的素材文件，切换到【效果控件】面板，将【运动】选项组下的【缩放】设置为143，如图5-75所示。

图 5-74 【导入】对话框

图 5-75 设置缩放

03 选择【文件】|【新建】|【旧版标题】命令，将【名称】设置为"字幕05"，然后单击【确定】按钮，进入字幕编辑器。使用【文字工具】输入00:00:00:05，将属性下的【字体系列】设置为DigifaceWide，【字体大小】设置为100，【宽高比】设置为100%，【填充类型】设置为【实底】，【颜色】设置为【白色】，【X位置】设置为399.9，【Y位置】设置为253.5，如图5-76所示。

04 选择【描边】选项组下的【外描边】复选框，将外描边的【类型】设置为【边缘】，【大小】设置为10，【填充类型】设置为【实底】，【颜色】设置为0、178、255。勾选【阴影】复选框，将【颜色】设置为0、178、255，【不透明度】设置为50，【角度】设置为45，【距离】设置为0，【大小】设置为40，【扩展】设置为50，如图5-77所示。

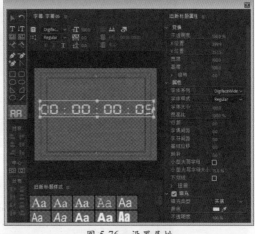

图 5-76 设置属性

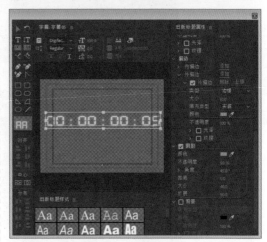

图 5-77 设置属性

05 关闭字幕编辑器，将"字幕05"拖曳至V2视频轨道中，选中该字幕并设置持续时间为00:00:06:03。打开【效果控件】面板，确认时间在00:00:00:00处，单击【缩放】和【旋转】左侧的【切换动画】按钮添加关键帧，将【缩放】设置为0，将【旋转】设置为0，如图5-78所示。

06 将当前时间设置为00:00:02:00，将【缩放】设置为100，【旋转】设置为3×0.0，单击【不透明度】右侧的【添加/移除关键帧】按钮添加关键帧，如图5-79所示。

07 将当前时间设置为00:00:03:00，将【缩放】设置为230，【不透明度】设置为0，如图5-80所示。

图 5-78　设置【缩放】、【旋转】参数

图 5-79　设置【缩放】、【旋转】、【不透明度】参数

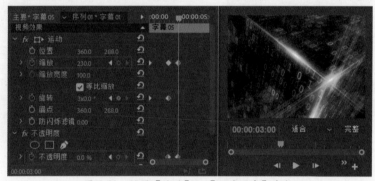

图 5-80　设置【缩放】、【不透明度】参数

08 将当前时间设置为00:00:04:00，将【缩放】设置为100，【不透明度】设置为100，如图 5-81 所示。

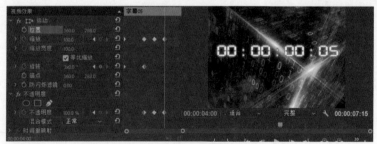

图 5-81　设置【缩放】、【不透明度】参数

09 将当前时间设置为00:00:05:00，单击【位置】左侧的切换动画按钮■，单击【缩放】右侧的【移除/添加关键帧】按钮■，如图 5-82 所示。

10 将当前时间设置为00:00:06:00，将【位置】设置为185.2、547.2，【缩放】设置为40，如图 5-83 所示。

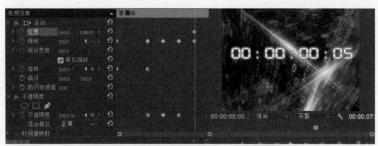

图 5-82　设置【位置】、【缩放】关键帧

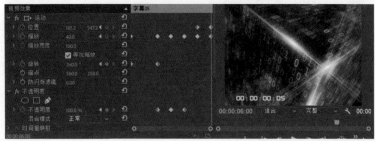

图 5-83　设置【位置】和【缩放】参数

11 分别新建字幕 04、03、02、01、00，每个字幕的时间为 00:00:00:04、00:00:00:03、00:00:00:02、00:00:00:01、00:00:00:00，参照步骤 3、步骤 4 设置相同的字幕样式，如图 5-84 所示。

图 5-84　新建字幕

12 将字幕 04、03、02、01、00 拖曳至 V2 轨道中 00:00:06:03 时间点后，如图 5-85 所示。

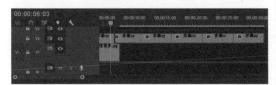

图 5-85　新建字幕

13 选中字幕 04、03、02、01 并右击，选择【速度/持续时间】命令，将持续时间设置为 00:00:00:03，将"字幕00"的【持续时间】设置为 00:00:01:00，如图 5-86 所示。

14 在视频轨道中调整字幕文件的位置。

打开【效果控件】面板，分别将字幕 04、03、02、01、00 的【位置】设置为 185.2、547.2，【缩放】设置为 40，如图 5-87 所示。至此数字化字幕就制作完成了，效果导出后将场景进行保存即可。

图 5-86　设置持续时间

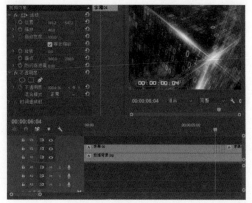

图 5-87　设置位置和缩放

5.3.3　音乐 MV

在日常生活中，在电脑或电视中经常会看到音乐 MV，通过本章节的学习，可以对音乐 MV 的制作有一定的了解，对视频后期制作有很大的帮助。本例效果展示如图 5-88 所示。

图 5-88　音乐 MV

素材	素材 \Cha05\a~z.png、草坪 .jpg、城堡 .png、彩虹 .png、彩虹 2.png、白云背景 .jpg
场景	场景 \Cha05\ 音乐 MV.prproj
视频	视频教学 \Cha05\ 5.3.3　音乐 MV.mp4

01 按 Ctrl+N 组合键弹出【新建序列】对话框，在该对话框中选择 DV-PAL|【标准48kHz】选项，并输入【序列名称】为"音乐MV"，单击【确定】按钮，如图 5-89 所示。

图 5-89　新建序列

02 确认当前时间为 00:00:00:00，在【项目】面板中将"英文字母歌 .mp3"音频文件拖曳至 A1 轨道中，与时间线对齐，如图 5-90 所示。

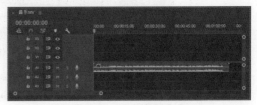

图 5-90　添加音频文件

03 选择【文件】|【新建】|【旧版标题】命令，在弹出的【新建字幕】对话框中将【名称】设置为"歌曲名称"，单击【确定】按钮。在弹出的【字幕编辑器】中选择【文字工具】T，输入"英文字母歌"。选择文字，在【属性】选项组中将【字体系列】设置为【方正少儿简体】，将【字体大小】设置为 84，在【变换】选项组中将【X 位置】设置为 483.6，将【Y 位置】设置为 363.3，如图 5-91 所示。

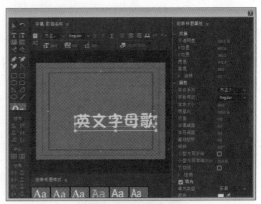

图 5-91　输入并设置文字

04 在【描边】选项组中添加一个【外描边】，将【大小】设置为 25，将【颜色】设置为白色，如图 5-92 所示。

图 5-92　添加描边

05 选择文字"英"，在【填充】选项组中将【颜色】的 RGB 值设置为 240、90、64，如图 5-93 所示。

06 使用同样的方法，将文字"文"颜色的 RGB 值设置为 240、162、61，将文字"字"

颜色的 RGB 值设置为 137、194、52，将文字"母"颜色的 RGB 值设置为 150、229、254，将文字"歌"颜色的 RGB 值设置为 254、230、93，效果如图 5-94 所示。

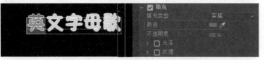

图 5-93 更改文字"英"颜色

图 5-94 更改其他文字颜色

[07] 关闭字幕编辑器。在菜单栏中选择【序列】|【添加轨道】命令，弹出【添加轨道】对话框，在该对话框中添加 28 视频轨、0 音频轨，单击【确定】按钮，如图 5-95 所示。

图 5-95 添加视频轨

[08] 将当前时间设置为 00:00:00:00，在【项目】面板中将"白云背景 .jpg"素材图片拖曳至 V1 轨道中，与时间线对齐，然后在素材图片上单击鼠标右键，在弹出的快捷菜单中选择【速度 / 持续时间】命令，如图 5-96 所示。

[09] 弹出【剪辑速度 / 持续时间】对话框，设置【持续时间】为 00:00:07:14，单击【确定】按钮，如图 5-97 所示。

图 5-96 选择【速度 / 持续时间】命令

图 5-97 设置素材持续时间

[10] 在【效果控件】面板中将【缩放】设置为 120，如图 5-98 所示。

图 5-98 设置图片位置

[11] 在【项目】面板中将"彩虹 .png"素材图片拖曳至 V2 轨道中，与时间线对齐，将其持续时间设置为 00:00:07:14，如图 5-99 所示。

图 5-99 添加素材并调整持续时间

[12] 在【效果控件】面板中将【缩放】设置为 8，将【位置】设置为 191、150，如图 5-100 所示。

图 5-100 设置位置和缩放

[13] 在【项目】面板中将"歌曲名称"字幕拖曳至 V3 轨道中，与时间线对齐，将其持续时间设置为 00:00:07:14。在【效果】面板中选择"视频效果"下的 Obsolete 文件夹中的【快速模糊】视频特效，将其拖曳至 V3 轨道中的"歌曲名称"字幕上，如图 5-101 所示。

图·5-101 设置字幕并添加特效

🏷 提示

【快速模糊】：该特效可以指定模糊对象的强度，也可以指定方向是纵向、横向或双向，是常用的模糊效果之一。

14 在【效果控件】面板中将【位置】设置为360、-123,并单击其左侧的【切换动画】按钮■,在【快速模糊】特效下将【模糊度】设置为100,然后单击【模糊度】左侧的【切换动画】按钮■,如图5-102所示。

图5-102 设置参数

15 将当前时间设置为00:00:01:00,在【效果控件】面板中将【位置】设置为360、288,将【模糊度】设置为0,如图5-103所示。

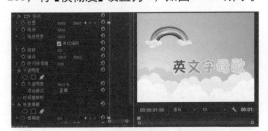

图5-103 设置关键帧参数

16 将当前时间设置为00:00:01:12,在【项目】面板中将a.png素材图片拖曳至V4轨道中,与时间线对齐,将其结尾处与V3轨道中的"歌曲名称"字幕结尾对齐,然后在【效果控件】面板中将【位置】设置为761、486,并单击左侧的【切换动画】按钮■,将【缩放】设置为15,如图5-104所示。

图5-104 添加并设置素材图片

17 将当前时间设置为00:00:02:07,在【效果控件】面板中将【位置】设置为500、486,如图5-105所示。

18 将当前时间设置为00:00:03:12,在【效果控件】面板中单击【旋转】左侧的【切换动画】按钮■,即可添加一个关键帧。将当前时间设置为00:00:04:00,在【效果控件】面板中将【旋转】设置为16°,如图5-106所示。

图5-105 调整图片位置

图5-106 设置【旋转】关键帧参数

19 将当前时间设置为00:00:04:16,在【效果控件】面板中将【旋转】设置为-16°,如图5-107所示。

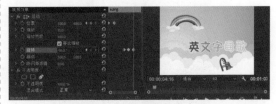

图5-107 设置旋转角度

20 将当前时间设置为00:00:05:01,在【效果控件】面板中将【旋转】设置为16°,如图5-108所示。

图5-108 设置关键帧参数

21 将当前时间设置为00:00:05:14,在【效果控件】面板中将【旋转】设置为-16°,然后将当前时间设置为00:00:06:02,将【旋转】设置为16°,如图5-109所示。

22 将当前时间设置为00:00:06:15,在【效果控件】面板中将【旋转】设置为-16°,然后将当前时间设置为00:00:07:03,将【旋转】设置为0°,如图5-110所示。

图 5-109　设置【旋转】参数

图 5-110　设置【旋转】参数

23 使用同样的方法，在 V5 和 V6 轨道中添加 b.png 素材图片和 c.png 素材图片，并设置图片的位置和旋转动画，效果如图 5-111 所示。

图 5-111　制作其他动画效果

24 将当前时间设置为 00:00:07:14，在【项目】面板中将"城堡 .png"素材图片拖曳至 V1 轨道中，与时间线对齐，将其持续时间设置为 00:00:23:06，在【效果控件】面板中将【位置】设置为 360、307，将【缩放】设置为 125，如图 5-112 所示。

图 5-112　设置【位置】、【缩放】参数

25 在【项目】面板中将"彩虹 2.png"素材图片拖曳至 V28 轨道中，与时间线对齐，将其持续时间设置为 00:00:23:06，在【效果控件】面板中将【位置】设置为 307.8、289.8，将【缩放】设置为 173.5，如图 5-113 所示。

26 将当前时间设置为 00:00:07:19，在【项目】面板中将 a.png 素材图片拖曳至 V2 轨

道中，与时间线对齐，将其持续时间设置为 00:00:23:01，在【效果控件】面板中将【位置】设置为 264.8、424.4，并单击左侧的【切换动画】按钮，将【缩放】设置为 5，将【旋转】设置为 −34.5°，如图 5-114 所示。

图 5-113　设置【位置】、【缩放】参数

5-114　调整素材图片 a.png

27 将当前时间设置为 00:00:08:03，在【效果控件】面板中将【位置】设置为 244.6、398.9，如图 5-115 所示。

图 5-115　调整【位置】参数

28 确认当前时间为 00:00:08:03，在【项目】面板中将 b.png 素材图片拖曳至 V3 轨道中，与时间线对齐，将其结尾处与 V2 轨道中的 a.png 素材图片结尾处对齐。在【效果控件】面板中将【位置】设置为 286.9、399.3，并单击左侧的【切换动画】按钮，将【缩放】设置为 5，将【旋转】设置为 −50°，如图 5-116 所示。

图 5-116　添加并调整素材图片

29 将当前时间设置为 00:00:08:12，在【效果控件】面板中将【位置】设置为 264.4、

371，如图 5-117 所示。

图 5-117　设置【位置】参数

30 确认当前时间为 00:00:08:12，在【项目】面板中将 c.png 素材图片拖曳至 V4 轨道中，与时间线对齐，将其结尾处与 V3 轨道中 b.png 素材图片的结尾对齐。在【效果控件】面板中，将【位置】设置为 307、365，单击其左侧的【切换动画】按钮■，将【缩放】设置为 5，将【旋转】设置为 -37.9，如图 5-118 所示。

图 5-118　添加并调整图片 c.png

31 将当前时间设置为 00:00:08:21，在【效果控件】面板中将【位置】设置为 288.7、337.7，如图 5-119 所示。

图 5-119　设置【位置】参数

32 结合前面介绍的方法，以及根据音频文件，制作其他英文字母动画效果，如图 5-120 所示。

图 5-120　制作其他动画效果

33 将当前时间设置为 00:00:30:20，在【项目】面板中将"草坪 .jpg"素材图片拖曳至 V1 轨道中，与时间线对齐，将其持续时间设置为 00:00:36:01，在【效果控件】面板中将【位置】设置为 365、290，将【缩放】设置为 125，如图 5-121 所示。

图 5-121　添加并调整素材图片

34 将当前时间设置为 00:00:30:23，在【项目】面板中将 a.png 素材图片拖曳至 V2 轨道中，与时间线对齐，在【效果控件】面板中将【缩放】设置为 30，将其持续时间设置为 00:00:00:13，如图 5-122 所示。

图 5-122　添加并调整 a.png 素材图片

35 在【项目】面板中将 b.png 素材图片拖曳至 V2 轨道中 a.png 素材图片的结尾处，并将其持续时间设置为 00:00:00:14，在【效果控件】面板中将【缩放】设置为 30，如图 5-123 所示。

36 在【项目】面板中将 c.png 素材图片拖曳至 V2 轨道中 b.png 素材图片的结尾处，并将其持续时间设置为 00:00:00:14，在【效果控件】

面板中将【缩放】设置为 30，如图 5-124 所示。

图 5-123　添加并调整素材图片 b.png

图 5-124　添加并调整素材图片 c.png

37 结合前面介绍的方法，以及根据音频文件，在 V2 轨道中添加其他素材图片并设置持续时间，如图 5-125 所示。

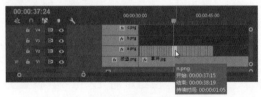

图 5-125　添加并调整其他素材图片

38 将当前时间设置为 00:00:46:04，在【项目】面板中将 x.png 素材图片拖曳至 V3 轨道中，与时间线对齐，将其持续时间设置为00:00:20:18，如图 5-126 所示。

图 5-126　添加并调整素材图片

39 在【效果控件】面板中将【位置】设置为 162、288，将【缩放】设置为 30，并单击【旋转】左侧的【切换动画】按钮，如图 5-127 所示。

40 将当前时间设置为 00:00:46:14，在【效果控件】面板中将【旋转】设置为 16°，如

图 5-128 所示。

图 5-127　设置参数

图 5-128　设置【旋转】参数

41 将当前时间设置为 00:00:47:00，在【效果控件】面板中将【旋转】设置为 −16°，如图 5-129 所示。

图 5-129　设置【旋转】参数

42 将当前时间设置为 00:00:47:15，在【效果控件】面板中将【旋转】设置为 16°，如图 5-130 所示。

图 5-130　设置关键帧参数

43 使用同样的方法，根据音频文件，继续添加【旋转】关键帧并设置参数，如图 5-131所示。

图 5-131　添加并设置关键帧

44 结合前面介绍的方法，将 y.png 素材图片和 z.png 素材图片分别拖曳至 V4 与 V5 轨道中，然后添加并设置【旋转】关键帧，如图 5-132 所示。

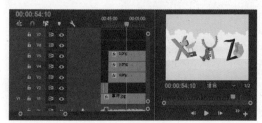

图 5-132　制作其他动画

45 选择【文件】|【新建】|【旧版标题】命令，弹出【新建字幕】对话框，将【名称】设置为"歌词 1"，单击【确定】按钮，在弹出的【字幕编辑器】中选择【文字工具】 T，输入英文字母 ABCDEFJ。选择英文字母，在【属性】选项组中将【字体系列】设置为 Courier New，将【字体大小】设置为 30，将【字偶间距】设置为 8，在【填充】选项组中将【颜色】的 RGB 值设置为 65、195、220，在【变换】选项组中将【X 位置】设置为 394.9，将【Y 位置】设置为 538，如图 5-133 所示。

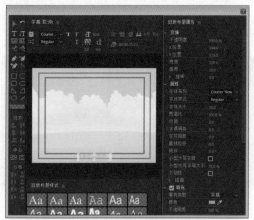

图 5-133　输入并设置英文字母

46 在【描边】选项组中添加一个外描边，将【类型】设置为【边缘】，将【大小】设置为

50，将【颜色】设置为白色，如图 5-134 所示。

47 在字幕编辑器中单击【基于当前字幕新建字幕】按钮 ，弹出【新建字幕】对话框，输入【名称】为"歌词 1 副本"，单击【确定】按钮，返回到字幕编辑器中，选择英文字母，在【填充】选项组中将【颜色】的 RGB 值设置为 114、183、37，如图 5-135 所示。

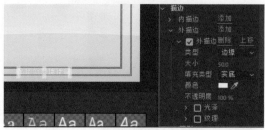

图 5-134　为文字添加描边

图 5-135　基于当前字幕新建字幕并更改颜色

48 再次单击【基于当前字幕新建字幕】按钮 ，弹出【新建字幕】对话框，输入【名称】为"歌词 2"，单击【确定】按钮，返回到字幕编辑器中，将英文字母更改为 HIJKLMN，在【属性】选项组中将【字偶间距】设置为 8，在【变换】选项组中将【X 位置】设置为 394.9，将【Y 位置】设置为 538，在【填充】选项组中将【颜色】的 RGB 值设置为 65、195、220，如图 5-136 所示。

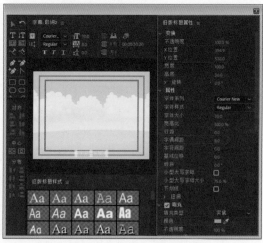

图 5-136　更改内容并调整位置及颜色

49 在字幕编辑器中单击【基于当前字幕新建字幕】按钮，弹出【新建字幕】对话框，输入【名称】为"歌词2副本"，单击【确定】按钮。返回到字幕编辑器中，选择英文字母，在【填充】选项组中将【颜色】的RGB值设置为114、183、37，如图5-137所示。

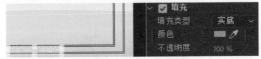

图 5-137　更改文字颜色

50 使用同样的方法，基于当前字幕新建其他字幕，如图5-138所示。

图 5-138　新建其他字幕

51 将当前时间设置为00:00:07:14，在【项目】面板中将"歌词1"字幕拖曳至V29轨道中，与时间线对齐，将其持续时间设置为00:00:03:12，如图5-139所示。

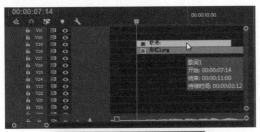

图 5-139　添加并调整字幕

52 在【项目】面板中将"歌词1副本"字幕拖曳至V30轨道中，与时间线对齐，将其结尾处与V29轨道中"歌词1"字幕的结尾对齐，然后为"歌词1副本"字幕添加【裁剪】视频特效。将当前时间设置为00:00:07:14，在【效果控件】面板中将【左侧】设置为41%，单击左侧的【切换动画】按钮，如图5-140所示。

图 5-140　添加并调整素材图片

💡 提 示

【裁剪】：该特效可以将素材图片边缘的像素剪掉，并可以自动将修剪过的素材变回原始尺寸，使用滑动块可以修剪素材的边缘。

53 将当前时间设置为00:00:08:03，在【效果控件】面板中将【左侧】设置为41%，如图5-141所示。

图 5-141　设置【左侧】参数

54 将当前时间设置为00:00:08:13，在【效果控件】面板中将【左侧】设置为45%，如图5-142所示。

图 5-142　设置关键帧参数

55 将当前时间设置为00:00:08:22，在【效果控件】面板中将【左侧】设置为49%，如图5-143所示。

56 使用同样的方法，根据音频文件，继续添加关键帧并设置参数，如图5-144所示。

图 5-143 设置【左侧】参数

图 5-144 添加关键帧并设置参数

57 结合前面介绍的方法，以及根据音频文件，继续添加字幕，然后为字幕添加【裁剪】视频特效，在【效果控件】面板中添加并设置

【左侧】关键帧参数，如图 5-145 所示。

图 5-145 制作其他歌词动画

5.4 思考与练习

1. 简述字幕属性的作用。

2. 如何创建旧版标题字幕？

3. 如何创建段落文本？

第 **6** 章　影视片头类动画——音频编辑与文件输出

　　对于一部完整的影片来说，声音具有重要的作用，无论是同期的配音还是后期的效果、伴乐，都是一部影片不可缺少的。对一个剪辑人员来说，掌握音频基本理论和音画合成的基本规律，以及 Premiere Pro CC 中音频剪辑的基础操作是非常必要的。

　　影片制作完成后，就需要对其进行输出，在 Premiere Pro CC 中可以将影片输出为多种格式。本章首先为大家介绍对输出选项的设置，然后详细介绍将影片输出为不同格式的方法。

基础知识
➤ 实时调节音频
➤ 制作音频

重点知识
➤ 增益音频
➤ 为素材添加特效

提高知识
➤ 输出影片
➤ 设置轨道特效

6.1 制作影片背景音乐——音频的基础操作

只有画面和字幕的影片肯定不是完整的影片，因为还缺少音频，声音在影片中的重要性不容忽视，只有音频与视频相结合才是一个完美作品，效果如图 6-1 所示。

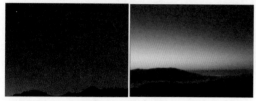

图 6-1 影片背景

素材	素材 \Cha06\ 视频 1.avi、音频 3.mp3
场景	场景 \Cha06\ 为视频添加背景音乐 .prproj
视频	视频教学 \Cha06\6.1 制作影片背景音乐——音频的基础操作 .mp4

01 运行 Premiere Pro CC，在欢迎界面中单击【新建项目】按钮，在【新建项目】对话框中，选择项目的保存路径，对项目进行命名，单击【确定】按钮，如图 6-2 所示。

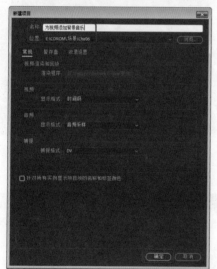

图 6-2 【新建项目】对话框

02 按 Ctrl+N 组合键，打开【新建序列】对话框，在【序列预设】选项卡中【可用预设】下选择 DV-PAL |【标准 48kHz】选项，对【序列名称】进行命名，单击【确定】按钮，如图 6-3 所示。

图 6-3 【新建序列】对话框

03 进入操作界面，在【项目】面板中【名称】区域下的空白处双击鼠标左键，在弹出的对话框中选择"素材 \Cha06\ 音频 1、视频 1"素材文件，单击【打开】按钮，如图 6-4 所示。

图 6-4 选择素材

04 将"视频 1"文件拖至 V1 视频轨道中，会弹出【剪辑不匹配警告】提示框，单击【保持现有设置】按钮，如图 6-5 所示。

图 6-5 向 V1 拖动素材

05 选中轨道中的素材"视频1"并单击右键,在弹出的快捷菜单中选择【取消链接】命令,如图6-6所示。

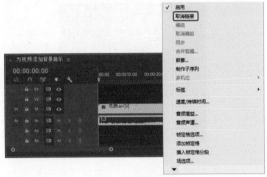

图 6-6　取消链接

06 选中轨道 A1 中的素材,按 Delete 键进行删除,将"音频3"文件拖至 A1 轨道中,将当前时间设置为 00:00:40:00,使用【剃刀工具】在时间线处单击,使用【选择工具】选定时间线右侧素材,按 Delete 键进行删除,如图6-7所示。

图 6-7　裁剪视频并删除多余的部分

07 分别为音频的开始、结束处添加【恒定增益】切换效果,如图6-8所示。

图 6-8　添加音频效果

6.1.1　使用音轨混合器

【音轨混合器】面板是 Premiere Pro CC 中新增的面板(选择【面板】|【音轨混合器】命令可以打开),使用该面板可以更加有效地调节节目的音频,如图6-9所示。

【音轨混合器】面板可以实时混合【序列】面板中各轨道的音频对象。用户可以在【音轨混合器】面板中选择相应的音频控制器进行调节,该控制器可以调节【序列】面板中对应轨道的音频对象。

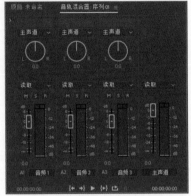

图 6-9　【音轨混合器】面板

1. 认识【音轨混合器】面板

【音轨混合器】由若干个轨道音频控制器、主音频控制器和播放控制器组成。

(1)轨道音频控制器。

【音轨混合器】面板中的轨道音频控制器用于调节与其相对应轨道上的音频对象,控制器1对应音频1,控制器2对应音频2,以此类推。轨道音频控制器的数目由【序列】面板中的音频轨道数目决定。当在【序列】面板中添加音频轨道时,音轨混合器面板中将自动添一个轨道音频控制器与其对应,如图6-10所示。

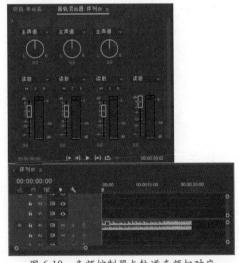

图 6-10　音频控制器与轨道音频相对应

轨道音频控制器由控制按钮、声道调节滑轮及音量调节滑块组成。

● 控制按钮。

轨道音频控制器的控制按钮可以控制音频调节时的状态，如图6-11所示。

图6-11　轨道音频控制器

◆ 【静音轨道】■：选中静音按钮■，该轨道音频会设置为静音状态。

◆ 【独奏轨道】■：选中独奏按钮■，其他未选中独奏按钮的轨道音频会自动设置为静音状态。

◆ 【启用轨道以进行录制】■：激活录音轨按钮■，可以利用输入设备将声音录制到目标轨道上。

● 声道调节滑轮。

如果对象为双声道音频，可以使用声道调节滑轮调节播放声道。向左拖动滑轮，输出到左声道（L）的声音增大；向右拖动滑轮，输出到右声道（R）的声音增大，声道调节滑轮如图6-12所示。

图6-12　声道调节滑轮

● 音量调节滑块。

通过音量调节滑块可以控制当前轨道音频对象的音量，Premiere Pro CC以分贝数显示音量。向上拖动滑块，可以增加音量；向下拖动滑块，可以减小音量。下方数值栏中显示当前音量，用户也可直接在数值栏中输入声音分贝。播放音频时，音量调节滑块右侧为音量表，显示音频播放时的音量大小；音量表顶部

的小方块表示系统所能处理的音量极限，当方块显示为红色时，表示该音频音量超过极限，音量过大。音量调节滑块如图6-13所示。

图6-13　音量调节滑块

使用主音频控制器可以调节【序列】面板中所有轨道上的音频对象。主音频控制器的使用方法与轨道音频控制器相同。

（2）播放控制器。

音频播放控制器用于播放音频，使用方法与监视器面板中的播放控制栏相同，如图6-14所示。

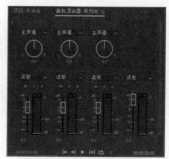

图6-14　播放控制器

2. 设置【音轨混合器】面板

单击【音轨混合器】面板右上方的■按钮，可以在弹出的菜单中对面板进行相关设置，如图6-15所示。

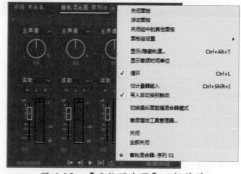

图6-15　【音轨混合器】面板菜单

- 【显示/隐藏轨道】：该命令可以对【音轨混合器】面板中的轨道设置隐藏或者显示。选择该命令，在弹出的如图 6-16 所示的设置对话框中，取消音频 3 的选择，单击【确定】按钮，此时会发现【音轨混合器】面板中的音频 3 已隐藏。

图 6-16　隐藏【音频 3】轨道

- 【显示音频时间单位】：执行该命令后，时间线和音轨混合器面板中都以音频单位进行显示，如图 6-17 所示，此时会发现时间线和【音轨混合器】面板中都以音频单位进行显示。

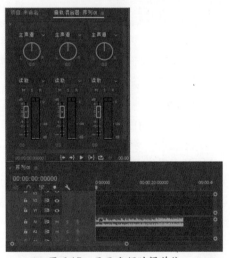

图 6-17　显示音频时间单位

- 【循环】：选择该命令，系统会循环播放音乐。

6.1.2 调节音频

【序列】面板中的每个音频轨道上都有音频淡化控制，用户可通过音频淡化器调节音频素材的电平。音频淡化器的初始状态为中音量，相当于录音机中的 0 分贝。

可以调节整个音频素材的增益，同时保持为素材调制的电平稳定不变。

在 Premiere Pro CC 中，用户可以通过淡化器调节工具或者音轨混合器调制音频电平。在 Premiere Pro CC 中，对音频的调节分为素材调节和轨道调节，对素材调节时，音频的改变仅对当前的音频素材有效，删除素材后，调节效果就消失了；而轨道调节仅针对当前音频轨道进行调节，当前音频轨道上的所有音频素材都会在调节范围内受影响。使用实时记录的时候，则只能针对音频轨道进行。

1. 使用淡化器调节音频

使用淡化器调节音频电平的方法如下。

01 默认情况下，音频轨道面板卷展栏关闭。选择音频轨，滑动鼠标将音频轨道面板展开。

02 在【工具】面板中选择【钢笔工具】，按住 Ctrl 键，拖动音频素材（或轨道）上的音量线即可调整音量，如图 6-18 所示。

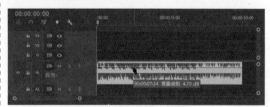

图 6-18　使用钢笔工具调整音量

03 在【工具】面板中选择【钢笔工具】，同时将鼠标指针移动到音频淡化器上，鼠标指针变为带有加号的笔头，如图 6-19 所示。单击鼠标左键产生一个句柄，用户可以根据需要创建多个句柄。按住鼠标左键上下拖动句柄。句柄之间的直线可指示音频素材是淡入或者淡出：递增的直线表示音频淡入，递减的直线表示音频淡出，如图 6-20 所示。

图 6-19　带有加号的笔头

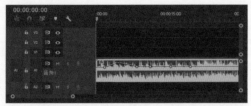

图 6-20 设置音频淡入淡出

04 右键单击音频素材，选择【音频增益】命令，弹出【音频增益】对话框，通过此对话框可以对音频增益作更详细的设置，如图 6-21 所示。

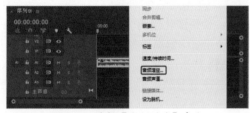

图 6-21 选择【音频增益】命令

2. 实时调节音频

使用 Premiere Pro CC 的【音轨混合器】面板调节音量非常方便，用户可以在播放音频时实时进行音量调节。

使用【音轨混合器】调节音频的方法如下。

01 在菜单栏中选择【窗口】|【音轨混合器】命令，在【音轨混合器】面板中需要进行调节的轨道上单击【读取】下拉按钮，在下拉列表中进行设置，如图 6-22 所示。

02 单击【混音器播放】按钮▶，【序列】面板中的音频素材开始播放。拖动音量控制滑块进行调节，调节完毕，系统自动记录调节结果。

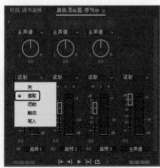

图 6-22 调节音频

选择【关】命令，系统会忽略当前音频轨道上的调节，仅按照默认的设置播放。

在【读取】状态下，系统会读取当前音频轨道上的调节效果，但是不能记录音频调节过程。

在【闭锁】、【触动】、【写入】三种方式下，都可以实时记录音频调节。

【闭锁】选项，当使用自动书写功能实时播放记录调节数据时，每调节一次，下一次调节时调节滑块的初始位置会自动转为音频对象上次所调整的参数值。

【触动】选项，当使用自动书写功能实时播放记录调节数据时，每调节一次，下一次调节时，调节滑块的初始位置会自动转为音频对象在进行当前编辑前的参数值。

【写入】选项，当使用自动书写功能实时播放记录调节数据时，每调节一次，下一次调节时，调节滑块停留在上一次调节后位置。

03 单击【混音器播放】按钮▶，【序列】面板中的音频素材开始播放。拖动音量控制滑块进行调节，调节完毕，系统自动记录调节结果。

6.1.3 录音和子轨道

由于 Premiere Pro CC 的音轨混合器提供了崭新的录音和子轨道调节功能，所以可以直接在计算机上完成解说或者配乐的工作。

1. 制作录音

要使用录音功能，首先必须保证计算机的音频输入装置被正确连接。可以使用 MIC 或者其他 MIDI 设备在 Premiere Pro CC 中录音，录制的声音会成为音频轨道上的一个音频素材，还可以将这个音频素材输出保存为一个兼容的音频文件格式。

制作录音的方法如下。

01 首先激活要录制音频轨道的按钮，激活录音装置后，上方会出现音频输入的设备选项，选择输入音频的设备即可。

02 激活面板下方的按钮，如图 6-23 所示。

03 单击面板下方的按钮，进行解说或者演奏即可；单击按钮即可停止录制，当前音频轨道上会出现刚才录制的声音，如图 6-24 所示。

图 6-23　启用记录轨道

图 6-24　记录录制的声音

2. 添加与设置子轨道

我们可以为每个音频轨道增添子轨道，并且分别对每个子轨道进行不同的调节或者添加不同特效来完成复杂的声音效果设置。需要注意的是，子轨道是依附于其主轨道存在的，所以，在子轨道中无法添加音频素材，仅用于辅助调节。

添加与设置子轨道的方法如下。

01 单击混音器面板左侧的█按钮，展开特效和子轨道设置栏。下方的█区域用来添加音频子轨道。在子轨道的区域中单击小三角，会弹出子轨道下拉列表，如图 6-25 所示。

图 6-25　创建子轨道

02 在下拉列表中选择添加的子轨道方式。可以添加一个单声道、立体声、5.1 声道或者自适应子轨道。可以分别切换到不同的子轨

道进行调节控制，Premiere Pro CC 提供了最多 5 个子轨道的控制。

03 单击子轨道调节栏右上角按钮，当按钮变为█时，可以屏蔽当前子轨道效果，如图 6-26 所示。

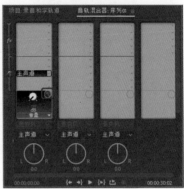

图 6-26　屏蔽当前子轨道

6.1.4　使用【序列】面板合成音频

在【序列】面板中不仅可以编辑视频素材，还可以对音频进行编辑和合成，在【序列】面板中可以调整音轨的音量、平衡和平移等，对音轨的处理将直接影响所有放入音轨中的素材。

1. 调整音频持续时间和速度

音频的持续时间就是指音频入、出点之间的素材持续时间，因此，对于音频持续时间的调整，就是通过入、出点的设置来进行的。改变整段音频的持续时间还有其他的方法：可以在【序列】面板中用选择工具直接拖动音频的边缘，以改变音频轨上音频素材的长度；还可以选中【序列】面板中的音频片段，然后右击，从弹出的快捷菜单中选择【速度 / 持续时间】命令，在弹出的【剪辑速度 / 持续时间】对话框中设置音频片段的长度，如图 6-27 所示。

在【剪辑速度 / 持续时间】对话框中，也可以对音频素材的播放速度进行调整。

> 💬 提　示
>
> 改变音频的播放速度后会影响音频播放的效果，音调会因速度提高而升高，因速度的降低而降低。同时播放速度变化了，播放的时间也会随着改变，但这种改变与单纯改变音频素材的入、出点来改变持续时间不是一回事。

图 6-27　调节音频的速度和时间

2. 增益音频

音频素材的增益指的是音频信号的声调高低。在节目中经常要处理声音的声调，特别是当同一个视频同时出现几个音频素材的时候，就要平衡几个素材的增益。可为一个音频剪辑设置整体的增益。尽管音频增益的调整在音量、摇摆/平衡和音频效果调整之后，但并不会删除这些设置。增益设置对于平衡几个剪辑的增益级别或者调节一个剪辑过高或过低的音频信号是十分有用的。

如果一个音频素材在数字化的时候，由于对捕获的设置不当，也会常常造成增益过低，而用 Premiere Pro CC 提高素材的增益，有可能增大了素材的噪声甚至造成失真。要使输出效果达到最好，就应按照标准步骤进行操作，以确保每次数字化音频剪辑时有合适的增益级别。

在剪辑中调整音频增益的步骤一般如下。

01 在【序列】面板中，使用【选择工具】▶选择一个音频剪辑，此时剪辑周围出现灰色阴影框，表示该剪辑已经被选中，如图 6-28 所示。

图 6-28　选择音频

02 选择【剪辑】|【音频选项】|【音频增

益】命令，弹出如图 6-29 所示的【音频增益】对话框。

图 6-29　【音频增益】对话框

03 根据需要选择以下一种增益设置方式。

- 【将增益设置为】选项：可以输入 −96~96 的任意数值，表示音频增益的声音大小（分贝）。大于 0 的值会放大剪辑的增益，小于 0 的值则削弱剪辑的增益，使其声音变小。
- 【调整增益值】选项：同样可以输入 −96~96 的任意数值，系统将依据输入的数值来自动调节音频增益。
- 【标准化最大峰值为】、【标准化所有峰值为】选项：可根据对峰值的设定来计算音频增益。

04 设置完成后单击【确定】按钮。

6.1.5　分离和链接视音频

在编辑工作中，经常需要将【序列】面板中的视音频链接素材的视频和音频分离。用户可以完全打断或者暂时释放链接素材的链接关系并重新放置各部分。

Premiere Pro CC 中的音频素材和视频素材有硬链接和软链接两种链接关系。当链接的视频和音频来自同一个影片文件时，它们是硬链接，【项目】面板只出现一个素材，硬链接是在素材输入 Premiere 之前就建立完成的，在序列中显示为相同的颜色，如图 6-30 所示。

图 6-30　视音频之间的硬链接

软链接是在【序列】面板中建立的链接。软链接类似于硬链接，但链接的素材在【项目】

面板中保持着各自的完整性，在序列中可以对其进行独立的设置，如图 6-31 所示。

图 6-31　视音频之间的软链接

如果要打断链接在一起的视音频，可在轨道上选择对象，单击鼠标右键，从弹出的快捷菜单中选择【取消链接】命令，如图 6-32 所示。被打断的视音频素材可以单独进行操作。

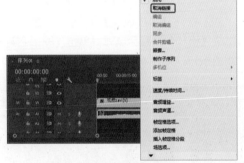

图 6-32　选择【取消链接】命令

如果要把分离的视音频素材链接在一起作为一个整体进行操作，则只需要框选需要链接的视音频，单击鼠标右键，从弹出的快捷菜单中选择【链接】命令。

> 提　示
>
> 如果把一段链接在一起的视音频文件打断了，然后移动了位置或者分别设置入点、出点、产生了偏移，则再次将其链接时，系统会做出警告，表示视音频不同步，如图 6-33 所示，左侧出现红色警告，并标识错位的帧数。

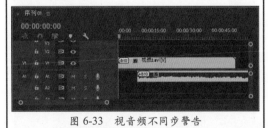

图 6-33　视音频不同步警告

6.1.6　添加音频特效

Premiere Pro CC 提供了 20 多种音频特效。

可以通过特效产生回声、和声以及去除噪声的效果，还可以使用扩展的插件得到更多的控制。

1. 为素材添加特效

为音频素材添加特效的方法与视频素材相同，这里不再赘述。在【效果】面板中展开【音频效果】选项，选择音频特效进行设置即可，如图 6-34 所示。

在【音频过渡】选项下，Premiere Pro CC 还为音频素材提供了简单的切换方式，如图 6-35 所示。为音频素材添加切换的方法与视频素材相同。

图 6-34　音频效果　　图 6-35　音频切换方法

2. 设置轨道特效

Premiere Pro CC 除了可以为轨道上的音频素材设置特效外，还可以直接为音频轨道添加特效。

操作步骤如下。

01 首先在混合器中展开目标轨道的特效设置栏，单击右侧设置栏上的小三角，可以弹出音频特效下拉列表，如图 6-36 所示，选择需要使用的音频特效。

图 6-36　选择音频特效

02 可以在一个音频轨道上添加多个特效，并分别控制，如图 6-37 所示。

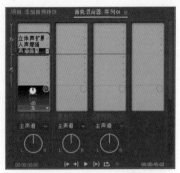

图 6-37　添加多个音频特效

03 如果要调节轨道的音频特效，可以右键单击特效，在弹出的快捷菜单中进行设置，如图 6-38 所示。

图 6-38　设置音频特效

6.2　输出婚礼片头动画——输出的基本操作

下面将讲解如何输出婚礼片头动画，效果如图 6-39 所示。

图 6-39　输出婚礼片头动画

素材	素材\Cha06\制作婚礼开场短片.prproj
场景	场景\Cha06\输出婚礼片头动画.prproj
视频	视频教学\Cha06\6.2　输出婚礼片头动画.mp4

01 打开"素材\Cha06\制作婚礼开场短片.prproj"素材文件，选择【序列01】面板，在菜单栏中选择【文件】|【导出】|【媒体】命令，如图 6-40 所示。

图 6-40　选择【媒体】命令

02 打开【导出设置】对话框，在该对话框中将【格式】设置为 AVI，单击【输出名称】右侧的按钮，如图 6-41 所示。

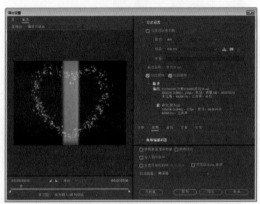

图 6-41　选择需要的格式

03 打开【另存为】对话框，指定一个正确的保存位置，输入要保存的名称，如图 6-42 所示。

图 6-42　设置保存的名称和位置

04 单击【保存】按钮，在【导出设置】对话框中单击【导出】按钮即可，如图 6-43 所示。

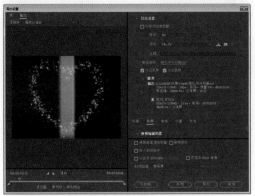

图 6-43　选择导出

6.2.1　输出设置

编辑制作完成一个影片后，最后的环节就是输出文件，就像支持多种格式文件的导入一样，Premiere Pro CC 可以将【时间线】面板中的内容以多种格式文件渲染输出，以满足多方面的需要。但在输出文件之前，需要先对输出选项进行设置。

1. 影片输出类型

在 Adobe Premiere CC 中可以将影片输出为不同的类型。

在菜单栏中选择【文件】|【导出】命令，在弹出的子菜单中可以看到 Premiere Pro CC 软件支持的输出类型，如图 6-44 所示。

图 6-44　导出类型

主要输出类型说明如下。

- 【媒体】：选择该命令后，可以打开【导出设置】对话框，在该对话框中可以进行各种格式的媒体输出。
- 【动态图形模板】：该命令可以将 Premiere Pro 中创建的字幕和图形导出为动态图形模板（.mogrt）以供将来重复使用或共享。
- 【字幕】：单独输出在 Premiere Pro CC 软件中创建的字幕文件。
- 【磁带（DV/HDV）】：该命令可以将序列导出到磁带。
- 【磁带（串行设备）】：通过专业录像设备将编辑完成的影片直接输出到磁带上。
- EDL：输出一个描述剪辑过程的数据文件，可以导入其他的编辑软件进行编辑。
- OMF：将整个序列中所有激活的音频轨道输出为 OMF 格式，可以导入 Digidesign Pro Tools 等软件中继续编辑润色。
- AAF：AAF 格式可以支持多平台多系统的编辑软件，可以导入其他的编辑软件中继续编辑，如 Avid Media Composer。
- Final Cut Pro XML：将剪辑数据转移到苹果平台的 Final Cut Pro 剪辑软件中继续进行编辑。

2. 设置输出基本选项

完成后的影片的质量取决于诸多因素。比如，编辑所使用的图形压缩类型，输出的帧速率以及播放影片的计算机系统的速度等。在合成影片前，需要在输出设置中对影片的质量进行设置。输出设置中的大部分选项与项目中的设置选项相同。

> **🏷 提　示**
>
> 在项目中，是针对序列进行设置的；而在输出中，是针对最终输出的影片进行设置的。

选择不同的编辑格式，可供输出的影片格式和压缩设置等也有所不同。设置输出基本选项的方法如下。

01 选择需要输出的序列，在菜单栏中选择【文件】|【导出】|【媒体】命令，弹出【导出设置】对话框，如图6-45所示。

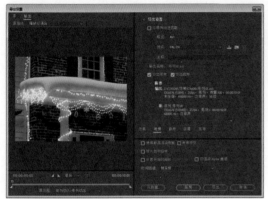

图6-45 【导出设置】对话框

02 在该对话框左下角的【源范围】下拉列表中选择【整个序列】选项，会导出序列中的所有影片；选择【序列切入/序列切出】选项，会导出切入点与切出点之间的影片；选择【工作区域】选项，会导出工作区域内的影片；选择【自定】选项，用户可以根据需要，自行设置需要导出的影片区域，如图6-46所示。

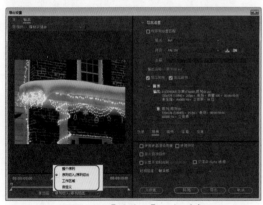

图6-46 【源范围】下拉列表

03 在【导出设置】区域中，单击【格式】右侧的下三角按钮，可以在弹出的下拉列表中选择输出使用的媒体格式，如图6-47所示。

常用的输出格式和相对应的使用路径说明如下。

● AVI（未压缩）：输出不经过任何压缩的Windows操作平台数字电影。

● F4V、FLV：输出Flash流媒体格式视频，适合网络播放。

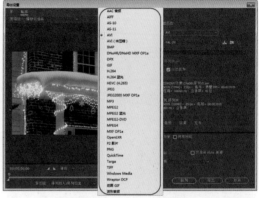

图6-47 选择输出格式

● GIF：输出动态图片文件，适用于网页播放。

● H-264、H-264蓝光：输出高性能视频编码文件，适合输出高清视频和录制蓝光光盘。

● AVI：输出基于Windows操作平台的数字电影。

● MPEG4：输出压缩比较高的视频文件，适合移动设备播放。

● PNG、Targa、TIFF：输出单张静态图片或者图片序列，适合多平台数据交换。

● 波形音频：只输出影片声音，输出WAV格式音频，适合多平台数据交换。

● Windows Media：输出微软专有流媒体格式，适合网络播放和移动媒体播放。

04 如果勾选【导出视频】复选框，则合成影片时输出影像文件，如果取消勾选该复选框，则不能输出影像文件。如果勾选【导出音频】复选框，则合成影片时输出声音文件，如果取消勾选该复选框，则不能输出声音文件，如图6-48所示。

05 参数设置完成后，单击【导出】按钮进行导出。

3. 输出视频和音频设置

下面来介绍输出视频和音频前的一些选项设置，具体操作步骤如下。

01 在【导出设置】对话框中勾选【导出视频】和【导出音频】复选框后，在该对话框中单击【视频】标签，进入【视频】选项卡，如图 6-49 所示。

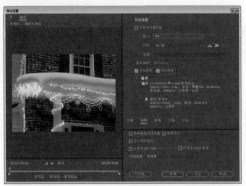

图 6-48　选择复选框

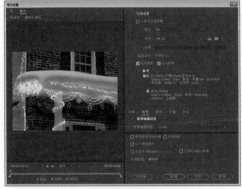

图 6-49　选择【视频】选项卡

02 在【视频编解码器】选项组中，单击【视频编解码器】右侧的下三角按钮，在弹出的下拉列表中选用于影片压缩的编码解码器，选用的输出格式不同，对应的编码解码器也不同，如图 6-50 所示。

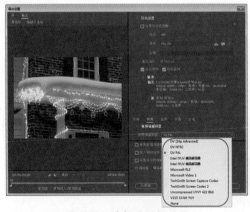

图 6-50　选择编码解码器

【视频】选项卡中各个选项的功能如下。

- 【质量】：用于设置输出节目的质量。

- 【宽度】和【高度】：用于设置输出影片的视频大小。

- 【帧速率】：用于指定输出影片的帧速率。

- 【场序】：在该下拉列表中提供了【逐行】、【上场优先】和【下场优先】选项。

- 【长宽比】：在该下拉列表中可以设置输出影片的像素宽高比。

- 【以最大深度渲染】复选框：未勾选该复选框时，以 8 位深度进行渲染；勾选该复选框后，以 24 位深度进行渲染。

- 【关键帧】复选框：勾选该复选框后，会显示【关键帧间隔】选项，关键帧间隔用于压缩格式，以输入的帧数创建关键帧。

- 【优化静止图像】复选框：勾选该复选框后，会优化长度超过一帧的静止图像。

03 在【基本视频设置】选项组中，可以设置【质量】、【帧速率】和【场序】等选项。

04 在【高级设置】选项组中，可以对【关键帧】和【优化静止图像】复选框进行设置。

05 单击【音频】标签，在该选项卡中可以设置输出音频的【采样率】、【声道】和【样本大小】等选项，如图 6-51 所示。

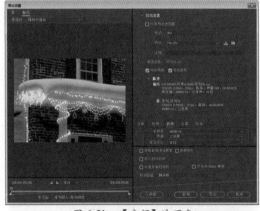

图 6-51　【音频】选项卡

【音频】选项卡中各个选项的功能如下。

- 【采样率】：在该下拉列表中选择输出节目时使用的采样速率。采样速率越高，播放质量越好，但需要较大的磁盘空间，并会占用较多的处理时间。

- 【声道】：选择采用单声道或者立体声。

- 【样本大小】：在该下拉列表中选择输出节目时使用的声音量化位数。要获得较好的音频质量就要使用较高的量化位数。
- 【音频交错】：指定音频数据如何插入视频帧中间。增加该值会使程序存储更长的声音片段，同时需要更大的内存容量。

06 设置完成后，单击【导出】按钮，开始对影片进行渲染输出。

6.2.2 输出文件

在 Premiere Pro CC 中，可以选择把文件输出成能在电视上直接播放的节目，也可以输出为专门在计算机上播放的 AVI 格式文件、静止图片序列或是动画文件。在设置文件的输出操作时，首先必须知道自己制作这部影视作品的目的，以及这部影视作品面向的对象，然后根据节目的应用场合和质量要求选择合适的输出格式。

1. 输出影片

下面来介绍将文件输出为影片的方法，具体操作步骤如下。

01 运行 Premiere Pro CC 软件，在开始界面中，单击【打开项目】按钮，如图 6-52 所示。

图 6-52 单击【打开项目】按钮

02 弹出【打开项目】对话框，在该对话框中选择"素材\Cha06\炫酷摩托.prproj"文件，单击【打开】按钮，如图 6-53 所示。

03 打开素材文件后，在【节目】监视器

中单击【播放 - 停止切换】▶按钮预览影片，如图 6-54 所示。

图 6-53 选择素材文件

图 6-54 预览影片

04 预览完成后，在菜单栏中选择【文件】|【导出】|【媒体】命令，如图 6-55 所示。

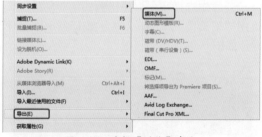

图 6-55 选择【媒体】命令

05 弹出【导出设置】对话框，在【导出设置】区域中，设置【格式】为 AVI，设置【预设】为 PAL DV，单击【输出名称】右侧的文字，弹出【另存为】对话框，在该对话框中设置影片名称为"导出影片"，并设置导出路径，如图 6-56 所示。

06 设置完成后单击【保存】按钮，返回到【导出设置】对话框中，在该对话框中单击【导出】按钮，如图 6-57 所示。

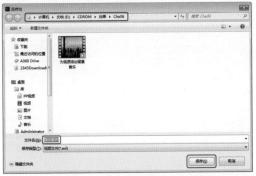

图 6-56　设置存储路径及名称

图 6-57　将影片导出

2. 输出单帧图像

在 Adobe Premiere Pro CC 中，我们可以选择影片中的一帧，将其输出为一个静态图片。输出单帧图像的操作步骤如下。

01 打开素材文件"炫酷摩托 .prproj"，在【节目】监视器中，将时间指针移动到 00:00:01:16 位置，如图 6-58 所示。

图 6-58　设置时间

02 在菜单栏中选择【文件】|【导出】|【媒体】命令，弹出【导出设置】对话框，在【导

出设置】区域中，将【格式】设置为 JPEG，单击【输出名称】右侧的文字，弹出【另存为】对话框，在该对话框中设置影片名称和导出路径，如图 6-59 所示。

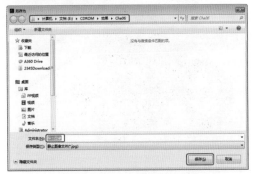

图 6-59　设置存储路径及名称

03 设置完成后单击【保存】按钮，返回到【导出设置】对话框中，在【视频】选项卡下，取消勾选【导出为序列】复选框，如图 6-60 所示。

图 6-60　取消勾选【导出为序列】复选框

04 设置完成后，单击【导出】按钮，单帧图像输出完成后，可以在其他看图软件中进行查看，效果如图 6-61 所示。

3. 输出序列文件

Premiere Pro CC 可以将编辑完成的文件输出为一组带有序列号的序列图片。输出序列文件的操作方法如下。

01 打开素材文件"炫酷摩托 .prproj"，选择需要输出的序列，然后在菜单栏中选择【文件】|【导出】|【媒体】命令，弹出【导出设置】对话框，在【导出设置】区域中，将【格式】设置为 JPEG，也可以设置为 PNG、TIFF 等，

单击【输出名称】右侧的文字，弹出【另存为】对话框，在该对话框中单击【新建文件夹】按钮，如图 6-62 所示。

图 6-61　导出图片后的效果

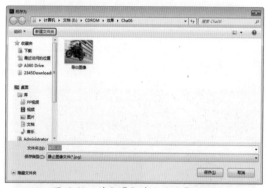

图 6-62　单击【新建文件夹】按钮

02 将新文件夹重命名为"输出序列文件"，如图 6-63 所示。

图 6-63　为文件夹重命名

03 双击【输出序列文件】文件夹，将文件名设置为 001，然后单击【保存】按钮，如图 6-64 所示。

04 设置完成后单击【保存】按钮，返回到【导出设置】对话框中，在【视频】选项

卡下，确认已勾选【导出为序列】复选框，如图 6-65 所示。

图 6-64　设置文件名

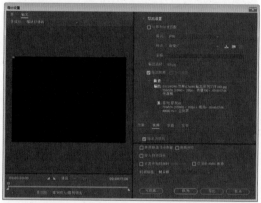

图 6-65　【导出设置】对话框

05 设置完成后，单击【导出】按钮，当序列文件输出完成后，在本地计算机上打开【输出序列文件】文件夹，即可看到输出的序列文件，如图 6-66 所示。

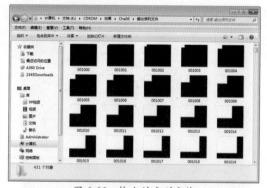

图 6-66　输出的序列文件

4. 输出 EDL 文件

EDL（编辑决策列表）文件包含项目中的各种编辑信息，包括项目使用的素材所在的磁

带名称以及编号、素材文件的长度、项目中所用的特效及转场等。EDL 编辑方式是剪辑中通用的办法，通过它可以在支持 EDL 文件的不同剪辑系统中交换剪辑内容，不需要重新剪辑。

电视节目（如电视连续剧）等的编辑工作经常会采用 EDL 编辑方式。在编辑过程中，可以先将素材采集成画质较差的文件，对这个文件进行剪辑，能够降低计算机的负荷并提高工作效率；剪辑工作完成后，将剪辑过程输出成 EDL 文件，并将素材重新采集成画质较高的文件，导入 EDL 文件并进行最终成片的输出。

📎 提 示

> EDL 文件虽然能记录特效信息，但由于不同的剪辑系统对特效的支持并不相同，其他的剪辑系统有可能无法识别在 Adobe Premiere Pro CC 中添加的特效信息，使用 EDL 文件时需要注意，不同的剪辑系统的时间线初始化设置应该相同。

在菜单栏中选择【文件】|【导出】|【EDL】命令，弹出【EDL 导出设置】对话框，如图 6-67 所示。

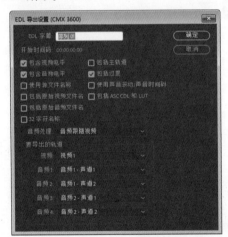

图 6-67 【EDL 导出设置】对话框

设置完成后，单击【确定】按钮，即可将当前序列中的被选择轨道的剪辑数据输出为 EDL 文件。

▶ 6.3 上机练习——制作旅游宣传广告

本案例将介绍怎样制作一个城市宣传片，通过在序列中创建字幕、为素材设置关键帧、应用嵌套序列等操作，从而产生视频效果，如

图 6-68 所示。

图 6-68 效果图

素材	素材 \Cha06\ "旅游素材" 文件夹
场景	场景 \Cha06\ 制作旅游宣传广告 .aep
视频	视频教学 \Cha06\6.3 制作旅游宣传广告 .mp4

1. 创建字幕条与公司简介效果

下面将讲解如何导入素材文件，具体操作步骤如下。

01 启动 Premiere Pro CC 软件，在弹出的欢迎界面中单击【新建项目】按钮，如图 6-69 所示。

图 6-69 单击【新建项目】按钮

02 弹出【新建项目】对话框，在该对话框中将名称设置为"旅游宣传广告"，在【位置】选项中为其指定一个正确的存储位置，其他均为默认，如图 6-70 所示。

03 设置完成后单击【确定】按钮，按 Ctrl+I 组合键，在弹出的对话框中选择"素材 \Cha06\ 旅游素材"文件夹，单击【导入文件夹】按钮，如图 6-71 所示。

图 6-70 【新建项目】对话框

图 6-73 导入的素材

图 6-71 【导入】对话框

图 6-74 选择【序列】命令

04 由于导入的文件中包含 psd 文件，所以在导入的过程中会弹出【导入分层文件】对话框，在该对话框中将【导入为】设置为【各个图层】，如图 6-72 所示。

07 打开【新建序列】对话框，切换至【序列预设】选项卡，选择 DV-PAL | 【标准48kHz】选项，将【序列名称】设置为"字幕条"，如图 6-75 所示。

图 6-72 【导入分层文件】对话框

图 6-75 【新建序列】对话框

05 设置完成后单击【确定】按钮，即可将选择的文件夹导入【项目】面板中，如图 6-73 所示。

06 在菜单栏中选择【文件】|【新建】|【序列】命令，如图 6-74 所示。

08 设置完成后单击【确定】按钮，将当前时间设置为 00:00:00:00，在【项目】面板中

选择"旅游球 1.png"素材图像,将其添加至
V3 轨道中,如图 6-76 所示。

图 6-76　添加图像文件

09 打开【效果控件】面板,将【缩放】
设置为 25,将【位置】设置为 100、483,如
图 6-77 所示。

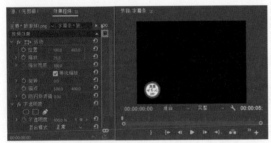

图 6-77　设置对象参数

10 将"地球 2.png"素材图像添加至 V2
轨道中,使其开始位置与"地球 1.png"的开始
位置对齐,如图 6-78 所示。

图 6-78　添加素材图像

11 确认当前时间为 00:00:00:00,在【效
果控件】面板中展开【运动】选项,将【缩放】
设置为 25,将【位置】设置为 100、483,单击
【旋转】左侧的【切换动画】按钮,如图 6-79
所示。

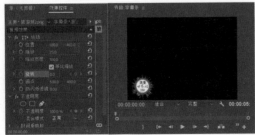

图 6-79　设置素材参数

12 将当前时间设置为 00:00:05:00,将【旋
转】设置为 1x295.5°,如图 6-80 所示。

图 6-80　设置时间为 00:00:05:00 的参数

13 在菜单栏中选择【文件】|【新建】|【旧
版标题】命令,弹出【新建字幕】对话框,在
该对话框中将【名称】设置为"字幕条",其他
参数均为默认设置,如图 6-81 所示。

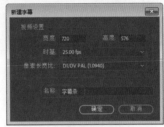

图 6-81　【新建字幕】对话框

14 设置完成后单击【确定】按钮,即可
打开字幕编辑器,在工具箱中选择【钢笔工具】
,绘制如图 6-82 所示的形状。

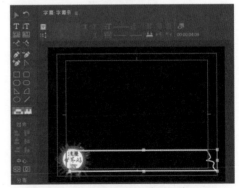

图 6-82　绘制图形

15 选择绘制的图形,在【属性】选项组
中将【图形类型】设置为【填充贝塞尔曲线】,
将【填充】选项组中的【颜色】设置为白色,
如图 6-83 所示。

16 设置完成后关闭字幕编辑器,将当前
时间设置为 00:00:00:00,将创建的"字幕条"

添加至 V1 轨道中，并将其开始位置与时间线对齐，如图 6-84 所示。

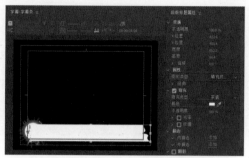

图 6-83　设置字幕属性

图 6-84　添加字幕对象

17 打开【效果】面板，选择【视频过渡】|【擦除】|【划出】效果，如图 6-85 所示。

图 6-85　选择效果

18 按住鼠标将其拖曳到"字幕条"的开始位置处，如图 6-86 所示。

图 6-86　添加效果

19 选中添加的效果，在【效果控件】面板中将【持续时间】设置为 00:00:00:20，如图 6-87 所示。

20 使用同样的方法，再次创建一个名称为"案例欣赏"的序列，在【序列】面板中将当前时间设置为 00:00:00:00，在 V1 轨道中添

加 001.jpg 图像，并将其开始位置与时间线对齐，如图 6-88 所示。

图 6-87　设置持续时间

图 6-88　添加图像文件

21 确认当前时间为 00:00:00:00，选择添加的 001.jpg 图像，在【效果控件】面板中将【运动】选项下的【缩放】设置为 105，展开【不透明度】选项，将其设置为 0%，如图 6-89 所示。

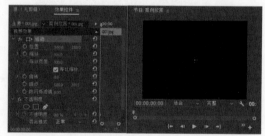

图 6-89　设置关键帧

22 将当前时间设置为 00:00:00:10，将【效果控件】面板中的【不透明度】设置为 100%，如图 6-90 所示。

图 6-90　设置关键帧

23 将当前时间设置为 00:00:03:10，将
002.jpg 素材文件添加至 V2 轨道中，并将其开
始位置与时间线对齐，如图 6-91 所示。

图 6-91 添加素材

24 打开【效果控件】面板，将【位置】
设置为 1130、0，并单击【位置】左侧的【切
换动画】按钮，如图 6-92 所示。

图 6-92 设置关键帧

25 将当前时间设置为 00:00:05:00，将【位
置】设置为 360、149，如图 6-93 所示。

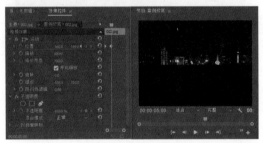

图 6-93 设置关键帧

26 使用同样的方法，在 V3 轨道中添加
003.jpg 素材文件，并设置其位置关键帧，完成
后的效果如图 6-94 所示。

27 将当前时间设置为 00:00:07:10，将
004.jpg 素材文件添加至 V4 轨道中，并将其
开始位置与时间线对齐。将当前时间设置为
00:00:12:10，在 V4 轨道中添加 005.jpg 素材文
件，并将其开始位置与时间线对齐，如图 6-95
所示。

28 打开【效果】面板，选择【视频过渡】

【擦除】|【百叶窗】效果，如图 6-96 所示。

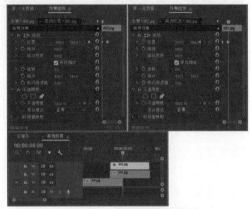

图 6-94 设置完成后的效果

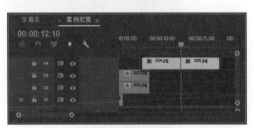

图 6-95 添加素材文件

图 6-96 选择效果

29 将其添加至 004.jpg 的开始位置，如
图 6-97 所示。

30 在【效果】面板中选择【视频过渡】|
【滑动】|【中心拆分】效果，将其添加至 004.jpg
与 005.jpg 之间，如图 6-98 所示。

图 6-97 添加效果

图 6-98　继续添加效果

31 设置完成后选择 005.jpg 素材文件，单击鼠标右键，在弹出的快捷菜单中选择【速度 / 持续时间】命令，打开【剪辑速度 / 持续时间】对话框，将【持续时间】设置为 00:00:05:10，单击【确定】按钮，如图 6-99 所示。

图 6-99　【剪辑速度 / 持续时间】对话框

32 在菜单栏中选择【文件】|【新建】|【旧版标题】命令，打开【新建字幕】对话框，在该对话框中将【名称】设置为"底纹 1"，如图 6-100 所示。

图 6-100　【新建字幕】对话框

33 设置完成后单击【确定】按钮，打开字幕编辑器，在工具箱中选择【矩形工具】，在编辑器中创建一个矩形。选择创建的矩形，并将其调整至合适的位置，在【填充】选项组中将【颜色】设置为白色，将【不透明度】设置为 50%，将【宽度】、【高度】分别设置为 248.3、580.5，将【X 位置】、【Y 位置】分别设置为 120.6、288.5，如图 6-101 所示。

图 6-101　创建矩形

34 设置完成后关闭字幕编辑器，将当前时间设置为 00:00:00:10，在 V5 轨道中添加"底纹 1"字幕，并将其开始位置与时间线对齐，如图 6-102 所示。

图 6-102　添加字幕

35 选择添加的字幕，将其持续时间设置为 00:00:17:10，如图 6-103 所示。

图 6-103　设置持续时间后的效果

36 在【效果】面板中选择【视频过渡】|【擦除】|【百叶窗】效果，将其添加至"底纹 1"字幕的开始位置，并选择添加的效果，如图 6-104 所示。

37 再次创建一个字幕，将名称设置为"公司简介"，打开字幕编辑器，在工具箱中选择【文字工具】，在编辑器中单击鼠标，输入"公司简介"。选择输入的文字，在【属性】选项组中，将【字体系列】设置为【华文新魏】，将【字体大小】设置为 45，将【颜色】的 RGB 值设置为 119、2、2，将【X 位置】、【Y 位置】分别设置为 120.9、73.8，如图 6-105 所示。

图 6-104　添加效果

图 6-105　输入文字并设置其属性

[38] 输入文字，选中输入的文字，将其【字体系列】设置为【微软雅黑】，【字体大小】设置为 24，将【行距】设置为 15，将【颜色】的 RGB 值设置为 119、2、2，将【X 位置】、【Y 位置】分别设置为 124.7、285，如图 6-106 所示。

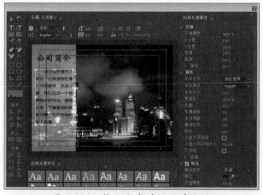

图 6-106　输入文字并设置其属性

[39] 设置完成后将字幕编辑器关闭，将

当前时间设置为 00:00:01:00，在 V6 轨道中添加 "公司简介" 字幕，将其开始位置与时间线对齐，并将其持续时间设置为 00:00:16:20，如图 6-107 所示。

图 6-107　添加字幕并设置持续时间

[40] 在【效果】面板中选择【视频过渡】|【溶解】|【叠加溶解】效果，将其添加至 "公司简介" 字幕的开始位置，如图 6-108 所示。

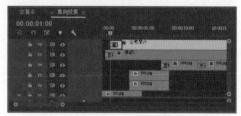

图 6-108　添加效果

2. 制作广告结束动画效果

下面将介绍如何制作广告结束动画效果，操作步骤如下。

[01] 创建一个名称为 "片尾" 的序列文件，首先在视频轨道 V1 中添加 009.jpg 素材文件，将【缩放】设置为 80。在菜单栏中选择【文件】|【新建】|【旧版标题】命令，打开【新建字幕】对话框，在该对话框中将名称设置为 "图像 1"，其他参数均为默认，如图 6-109 所示。

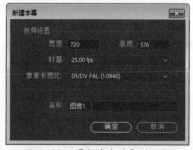

图 6-109　【新建字幕】对话框

[02] 设置完成后单击【确定】按钮，打开字幕编辑器，在工具箱中选择【圆角矩形工具】 ◉，在编辑器窗口中创建一个圆角矩形，选择

创建的圆角矩形，将【变换】选项组下的【宽度】设置为283，将【高度】设置为238，在【属性】选项组下将【圆角大小】设置为5，将【颜色】设置为白色，将【X位置】、【Y位置】分别设置为142.2、287，如图6-110所示。

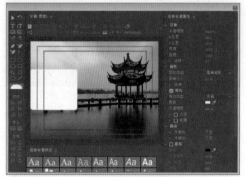

图6-110　创建圆角矩形

03 在【填充】选项组下勾选【纹理】复选框，展开该选项，单击【纹理】右侧缩略图，在弹出的对话框中选择"素材\Cha06\旅游素材\010.jpg"素材文件，如图6-111所示。

图6-111　【选择纹理图像】对话框

04 单击【打开】按钮，即可将其添加至创建的圆角矩形中，如图6-112所示。

图6-112　插入纹理图像后的效果

05 设置完成后单击【基于当前字幕新建字幕】按钮，在弹出的对话框中将其重命名

为"图像2"，单击【确定】按钮。将"图像1"字幕中的内容分类删除，使用同样的方法创建一个圆角矩形并设置纹理图像，完成后的效果如图6-113所示。

图6-113　完成后的效果

06 使用同样的方法，创建"图像3"字幕，创建圆角矩形并设置纹理图像，完成后的效果如图6-114所示。

图6-114　完成后的效果

07 新建字幕，并将其重命名为"分界线"，在工具箱中选择【椭圆工具】，在编辑器窗口中绘制椭圆。选择绘制的椭圆，将【变换】选项组下的【宽度】、【高度】分别设置为4.5、500，将【旋转】设置为24.5，将【X位置】、【Y位置】分别设置为537、241；在【填充】选项组下设置【颜色】为255、0、0，如图6-115所示。

图6-115　创建椭圆

08 新建字幕,并将其重命名为"矩形1",将编辑器窗口中的字幕删除,在工具箱中选择【钢笔工具】 ,在编辑器窗口中创建一个图形。选择创建的图形,将【变换】选项组下的【高度】、【宽度】分别设置为367、198.5,将【X位置】、【Y位置】分别设置为255.2、199.6,如图6-116所示。

图 6-116　创建圆角矩形

09 在【描边】选项组下勾选【外描边】复选框,将【类型】设置为【边缘】,将【大小】设置为5,将【颜色】的RGB值设置为5、154、58,如图6-117所示。

图 6-117　添加描边

10 使用同样的方法创建"矩形2"字幕,将编辑器中的矩形调整至合适的位置,如图6-118所示。

11 创建"文本"字幕,输入相应的文字,将【字体系列】设置为【微软雅黑】,将【字体大小】设置为30,将【行距】设置为8,将【字符间距】设置为20,将填充颜色的RGB值设置为5、154、58,完成后的效果如图6-119所示。设置完成后关闭字幕编辑器窗口即可。

图 6-118　调整矩形位置

图 6-119　输入文本

12 在V1轨道中选择009.jpg素材文件,将其持续时间设置为00:00:13:00,如图6-120所示。

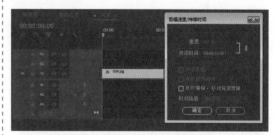

图 6-120　设置素材的持续时间

13 单击【确定】按钮,将当前时间设置为00:00:00:15,在V2轨道中添加"图层0/矩形.psd"素材文件,将其开始时间与时间线对齐,如图6-121所示。

图 6-121　添加素材

14 选择添加的"图层0/矩形.psd"素材

文件，将其结尾处与009.jpg素材文件的结尾对齐，如图6-122所示。

图6-122　对齐后的效果

15　确认当前时间为00:00:00:15，选择添加的"图层0/矩形.psd"素材文件，打开【效果控件】面板，展开【运动】选项，将【位置】设置为-470、288，并单击【位置】左侧的【切换动画】按钮，如图6-123所示。

图6-123　设置关键帧

16　将当前时间设置为00:00:02:17，在【效果控件】面板中将【位置】设置为234、288，如图6-124所示。

图6-124　设置关键帧

17　将当前时间设置为00:00:02:17，在V3轨道中添加"图像1"字幕，并将其结尾处与V1轨道中的009.jpg素材文件的结尾对齐，如图6-125所示。

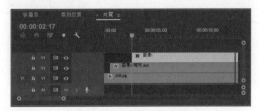

图6-125　对齐后的效果

18　确认当前时间为00:00:02:17，在【效果控件】面板中展开【运动】选项，将【位置】设置为785、288，并单击【位置】左侧的【切换动画】按钮，将【不透明度】设置为0，如图6-126所示。

图6-126　设置关键帧

19　将当前时间设置为00:00:04:02，在【效果控件】面板中将【位置】设置为386、288，将【不透明度】设置为100%，如图6-127所示。

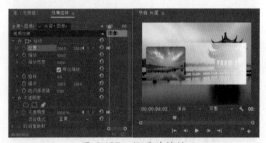

图6-127　设置关键帧

20　确认当前时间为00:00:04:02，在V4轨道中添加"图像2"素材文件，并将其结尾处与"图像1.jpg"素材文件的结尾对齐。在【效果控件】面板中展开【运动】选项，将【位置】设置为280、288，并单击【位置】左侧的【切换动画】按钮，将【不透明度】设置为0，如图6-128所示。

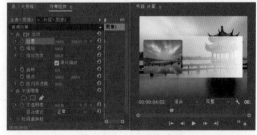

图6-128　设置关键帧

21　将当前时间设置为00:00:05:02，将【位置】设置为415、288，将【不透明度】设置为100%，如图6-129所示。

图 6-129 设置关键帧

22 在 V5 轨道中添加"图像 3"字幕,将【持续时间】设置为 00:00:07:23,并设置其关键帧动画,如图 6-130 所示。

图 6-130 设置关键帧

23 将当前时间设置为 00:00:06:02,选择 V3 轨道中的"图像 1"字幕,在【效果控件】中单击【不透明度】右侧的【添加/移除关键帧】◙,如图 6-131 所示。

图 6-131 设置关键帧

24 将当前时间设置为 00:00:07:02,将【不透明度】设置为 0,如图 6-132 所示。

图 6-132 设置不透明度

25 将当前时间设置为 00:00:07:02,选择 V4 轨道中的"图像 2"字幕,在【效果控件】中单击【不透明度】右侧的【添加/移除关键帧】◙,如图 6-133 所示。

图 6-133 添加关键帧

26 将当前时间设置为 00:00:08:02,将【不透明度】设置为 0,如图 6-134 所示。

图 6-134 设置图像 2 的不透明度

27 将当前时间设置为 00:00:08:02,选择 V5 轨道中的"图像 3"字幕,在【效果控件】中单击【不透明度】右侧的【添加/移除关键帧】◙,如图 6-135 所示。

图 6-135 为图像 3 添加关键帧

28 将当前时间设置为 00:00:09:02,将【不透明度】设置为 0,如图 6-136 所示。

29 添加 4 条视频轨道,将当前时间设置为 00:00:09:02,在视频轨道 V8 中添加"分界线"字幕,使其结尾处与"图像 3"结尾对齐,选择"分界线"字幕,在【效果控件】面板中展开【运动】选项,将【位置】设置为 438.6、-156,并单击【位置】左侧的【切换动画】

按钮⬛，将【不透明度】设置为 0，如图 6-137 所示。

在【效果控件】面板中将方向设置为【自东向西】，如图 6-140 所示。

图 6-136　设置"图像 3"的不透明度

图 6-137　设置关键帧

图 6-139　设置位置参数

30 将当前时间设置为 00:00:09:12，在【效果控件】面板中将【位置】设置为 229、327.8，将【不透明度】设置为 100，如图 6-138 所示。

图 6-138　设置关键帧

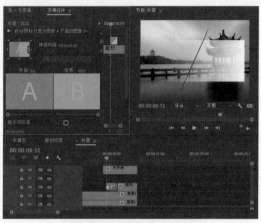

图 6-140　设置效果方向

33 使用同样的方法，制作"矩形 2"字幕中的动画，如图 6-141 所示。

图 6-141　设置动画效果

31 确认当前时间为 00:00:09:12，在 V6 轨道中添加"矩形 1"字幕，使其结尾处与"图像 3"结尾对齐。选择添加的"矩形 1"字幕，在【效果控件】面板中展开【运动】选项，将【位置】设置为 336.1、347.1，如图 6-139 所示。

32 在【效果控件】面板中选择【视频过渡】|【擦除】|【划出】效果，按住鼠标将其拖曳到"矩形 1"的开始处。选中添加的效果，

34 将当前时间设置为 00:00:10:12，在视

频轨道 V9 中添加"文本"字幕，将【持续时间】设置为 00:00:02:13，并在【效果控件】选项组中将【位置】设置为 360、310，如图 6-142 所示。

图 6-142 设置关键帧

35 在【效果控件】面板中选择【视频过渡】|【溶解】|【叠加溶解】效果，将其添加至"文本"字幕上，如图 6-143 所示。

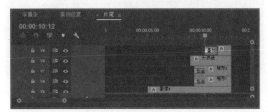

图 6-143 添加效果

36 将当前时间设置为 00:00:08:02，在 V2 轨道中选择"图层 0/ 矩形 .psd"素材文件，在【效果控件】面板中单击【不透明度】右侧的【添加 / 移除关键帧】，如图 6-144 所示。

图 6-144 设置关键帧

37 将当前时间设置为 00:00:09:02，在【效果控件】面板中将【不透明度】设置为 0，如图 6-145 所示。

3. 嵌套序列

下面介绍如何将创建完成后的序列进行嵌套，组合成一个完整的广告效果，操作步骤如下。

01 根据前面所介绍的方法创建一个嵌套

序列文件，将当前时间设置为 00:00:00:00，在 V2 轨道中添加"旅游球 1.png"素材文件，并将其持续时间设置为 00:00:03:10，如图 6-146 所示。

图 6-145 设置关键帧

图 6-146 添加素材

02 选择添加的"旅游球 1.png"素材文件，在【效果控件】面板中展开【运动】选项，将【缩放】设置为 80，将【位置】设置为 351、305，如图 6-147 所示。

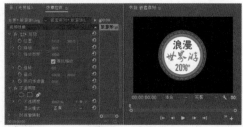

图 6-147 设置参数

03 将当前时间设置为 00:00:02:15，单击【缩放】左侧的【切换动画】按钮，然后将当前时间设置为 00:00:03:10，将【缩放】设置为 600，如图 6-148 所示。

图 6-148 设置素材的持续时间

04 在 V1 轨道中添加"旅游球 2.png"素材文件,并将其结尾处与 V2 轨道中的"旅游球 1.png"素材文件的结尾对齐,如图 6-149 所示。

图 6-149　添加素材

05 将当前时间设置为 00:00:00:00,在【效果控件】面板中将【缩放】设置为 80,将【位置】设置为 360、290,单击【旋转】左侧的【切换动画】按钮◎,如图 6-150 所示。

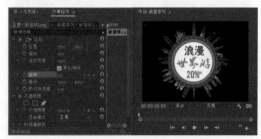

图 6-150　设置关键帧

06 将当前时间设置为 00:00:02:15,单击【缩放】左侧的【切换动画】按钮◎,如图 6-151 所示。

图 6-151　单击【切换动画】按钮

07 将当前时间设置为 00:00:03:10,将【缩放】设置为 600,将【旋转】设置为 285.3°,如图 6-152 所示。

08 将当前时间设置为 00:00:03:05,在 V3 轨道中添加 006.jpg 素材文件,使其开始位置与时间线对齐,将其持续时间设置为 00:00:04:10。选择添加的素材文件,在【效果控件】面板中将【缩放】设置为 150,并单击

【缩放】左侧的【切换动画】按钮◎,将【不透明度】设置为 0,如图 6-153 所示。

图 6-152　设置关键帧

图 6-153　设置关键帧

09 将当前时间设置为 00:00:03:15,在【效果控件】面板中将【缩放】设置为 80,将【不透明度】设置为 100%,如图 6-154 所示。

图 6-154　设置关键帧

10 将当前时间设置为 00:00:07:15,在 V3 轨道中添加 007.jpg 素材文件,将其开始位置与 006.jpg 素材文件的结束位置对齐,并将其持续时间设置为 00:00:04:10,如图 6-155 所示。

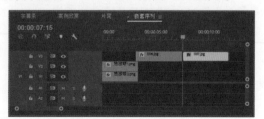

图 6-155　添加素材

11 将 007.jpg 素材文件的【缩放】设置为
145，并在该素材的后面添加 008.jpg 素材文件，
将其【缩放】设置为 30，将 008.jpg 素材文件的
持续时间设置为 00:00:04:10，如图 6-156 所示。

文件，确认当前时间为 00:00:03:10，在【效果控
件】面板中将【不透明度】设置为 0，如图 6-160
所示。

图 6-158 添加序列文件

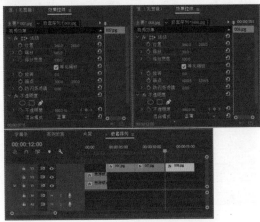

图 6-156 设置关键帧

12 分别在 006.jpg 和 007.jpg 素材之间、
007.jpg 和 008.jpg 素材之间添加【螺旋框】、
【棋盘】效果，并将效果的持续时间设置为
00:00:00:20，如图 6-157 所示。

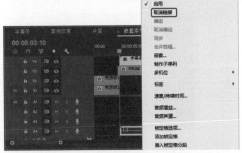

图 6-159 选择【取消链接】命令

图 6-160 设置关键帧

16 将当前时间设置为 00:00:03:15，将【不
透明度】设置为 100%，如图 6-161 所示。

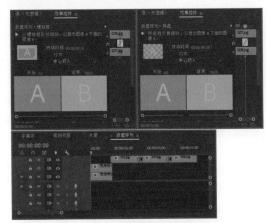

图 6-157 添加效果

13 将当前时间设置为 00:00:03:10，在 V4
轨道中添加"字幕条"序列，使其开始位置与
时间线对齐，并将其结尾处与 006.jpg 素材文件
的结尾对齐，如图 6-158 所示。

14 选择添加的字幕，单击鼠标右键，在
弹出的快捷菜单中选择【取消链接】命令，如
图 6-159 所示。

15 在音频轨道 V4 中选择取消链接后的音
频文件，将其删除，然后选择"字幕条"序列

图 6-161 设置关键帧

17 将当前时间设置为 00:00:07:05，单击
【不透明度】右侧的【添加/移除关键帧】按钮
，将当前时间设置为 00:00:07:15，将【不透明
度】设置为 0，如图 6-162 所示。

图 6-162　设置关键帧

18 将当前时间设置为 00:00:04:04，在菜单栏中选择【文件】|【新建】|【旧版标题】命令，在弹出的对话框中将其重命名为"介绍1"，如图 6-163 所示。

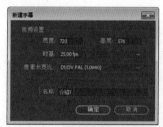

图 6-163　【新建字幕】对话框

19 单击【确定】按钮，打开字幕编辑器，在工具箱中选择【文字工具】T，在编辑器窗口中单击并输入文本。选择输入的文本，将【属性】选项组下的【字体系列】设置为【微软雅黑】，将【字体大小】设置为22，将【行距】设置为3，将【颜色】设置为黑色，将【X位置】、【Y位置】分别设置为444.8、486.5，如图 6-164 所示。

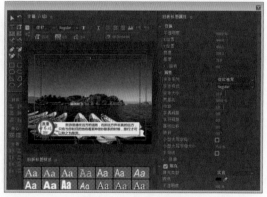

图 6-164　设置关键帧

20 设置完成后关闭字幕编辑器，在V5轨道中添加"介绍1"字幕，将其结尾处与"字幕条"字幕的结尾对齐，如图 6-165 所示。

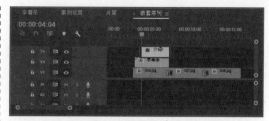

图 6-165　添加字幕

21 为"介绍1"字幕添加【叠加溶解】效果，如图 6-166 所示。

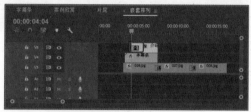

图 6-166　添加【叠加溶解】效果

22 选择"介绍1"字幕，将当前时间设置为 00:00:07:05，在【效果控件】面板中单击【不透明度】右侧的【添加/移除关键帧】按钮，将当前时间设置为 00:00:07:15，将【不透明度】设置为0，如图 6-167 所示。

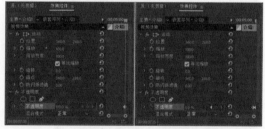

图 6-167　设置关键帧

23 使用同样的方法，创建字幕并制作其他的动画，完成后的效果如图 6-168 所示。

图 6-168　制作其他动画

24 将当前时间设置为 00:00:16:00，在V6轨道中添加"案例欣赏"序列文件，并使用同样的方法，解除视音频链接，然后将音频文件删除，如图 6-169 所示。

图 6-169 添加【案例欣赏】序列文件

25 将当前时间设置为 00:00:33:00，在【效果控件】中单击【不透明度】右侧的【添加 / 移除关键帧】按钮◎，然后将当前时间设置为 00:00:33:20，将【不透明度】设置为 0，如图 6-170 所示。

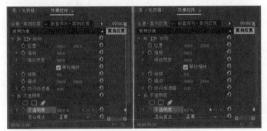

图 6-170 设置关键帧

26 使用同样的方法，将当前时间设置为 00:00:33:00，在 V5 轨道中添加"片尾"序列文件，并解除视音频链接，删除音频文件，如图 6-171 所示。

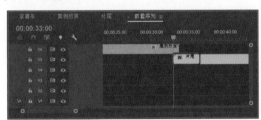

图 6-171 添加序列并设置

27 在【序列】面板中将当前时间设置为 00:00:00:00，在音频轨道中添加"背景音乐 .mp3"，并将其开始位置与时间线对齐，如图 6-172 所示。

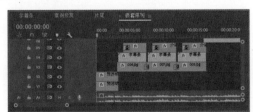

图 6-172 添加音频文件

28 在【序列】面板中单击【时间轴显示设置】按钮◥，在弹出的菜单中选择【展开所有轨道】命令，如图 6-173 所示。

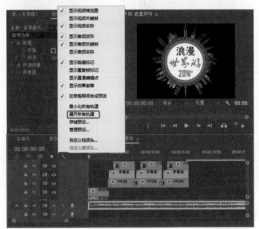

图 6-173 选择【展开所有轨道】命令

29 在工具箱中选择【钢笔工具】◢，确认当前时间为 00:00:00:00，在音频文件上单击鼠标添加关键帧，并将其拖曳至下方，如图 6-174 所示。

图 6-174 添加关键帧

30 将当前时间设置为 00:00:03:00，在当前时间再次添加关键帧并将其拖曳至上方，如图 6-175 所示。

图 6-175 添加关键帧

31 在新添加的关键帧上右击鼠标，在弹出的快捷菜单中选择【缓入】命令，如图 6-176 所示。

32 在菜单栏中选择【文件】|【导出】|【媒体】命令，如图 6-177 所示。

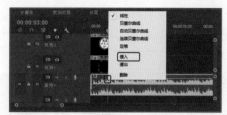

图 6-176 选择【缓入】命令

图 6-177 选择【媒体】命令

33 打开【导出设置】对话框，在该对话框中将【格式】设置为 AVI，单击【输出名称】右侧的按钮，在弹出的对话框中为其指定一个正确的保存位置，然后单击【导出】按钮即可，如图 6-178 所示。

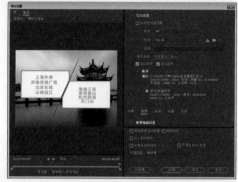

图 6-178 【导出设置】对话框

➡6.4 思考与练习

1. 如何制作录音？

2. 如何设置轨道特效？

3. 如何对音频进行实时调节？

附录I Adobe Premiere CC 常用快捷键

打开项目 Ctrl+O	关闭面板 Ctrl+W
关闭项目 Ctrl+Shift+W	保存 Ctrl+S
另存为 Ctrl+Shift+S	保存副本 Ctrl+Alt+S
捕捉 F5	批量捕捉 F6
从媒体浏览器导入 Ctrl+Alt+I	导入 Ctrl+I
退出 Ctrl+Q	新建项目 Ctrl+Alt+N
新建序列 Ctrl+N	新建素材箱 Ctrl+B
导出媒体 Ctrl+M	查看素材属性 Ctrl+Shift+H
撤销 Ctrl+Z	重做 Ctrl+Shift+Z
剪切 Ctrl+X	复制 Ctrl+C
粘贴 Ctrl+V	粘贴插入 Ctrl+Shift+V
粘贴属性 Ctrl+Alt+V	清除 Backspace
波浪删除 Shift+Delete	重复 Ctrl+Shift+/
全选 Ctrl+A	取消全选 Ctrl+Shift+A
查找 Ctrl+F	编辑原始 Ctrl+E
快捷键 Ctrl+Alt+K	制作子剪辑 Ctrl+U
速度/持续时间 Ctrl+R	启用 Shift+E
链接 Ctrl+L	编组 Ctrl+G
取消编组 Ctrl+Shift+G	渲染入点到出点的效果 Enter
匹配帧 F	反转匹配帧 Shift+R
添加编辑 Ctrl+K	添加编辑到所有轨道 Ctrl+Shift+K
修剪编辑 Shift+T	将所选编辑点扩展到播放指示器 E
应用视频过渡 Ctrl+D	应用音频过渡 Ctrl+Shift+D
应用默认过渡到选择项 Shift+D	对齐 S
制作子序列 Shift+U	转到间隔序列中下一段 Shift+;
转到间隔序列中上一段 Ctrl+Shift+;	提升 ;
放大 =	缩小 -
标记入点 I	标记出点 O
标记剪辑 X	标记选择项 /
转到入点 Shift+I	清除入点 Ctrl+Shift+I
清除出点 Ctrl+Shift+O	清除入点和出点 Ctrl+Shift+X
添加标记 M	转到上一标记 Ctrl+Shift+M
转到下一标记 Shift+M	清除所有标记 Ctrl+Alt+Shift+M
清除所选标记 Ctrl+Alt+M	Adobe Premiere Pro 帮助 F1

附录 II 参考答案

第 1 章

1. 选择【文件】|【导出】|【媒体】命令，弹出【导出设置】对话框，可以选择文件格式和保存位置，设置文件名称，单击【导出】按钮。

2. 在菜单栏中选择【文件】|【新建】|【旧版标题】命令，然后设置字幕名称，单击【确定】按钮。

3. Premiere 界面中包含的主要面板有：项目面板，监视器面板，时间线面板，信息面板，工具箱面板。

第 2 章

1.（1）在菜单栏中选择【剪辑】|【速度/持续时间】命令，弹出【剪辑速度/持续时间】对话框。

（2）【速度】参数用于控制影片速度，100%为原始速度，低于100%速度变慢，高于100%速度变快；在【持续时间】栏中输入新时间，会改变影片出点，如果该选项与【速度】链接，则改变影片速度；选择【倒放速度】选项，可以倒播影片；【保持音频音调】选项用于锁定音频。

2.（1）在序列中选择视音频链接的素材。

（2）单击鼠标右键，选择弹出菜单中的【取消链接】命令，即可分离素材的音频和视频部分。

3.（1）在【时间轴】面板中选择剪辑的视频。

（2）选择【剪辑】|【视频选项】|【帧定格选项】命令。

（3）在【定格位置】下拉列表中选择要定格的帧。

（4）可以根据源时间码、序列时间码、入点、出点或者播放头位置选择帧。

第 3 章

1.3D 运动、划像、溶解、擦除、滑动、缩

放、页面剥落等。

2. 使用【效果控件】面板可以改变时间线上的切换设置。包括切换的中心点、起点和终点的值、边界以及防锯齿质量设置。

第 4 章

1.【颜色平衡（RGB）】特效可以按RGB颜色模式调节素材的颜色，达到校色的目的。

2.【书写】特效可以在图像中产生书写的效果，通过为特效设置关键点并不断地调整笔触的位置，可以产生水彩笔书写的效果。

3.【网格】特效可以创造任意改变的网格，可以为网格的边缘调节大小和进行羽化。或将网格作为一个可调节不透明度的蒙版用于源素材上。

第 5 章

1. 字幕属性是指设置文本或者图形对象的参数。使用不同的工具创建不同的对象时，字幕属性参数栏也略有不同。

2. 选择【文件】|【新建】|【旧版标题】命令，新建字幕，在弹出的【新建字幕】对话框中进行设置或使用默认设置，单击【确定】按钮。

3.（1）在工具箱中选择【区域文字工具】圖或【垂直区域文字工具】圖。

（2）将鼠标放置在字幕编辑器中单击并将其拖曳出文本区域，然后输入文字即可。

第 6 章

1.（1）首先激活要录制音频轨道的■按钮，激活录音装置后，上方会出现音频输入的设备选项，选择输入音频的设备即可。

（2）激活面板下方的■按钮。

（3）单击面板下方的▶按钮，进行解说或者演奏；单击■按钮停止录制，当前音频轨道上会出现刚才录制的声音。

2.（1）首先在混合器中展开目标轨道的特效设置栏■，单击右侧设置栏上的小三角，可

以弹出音频特效下拉列表，选择需要使用的音频特效。

（2）可以在同一个音频轨道上添加多个特效，并分别控制。

（3）如果要调节轨道的音频特效，可以右键单击特效，在弹出的快捷菜单中进行设置。

3.（1）在菜单栏中选择【窗口】|【音轨混合器】命令，在【音轨混合器】中需要进行调节的轨道上单击【读取】下拉列表，在下拉列表中进行设置。

（2）单击混合器播放按钮▶，【序列】窗口中的音频素材开始播放。拖动音量控制滑块进行调节，调节完毕，系统自动记录调节结果。